全国高等职业教育规划教材

Premiere Pro CS5 影视制作项目教程

第2版

尹敬齐　编著

机械工业出版社

本书是高职高专影视广告、计算机多媒体技术、电子声像技术等专业的项目化教学改革教材。内容以"制作"为主旨，"够用"为度。全书注重"讲、学、做"，理论联系实践，特别注重实际制作，以提高学生的学习积极性。本书以项目为导向，以任务驱动模式组织教学，工学结合，精讲多动，注重提高学生的动手能力和创造、创新能力。全书共分为 4 个项目，主要内容有 MV 和卡拉 OK 的编辑，电子相册的编辑，电视栏目剧的编辑及电视纪录片的编辑。

本书附赠 DVD 光盘，内含电子教案、素材和效果，以方便教师教学。

本书既可作为高职高专广播影视类、计算机类、电子信息类相关专业的影视制作课程教材，也可供从事影视制作及相关工作的技术人员作为参考书使用。

图书在版编目（CIP）数据

Premiere Pro CS5 影视制作项目教程 / 尹敬齐编著. —2 版. —北京：机械工业出版社，2012.7（2018.7 重印）

全国高等职业教育规划教材

ISBN 978-7-111-39310-8

Ⅰ. ①P⋯ Ⅱ. ①尹⋯ Ⅲ. ①视频编辑软件－高等职业教育－教材

Ⅳ. ①TN94

中国版本图书馆 CIP 数据核字（2012）第 173594 号

机械工业出版社（北京市百万庄大街 22 号 邮政编码 100037）

责任编辑：鹿 征

责任印制：孙 炜

保定市中画美凯印刷有限公司印刷

2018 年 7 月第 2 版·第 5 次印刷

184mm×260mm·17.75 印张·440 千字

11501—13400 册

标准书号：ISBN 978-7-111-39310-8

ISBN 978-7-89433-212-7（光盘）

定价：45.00 元（含 1DVD）

全国高等职业教育规划教材计算机专业
编委会成员名单

出 版 说 明

根据《教育部关于以就业为导向深化高等职业教育改革的若干意见》中提出的高等职业院校必须把培养学生动手能力、实践能力和可持续发展能力放在突出的地位，促进学生技能的培养，以及教材内容要紧密结合生产实际，并注意及时跟踪先进技术的发展等指导精神，机械工业出版社组织全国近60所高等职业院校的骨干教师对在2001年出版的"面向21世纪高职高专系列教材"进行了全面的修订和增补，并更名为"全国高等职业教育规划教材"。

本系列教材是由高职高专计算机专业、电子技术专业和机电专业教材编委会分别会同各高职高专院校的一线骨干教师，针对相关专业的课程设置，融合教学中的实践经验，同时吸收高等职业教育改革的成果而编写完成的，具有"定位准确、注重能力、内容创新、结构合理和叙述通俗"的编写特色。在几年的教学实践中，本系列教材获得了较高的评价，并有多个品种被评为普通高等教育"十一五"国家级规划教材。在修订和增补过程中，除了保持原有特色外，针对课程的不同性质采取了不同的优化措施。其中，核心基础课的教材在保持扎实的理论基础的同时，增加实训和习题；实践性较强的课程强调理论与实训紧密结合；涉及实用技术的课程则在教材中引入了最新的知识、技术、工艺和方法。同时，根据实际教学的需要对部分课程进行了整合。

归纳起来，本系列教材具有以下特点：

1）围绕培养学生的职业技能这条主线来设计教材的结构、内容和形式。

2）合理安排基础知识和实践知识的比例。基础知识以"必需、够用"为度，强调专业技术应用能力的训练，适当增加实训环节。

3）符合高职学生的学习特点和认知规律。对基本理论和方法的论述要容易理解、清晰简洁，多用图表来表达信息；增加相关技术在生产中的应用实例，引导学生主动学习。

4）教材内容紧随技术和经济的发展而更新，及时将新知识、新技术、新工艺和新案例等引入教材，同时注重吸收最新的教学理念，并积极支持新专业的教材建设。

5）注重立体化教材建设。通过主教材、电子教案、配套素材光盘、实训指导和习题及解答等教学资源的有机结合，提高教学服务水平，为高素质技能型人才的培养创造良好的条件。

由于我国高等职业教育改革和发展的速度很快，加之我们的水平和经验有限，因此在教材的编写和出版过程中难免出现问题和错误。我们恳请使用这套教材的师生及时向我们反馈质量信息，以利于我们今后不断提高教材的出版质量，为广大师生提供更多、更适用的教材。

机械工业出版社

前　言

为了促进高等职业教育的发展，推进高等职业院校教学改革和创新，编者结合学校数字影像制作与实训课程的改革试点，我们将数字影像制作和实践经验，整合成这本书。

在影视制作领域，计算机的应用给传统的影视制作带来了革命性的变化，从越来越多的影视作品中，读者可以明显地感受到计算机已经和影视制作结合在一起了。

Premiere 是功能强大的、基于 PC 的非线性编辑软件，无论是专业影视工作者，还是业余多媒体爱好者，都可以利用它制作出精彩的影视作品。掌握了 Premiere 就可以基本解决影视制作中的绝大部分问题，因此每个人都可以利用 Premiere 构建自己的影视制作工作室。

Premiere 软件几经升级，日臻完善，本书介绍的是目前最新版 Premiere Pro CS5。和以往的版本相比，它有了较大的改变和完善，特别是强化了字幕制作的功能，增加了更多实用的模板，增强了普及性和通用性，增加了时间重置、素材替换等新功能，实现了对家用 DV 及 HDV 视频的全面支持，以及对 Flash 视频、Web 视频和 DVD 的输出支持。Premiere Pro CS5 的第三方插件也相当多，而且强大，这使它的功能更加完善了。

本书不以传统的章节知识点或软件学习为授课主线，在每一个项目的实施中都基于工作过程构建教学过程。以真实的原汁原味的项目为载体，以软件为工具，根据项目的需求学习软件应用，即将软件的学习和制作流程与规范的学习融到项目实现中，既使学习始终围绕项目的实现展开，又提高了软件学习的效率。

为了配合本书教学，本书附带一张多媒体教学光盘，其内容为电子教案、实例素材及效果图。

本书由重庆电子工程职业学院尹敬齐编写，在编写过程中，参考了大量的书籍、杂志和网上的有关资料，吸取了多方面的宝贵意见和建议，得到了领导和同行的大力支持，在此谨表谢意。

由于编者水平有限，书中难免存在疏漏之处，敬请读者批评指正。

本课程建议安排 80 学时，其中理论讲授为 20 学时，实践练习为 60 学时。建议的学时分配如下。

学时分配表

序　号	内　　容	理 论 学 时	实 践 学 时	小　　计
1	Premiere Pro CS5 简介与安装	2	2	4
2	MV 和卡拉 OK 的编辑	10	12	22
3	电子相册的编辑	2	14	16
4	电视栏目剧的编辑	4	16	20
5	电视纪录片的编辑	2	16	18
合计		20	60	80

编　者

目　录

Premiere Pro CS5 简介与安装

Adobe Premiere Pro CS5 是目前最流行的非线性编辑软件，是数码视频编辑的强大工具，它作为功能强大的多媒体视频、音频编辑软件，应用范围不胜枚举，制作效果美不胜收，足以帮助用户更加高效地工作。它以其新的合理化界面和通用高端工具，兼顾了广大视频用户的不同需求，在一个并不昂贵的视频编辑工具箱中，提供了前所未有的生产能力、控制能力和灵活性。Adobe Premiere Pro CS5 是一个创新的非线性视频编辑应用程序，也是一个功能强大的实时视频和音频编辑工具，是视频爱好者们使用最多的视频编辑软件之一。

0.1 Premiere Pro CS5 的新功能

1）提升的性能，为新的回放引擎优化系统测试新引擎。

2）新的非磁带格式导入，非磁带格式 red 的 R3d 格式导入和 OnLocation 导入。

3）GPU 加速，了解 GPU 加速，使用新的 Ultra Key。

4）从脚本到屏幕的快速转移，了解从脚本到屏幕的流程，加强利用语音分析的参考脚本设置搜索点。

5）编辑增强从 DVD 导入，使用新的编辑工具，更精确地控制关键帧，使用人脸侦测定位，剪辑从 Final Cut Pro 和 Avid 的 Media Composer 转移工程。

6）导出改进，直接导出使用 Adobe Media Encoder。

0.2 Premiere Pro CS5 和辅助程序的安装

Premiere Pro CS5 是 Adobe Creative Suite 5 Production Premium 或 Adobe Creative Suite 5 Master Collection 软件套装中的一个重要组件，安装时可以选择性地安装 Premiere Pro CS5 或其他组件，也可以购买 Premiere Pro CS5 的单装版进行安装。本节讲述用 DVD-ROM 光盘安装 Premiere Pro CS5 和汉化过程，使从未接触过 Premiere Pro CS5 的用户在最短的时间内了解并掌握 Premiere Pro CS5 的安装方法。

0.2.1 Premiere Pro CS5 的系统需求

Premiere Pro CS5 的安装与之前的版本最大的区别就是要求操作系统必须是 64 位，因此，要求用户的操作系统必须为 Windows Vista 或 Windows 7（在 Windows XP 下不能安装）。安装 Premiere Pro CS5 的系统要求具体如下。

- Intel&reg，Core™2 Duo 或 AMD Phenom&reg，II 处理器，需要 64 位支持。
- 需要 64 位操作系统：Microsoft Windows Vista Home Premium、Business、Ultimate 或 Enterprise（带有 Service Pack 1）或者 Windows 7。

- 2GB 内存（推荐 4GB 或更大内存）。
- 10GB 可用硬盘空间用于安装，安装过程中需要额外的可用空间（无法安装在基于闪存的可移动存储设备上）。
- 编辑压缩视频格式需要转速为 7200r/min 的硬盘驱动器，未压缩视频格式需要 RAID0。
- 1280×900 像素的屏幕，OpenGL 2.0 兼容图形卡。
- GPU 加速性能需要经 Adobe 认证的 GPU 卡。
- 需要 OHCI 兼容型 IEEE1394 端口进行 DV 和 HDV 捕获、导出到磁带并传输到 DV 设备。
- ASIO 协议或 Microsoft Windows Driver Model 兼容声卡。
- 双层 DVD（DVD+-R 刻录机用于刻录 DVD，Blu-ray 刻录机用于创建 Blu-ray Disc 媒体）兼容 DVD-ROM 驱动器。
- 需要 QuickTime 7.6.2 软件实现 QuickTime 功能。

0.2.2 安装 Premiere Pro CS5

首先找到 hosts 文件，该文件详细位置是 C:\windows\system32\drivers\etc\hosts，用记事本打开 hosts，在 hosts 中添加下列网址。

127.0.0.1 activate.adobe.com

127.0.0.1 practivate.adobe.com

127.0.0.1 ereg.adobe.com

127.0.0.1 activate.wip3.adobe.com

127.0.0.1 wip3.adobe.com

127.0.0.1 3dns-3.adobe.com

127.0.0.1 3dns-2.adobe.com

127.0.0.1 adobe-dns.adobe.com

127.0.0.1 adobe-dns-2.adobe.com

127.0.0.1 adobe-dns-3.adobe.com

127.0.0.1 ereg.wip3.adobe.com

127.0.0.1 activate-sea.adobe.com

127.0.0.1 wwis-dubc0-vip60.adobe.com

127.0.0.1 activate-sjc0.adobe.com

127.0.0.1 adobe.activate.com

127.0.0.1 209.34.83.73:443

127.0.0.1 209.34.83.73:43

127.0.0.1 209.34.83.73

127.0.0.1 209.34.83.67:443

127.0.0.1 209.34.83.67:43

127.0.0.1 209.34.83.67

127.0.0.1 ood.opsource.net

127.0.0.1 CRL.VERISIGN.NET

127.0.0.1 199.7.52.190：80

127.0.0.1 199.7.52.190

127.0.0.1 adobeereg.com

127.0.0.1 OCSP.SPO1.VERISIGN.COM

127.0.0.1 199.7.54.72：80

127.0.0.1 199.7.54.72

1）将 Premiere Pro CS5 的安装光盘插入到 DVD-ROM，安装程序将自动运行，或者可以进入光盘目录双击 setup.exe 进行安装，如图 0-1 所示。

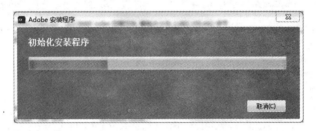

图 0-1　检查系统配置文件

2）进入"Adobe 软件许可协议"对话框，阅读软件许可协议，在"显示语言"下拉列表中选择 English，如图 0-2 所示，单击"接受"按钮。

3）打开"请输入序列号"对话框，选择语言，输入序列号，如图 0-3 所示，单击"下一步"按钮。

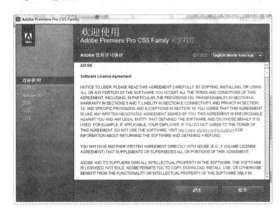

图 0-2　"Adobe 软件许可协议"对话框　　　　图 0-3　"请输入序列号"对话框

4）打开"输入 Adobe ID"对话框，电子邮件：adobe@lencay.com，密码：csadobe. com，如图 0-4 所示，单击"下一步"按钮。

5）打开"安装选项"对话框，用户可根据情况选择要安装的组件，选择"安装位置"，如图 0-5 所示，单击"安装"按钮。

6）打开"安装选项"对话框，显示文件安装进度，软件安装完成。

7）打开"谢谢"对话框，单击"完成"按钮，即可完成 Premiere Pro CS5 的安装。

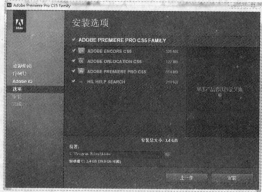

图 0-4 "输入 Adobe ID"对话框 　　　　　　图 0-5 "安装选项"对话框

0.2.3 Premiere Pro CS5 的汉化

以下安装过程是汉化安装的主要过程。

1）在光盘目录下双击 Adobe Premiere Pro CS5_Chs1.17Pack.exe 进行安装。

2）打开"Adobe Premiere Pro CS5 中文化程序"对话框，如图 0-6 所示，单击"下一步"按钮。

3）打开"许可协议"对话框，阅读软件许可协议，选择"我同意此协议"单选按钮，如图 0-7 所示，单击"下一步"按钮。

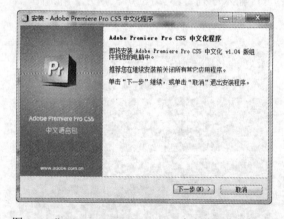
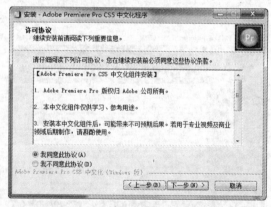

图 0-6 "Adobe Premiere Pro CS5 中文化程序"对话框 　　　图 0-7 "许可协议"对话框

4）打开"信息"对话框，阅读信息，如图 0-8 所示，单击"下一步"按钮。

5）打开"选择目标位置"对话框，如图 0-9 所示，单击"下一步"按钮。

6）打开"选择组件"对话框，用户可根据情况选择要安装的组件，如图 0-10 所示，单击"下一步"按钮。

7）打开"选择开始菜单文件夹"对话框，如图 0-11 所示，单击"下一步"按钮。

8）打开"选择附加任务"对话框，勾选"创建桌面快捷方式"复选框，如图 0-12 所示，单击"下一步"按钮。

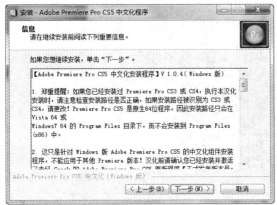

图 0-8 "信息"对话框   图 0-9 "选择目标位置"对话框

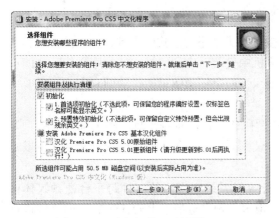

图 0-10 "选择组件"对话框   图 0-11 "选择开始菜单文件夹"对话框

9）打开"准备安装"对话框，如图 0-13 所示，安装信息无误后，单击"安装"按钮。

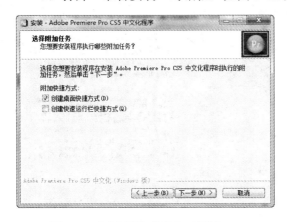

图 0-12 "选择附加任务"对话框   图 0-13 "准备安装"对话框

10）打开"正在安装"对话框，如图 0-14 所示，安装完成后，打开"Adobe Premiere Pro CS5 中文化程序组件安装完成"对话框，如图 0-15 所示，单击"完成"按钮。

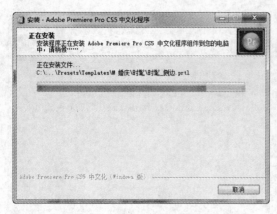
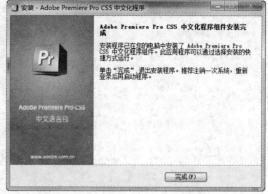

图 0-14 "正在安装"对话框　　　　　　　图 0-15 "安装完成"对话框

0.2.4　安装播放及视频解码

在 Premiere 中进行影视内容的编辑时，需要使用大量不同格式的视频、音频素材内容。对于不同格式的视频、音频素材，首先要在计算机中安装对应解码格式的程序文件，才能正常地播放和使用这些素材。所以，为了尽可能地保证数字视频编辑工作的顺利完成，需要安装一些相应的辅助程序及所需要的视频解码程序。

1）K-Lite Mega Codec Pack：知名的视频解码软件包，集合了目前绝大部分的视频解码。在安装了该软件之后，视频解码文件即可安装到系统中，绝大部分的视频文件都可以被顺利播放。如图 0-16 所示是该软件包的安装界面。

2）QuickTime：Macintosh 公司在 Apple 计算机系统中应用的一种跨平台视频媒体格式，具有支持互动、高压缩比、高画质等特点。很多视频素材都采用 QuickTime 的格式进行压缩保存。为了在 Premiere 中进行视频编辑时可以应用 QuickTimc 的视频素材，就需要先安装好 QuickTime 播放器程序。该软件安装界面如图 0-17 所示。在 Apple 的官方网站下载最新版本的 QuickTime 播放器程序进行安装即可。

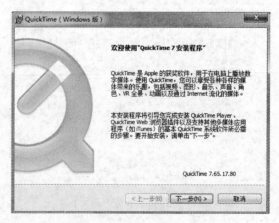

图 0-16 "K-Lite Mega Codec Pack"对话框　　　　图 0-17 "QuickTime"对话框

0.3 基本工作流程

使用 Premiere Pro CS5 编辑的视频无论是用于广播、DVD 影碟还是网络，其制作都会遵循一个相似的流程，包括新建或打开项目、采集或导入素材、整合并剪辑素材、添加字幕、添加转场和特效、混合音频及输出。

（1）新建或打开项目

启动 Premiere Pro CS5，在出现的快速开始屏幕中，可以选择新建项目或打开一个现有的项目。新建一个项目后，可以设置序列的视频标准和格式。

（2）采集或导入素材

使用采集窗口可以从 DV 摄录机中直接将素材转换并采集到计算机中。使用适当的硬件，可以采集为不同的格式。采集的每个文件都将自动变为项目中的素材片段。

使用项目窗口可以导入多种数字媒体，包括视频、音频和静态图片。Premiere Pro CS5 还支持导入 Illustrator 生成的矢量格式图形或者 Photoshop 格式的图像，并且可以将 After Effects 的项目文件进行天衣无缝的转换，整合为一条完整的工作流程。可以很简单地创建一些常用的元素，例如：基本彩条、颜色背景和倒计时计数器等。

在项目窗口中，可以标记、分类素材，或将素材以文件夹的形式进行分组，从而对复杂的项目进行管理。使用项目窗口的图标视图还可以像故事板似地对素材进行规划，以快速装配序列。

（3）整合并剪辑素材

使用素材源监视器可以预览素材，设置编辑点，在将其添加到序列中之前，还可以对其他重要的帧进行标记。

可以使用拖曳的方式或使用素材源监视器的控制按钮将素材添加到时间线窗口的序列中，可以按照在项目窗口中的顺序，对其进行自动排列。编辑完毕后，可以在节目监视器中观看最终的序列，或者在外接的电视监视器上以全屏、全分辨率的方式进行观看。

在时间线窗口中，可以使用各种编辑工具对素材进一步地编辑；在专门的剪辑监视器中，可以精确地定位剪辑点；使用嵌套序列的方法，可以将一个序列作为其他序列的一个素材片段。

（4）添加字幕

使用 Premiere Pro CS5 中功能齐全的字幕设计器，可以简单地为视频创建不同风格的字幕或者滚动字幕。其中还提供了大量的字幕模板，可以随需进行修改并使用。对于字幕，可以像编辑其他素材片段一样，为其设置淡入淡出、施加动画和效果等。

（5）添加转场和特效

效果窗口中包含了大量的转场和特效，可以使用拖曳或其他方式为序列中的素材施加转场和特效。在效果控制窗口或时间线窗口中，可以对效果进行控制，并创建动画，还可以对转场的具体参数进行设置。

（6）混合音频

基于轨道音频编辑，Premiere Pro CS5 中的音频混合器相当于一个全功能的调音台，可以实现几乎各种音频编辑。Premiere Pro CS5 还支持实时音频编辑，使用合适的声卡可以通过传声器进行录音或者混音输出 5.1 环绕声。

（7）输出

影片编辑完毕后，可以输出到多种媒介——磁带或者影音文件。而使用 Adobe 媒体编码器，可以对视频进行不同格式的编码，用于输出影碟或网络媒体。

思考与练习

1．填空题

1）一个动画素材的长度可以被裁剪后再拉长，但拉长不能超过素材的_____程度。

2）Premiere Pro CS5 的主要功能是基于 PC 或 Mac 平台对数字化的_____素材进行非线性的剪接编辑。

3）Premiere Pro CS5 是_____软件，融____和_____处理于一体。

4）使用 Premiere Pro 编辑视频，其制作流程包括新建或打开项目、采集或导入素材、整合并剪辑序列、_____、_____、混合音频及输出。

2．选择题

1）关于 PAL 制式影片帧速率的正确说法是_____。

    A．24fps   B．25fps   C．29.97fps   D．30fps

2）Premiere Pro CS5 编辑的最小时间单位是_____。

    A．帧   B．秒   C．毫秒   D．分钟

3）我国普遍采用的视频制式为_____。

    A．PAL 制   B．NTSC 制   C．SECAM 制   D．其他制式

4）Alpha 通道是指在_____位真彩色基础上加上 8 位灰度通道。

    A．8   B．16   C．24   D．32

5）PAL 制式帧尺寸为_____。

    A．720×576 像素   B．640×480 像素

    C．320×288 像素   D．576×720 像素

6）构成动画的最小单位为_____。

    A．秒   B．画面   C．时基   D．帧

3．问答题

简述 Premiere Pro CS5 新增的功能。（上网查询）

项目 1 MV 和卡拉 OK 的编辑

 项目导读

电视节目的编辑就是电视节目后期制作，即将原始的素材镜头编辑成电视节目所必需的全部工作过程，如撰写文字脚本、整理素材镜头、配合语言文字稿录音、叠加屏幕文字和图形、编辑音响效果和音乐、审查与修改，最后把素材镜头组合编辑成播出片。

1981 年 8 月，一家专门从事播放可视歌曲的电视网——音乐电视网（MTV）应运而生，这家商业电视网成为历史上最热门的有线电视台。

MTV 重在音乐，影像不过是点缀而已，完全配合音乐而来。歌手推出自己的 MTV，主要是宣传歌曲。

"可视歌曲"正确英文翻译应该是 MUSIC VIDEO（MV），过去许多媒体所说的 MTV 只是一家专门播放 MUSIC VIDEO 的电视网。

卡拉 OK 是一种伴奏系统，演唱者可以在预先录制的音乐伴奏下演唱。卡拉 OK 能通过声音处理使演唱者的声音得到美化与润饰，当再与音乐伴奏有机结合时，就变成了浑然一体的立体声歌曲。

 技能目标

能使用 Premiere Pro CS5 进行视频素材的采集、编辑，声音的录制及编辑，字幕制作，输出各种视、音频格式，完成卡拉 OK 及 MV 的制作。

 知识目标

掌握视频的采集、编辑，声音的录制及编辑。
掌握片头字幕、滚动字幕及复述性文字的制作。
学会正确地输出各种视、音频格式。

 依托项目

视频的组接，音频的编辑，字幕的制作，影片的输出，它让观众相信自己在电视上看到的和听到的都是真实的，观众从影片中感觉到电视的魅力。我们把制作卡拉 OK 及 MV 当做一个任务。

 项目解析

要制作卡拉 OK 及 MV，首先应写出其策划稿，进行视频素材的拍摄，然后进行视频的编辑、添加字幕、配音、制作片头片尾及添加特技。我们可以将卡拉 OK、MV 分成几个子任务来处理，第 1 个任务是素材的采集、导入与管理，第 2 个任务是影片的剪辑，第 3 个任

务是音频的编辑，第 4 个任务是字幕的制作，第 5 个任务是影片的输出，第 6 个任务是综合实训项目。

任务 1.1　素材的采集、导入与管理

 问题的情景及实现

进入 Premiere Pro CS5 后的第 1 步工作，就是根据剧本及拍摄的素材，采集、输入片段，为节目制作准备素材，所要采集、输入的片段，主要是视频、音频、动画、图像和图形等，片段采集、输入后，都存放在项目窗口。

1.1.1　项目的创建

项目是一个包含了序列和相关素材的 Premiere Pro CS5 的文件，与其中的素材之间存在链接关系。项目中储存了序列和素材的一些相关信息，例如采集设置、转场和音频混合等。项目中还包含了编辑操作的一些数据，例如素材剪辑的入点和出点，以及各个效果的参数。在每个新项目开始的时候，Premiere Pro CS5 会在磁盘空间中创建文件夹，用于存储采集文件、预览和转换音频文件等。

每个项目都包含一个项目窗口，其中储存着所有项目中所用的素材。

1. 创建与使用项目

启动 Premiere Pro CS5 后，首先会出现一个欢迎屏幕，在其中单击"新建项目"或"打开项目"按钮，可以分别进行新建或打开项目，而在"最近使用项目"列表中会列出 5 个最近使用过的项目，欢迎屏幕如图 1-1 所示，单击项目名称可以将其打开。

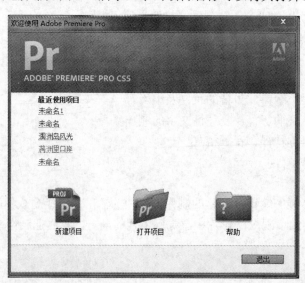

图 1-1　欢迎屏幕

如果当前 Premiere Pro CS5 正在运行一个项目，则执行菜单命令"文件"→"新建"→"项目"，可以新建一个项目，并关闭当前项目；执行菜单命令"文件"→"打开项目"，可

以打开一个已存储于磁盘空间中的项目，并关闭当前项目；执行菜单命令"文件"→"打开最近项目"，可以在其子菜单中选择最近使用过的 5 个项目，并将其打开；执行菜单命令"文件"→"关闭"，可以将当前项目关闭，并回到欢迎屏幕界面；执行菜单命令"文件"→"保存/另存为/保存副本"，可以分别将项目进行保存、另存为或保存为一个副本。

2．项目设置

在新建一个项目之前，必须进行项目的相关设置。在欢迎屏幕中单击"新建项目"，或执行菜单命令"文件"→"新建"→"项目"，都会打开"新建项目"对话框，需要在其中为项目的各种相关属性进行设置。

1）默认状态下，"新建项目"对话框显示其"常规"选项卡选项。字幕安全区域：用来设置字幕的安全区域。活动安全区域：用来设置移动物体的安全区域。在其下方的"位置"和"名称"中设置磁盘存储位置和项目名称，如图 1-2 所示，单击"确定"按钮。

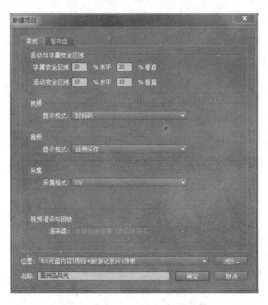

图 1-2 "新建项目"对话框

2）打开"新建序列"对话框，显示"序列预设"选项卡选项，在"有效预设"栏内可以选择一种合适的预设项目设置（DV-PAL→标准 48kHz），右侧的"描述"栏中会显示预设的相关信息，如图 1-3 所示。

3）如果对预设的项目设置不够满意，可以单击"常规"选项卡，切换到此选项卡下，并在其中进行自定义设置，如图 1-4 所示。

在"常规"选项卡可以设置视频的"编辑模式"（DV PAL）、"时间基准"（25.00 帧/秒）等项目基础设置，可以在"视频"栏中设置"画幅大小"、"像素纵横比"（D1/DVPAL (1.094)）、"场"（下场优先）、"显示格式"（25fps 时间码）和"预览文件格式"（Microsoft AVI DV PAL）等视频相关选项，还可以在"音频"栏中设置"取样值"（48000Hz）和"显示模式"（音频采样）等音频相关选项，在其中可以通过勾选"最大位数深度"，设置为最大码率渲染"最高渲染品质"。

4）单击"自定义设置"选项卡左侧栏中的"默认序列"，切换到默认序列设置部分。在其中可以设置视频轨道和各种音频轨道的数目，如图 1-5 所示。

图 1-3 "序列设置"选项卡

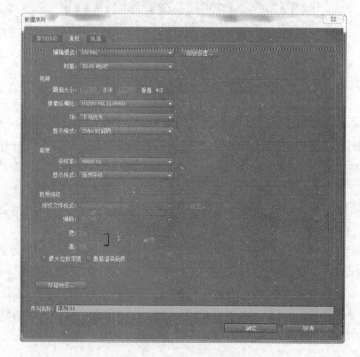

图 1-4 "常规"选项卡

5）全部设置完毕，单击对话框下方的"确定"按钮，则按照此设置创建一个项目。项目创建之后，可以执行菜单命令"项目"→"项目设置"→"常规"，打开"项目设置"对话框，在相应的部分对项目进行重新设置。项目一旦创建，有些设置将无法更改。

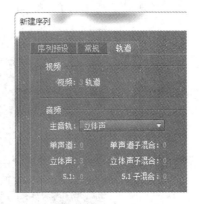

图1-5 "轨道"选项卡

1.1.2 视频采集与录音

项目建立后，需要将拍摄的影片素材采集到计算机中进行编辑。对于模拟摄像机拍摄的模拟视频素材，需要进行数字化采集，将模拟视频转化为可以在计算机中编辑的数字视频；而对于数字摄像机拍摄的数字视频素材，可以通过配有IEEE 1394接口的视频采集卡直接采集到计算机中。本节将通过案例，讲解采集数字视频与录制音频的基本方法。

1．手动采集

手动采集是在任何情况下都可以使用的最简单的采集方法，对于不支持Premiere Pro设备控制的摄像机机型，则只能使用手动采集的方式。

1）将装入录像带的数字摄像机用专用电缆与计算机的IEEE 1394接口连接，如图1-6所示。打开摄像机，调到放像状态。

2）执行菜单命令"文件"→"采集"或按快捷键〈F5〉，打开采集窗口，如图1-7所示。在"记录"选项卡下的"设置"栏中选择采集素材的种类为"视频"、"音频"或"音频和视频"，在"设置"选项卡下的"采集位置"栏中，对采集素材的保存位置进行设置。

如果窗口上方显示"采集设备脱机"，则重新检查设备是否连接正确。

图1-6 数字摄像机与计算机的连接

3）按下摄像机上的"播放"按钮，播放并预览录像带。当播放到要采集片段的入点位置之前的几秒钟时，单击采集窗口上的"录音"按钮，开始采集，播放到出点位置后几秒钟的位置，按〈Esc〉键，停止采集。

在要采集片段的前后多采集几秒，以便剪辑或转场。

4）在弹出的"保存采集文件"对话框中输入文件名等相关数据，单击"确定"按钮，素材文件被采集到硬盘，出现在项目窗口中。

2．自动采集

除了可以使用手动采集的方式采集视频外，还可以利用Premiere Pro CS5内置的设备控制功能进行自动采集。控制面板上的各个按钮与摄像机上的控制按钮是一一对应的关系，可以对播放进行控制。自动采集可以采集整卷磁带，或对要采集片段的入点和出点进行精确定位并加以采集。自动采集的方式还使得一次性采集大量素材片段的批采集方式得以实现。

1）执行菜单命令"文件"→"采集"或按快捷键〈F5〉，调出采集窗口，确认设备连接正确。同手动采集步骤 1) 和 2)。

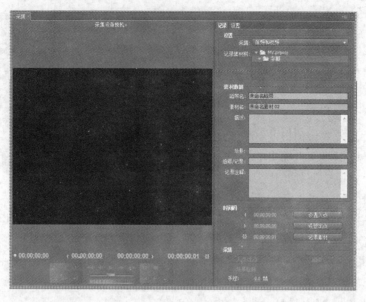

图 1-7　采集窗口

2）在"设置"选项卡下的"设备控制"栏中选择设备的种类，单击"选项"按钮，在打开的"DV/HDV 设备控制设置"对话框中进行进一步设置，确定摄像机的品牌和具体型号，如图 1-8 所示。

如果 Premiere Pro CS5 没有提供摄像机的型号，则可以单击"转到在线设备信息"按钮，上网查看设备的相应信息。

3）使用控制面板上的按钮移动到要采集片段的第 1 帧，单击控制面板上的"设置入点"按钮或"记录"选项卡下"时间码"栏中"设置入点"

图 1-8　"DV/HDV 设备控制设置"对话框

按钮，将其设置为入点；继续移动到要采集片段的最后一帧，单击"设置出点"按钮或"设置出点"按钮，将其设置为出点，完成对要采集片段的记录。

4）单击"采集"栏中的"入点/出点"按钮，自动对记录的入点到出点之间的素材片段进行采集。如果要对整卷磁带进行采集，则需要先将磁带倒回开始位置，单击"采集"栏中的"磁带"按钮，则可以对整卷磁带中的素材片段进行采集。

3. 录音

在 Premiere Pro CS5 中，可以通过传声器将声音录入计算机，转化为可以编辑的数字音频，完成为影片配音。本节将通过案例，讲解录音的基本方法。

1）将传声器与计算机的音频输入接口连接，打开传声器。

2）在素材源监视器窗口选择"调音台"选项卡，打开音频混合器窗口，其中有"静音轨道"按钮、"独奏轨道"按钮和"激活录制轨道"按钮，单击要进行录音轨道的

"激活录制轨道"按钮，如图 1-9 所示。

3）单击"录音"按钮 ⬤，再单击"播放"按钮 ▶，开始录音。

注：要在录制过程中预览时间线，把时间指针移到配音的起始位置前几秒钟再开始录音。

4）录音完毕，单击"停止"按钮 ■，录制的音频文件以 WAV 格式被保存到硬盘，出现在项目窗口和时间线窗口相应的音频轨道上，完成为影片配音。

如果是复杂的配音及音频合成工作，则建议在 Adobe Audition 中进行。

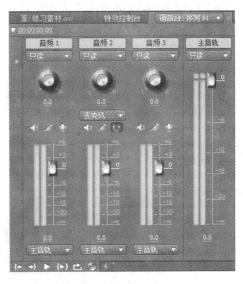

图 1-9 "调音台"选项卡

1.1.3 导入素材

Premiere Pro CS5 不但可以通过采集或录制的方式获取素材，还可以将硬盘上的素材文件导入其中进行编辑。双击项目窗口的空白位置或执行菜单命令"文件"→"导入"，都可以在调出的"导入文件"对话框中选择素材文件或整个文件夹，将其导入到项目窗口中。利用 Adobe Bridge 可以在导入素材之前，对其进行预览与规划。

1. Premiere Pro CS5 支持导入的文件格式

Premiere Pro CS5 支持导入多种格式的音频、视频和静态图片文件，可以将同一文件夹下静态图片文件按照文件名的数字顺序以图片序列的方式导入，每张图片成为图片序列中的一帧。

视频格式：MPEG、DV、HDV、Sony XDCAM、XDCAM EX、Panasonic P2 和 AVCHD 等。

音频格式：AIFF、AVI、MOV、MP3、WAV、WMA。

静止图片格式：AI、BMP/DIB/RLE、EPS、FLC/FLI、GIF、ICO、JPEG/JPE/JPG/JFIF、PCX、PICT/PIC/PCT、PNG、PRTL（Adobe Title Designer）、PSD、TGA/ICB/VST/VDA、TIFF。

图片序列格式：AI、BMP/DIB/RLE、FLM、动画 GIF、PICT/PIC/PCT、TGA/ICB/ VST/ VDA、TIFF、PSD。

Premiere Pro CS5 最大支持 4096×4096 像素的图像和帧尺寸。需要安装 QuickTime 才可以完成对一些格式文件的支持，但不支持 Real Media（*.rm，*.rmvb）格式的文件。

2. 导入音频

数字音频以二进制编码的形式存储于计算机的硬盘、CD 或数字录音带（DAT）中，可以将音频文件或视频文件中的音频部分作为素材片段导入。为了保持音频编辑的品质，Premiere Pro CS5 将导入其中的各种音频文件或视频文件中的音频转换为项目设置的 32bit 数据。

Premiere Pro CS5 不支持使用 CD 音频文件（CDA），但在将其导入前，需要先转化成为软件所支持的文件格式，建议使用 Adobe Audition 将 CDA 文件转化为 WAV 音频文件。

MP3 和 WMA 格式有损压缩的音频文件格式，在播放有损压缩的音频之前，Premiere Pro CS5 需要先对其进行解压缩，重新采样，以使其与输出设置的音频质量相匹配。这种转化可以提高音频质量，建议使用未经压缩的音频格式文件或 CD 音频文件。

3．导入静止图片

可以将小于 4096×4096 像素的静止图像单个或成组地导入。

导入图片的默认持续时间是由软件预置的，可以通过更改预置参数来改变图片的持续时间。执行菜单命令"编辑"→"首选项"→"常规"，在打开的"首选项"对话框的"常规"栏中，可以在"静帧图像默认持续时间"后面设置默认状态下的静止图片的持续帧数，如图 1-10 所示。

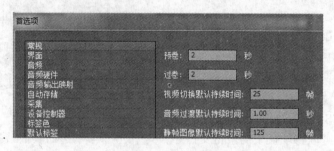

图 1-10 "常规"栏

注：在导入图片之前，需要先将图片的色彩空间调整为与视频编辑相似的色彩空间，例如 RGB 或 PAL RGB。为了获取最好的编辑效果，导入的静止图片在软件中最好不要放大超过图片的原尺寸，如果缩放尺寸超过了图片的原尺寸，则会降低影像质量，建议导入的图片至少应该大于项目的尺寸。

4．导入分层的 Photoshop 和 Illustrator 文件

Premiere Pro CS5 支持导入 Photoshop 4.0 或更高版本的文件，支持 16 位或 8 位的 Photoshop 文件。导入后的 Photoshop 文件中的透明部分将被转化为 Alpha 通道，继续保持透明。

Premiere Pro CS5 还支持将 Illustrator 文件直接导入到项目中，自动对其进行栅格化，将基于路径的矢量图形转化为基于像素的图像，自动平滑边缘。所有的空白区域将被转化为 Alpha 通道，保持透明。

1）双击项目窗口的空白位置或执行菜单命令"文件"→"导入"，在"导入"对话框中选择一个分层的.PSD 或 Illustrator 文件后，单击"打开"按钮。

2）打开"导入分层文件"对话框。在"导入为"下拉列表中可以选择以"合并所有图层"、"合并图层"、"单个图层"或"序列"的方式导入，如图 1-11 所示。

3）当选择素材方式后，在下方的层选项栏中，可以选择"合并图层"或"单个图层"，在下面的下拉列表中选择导入文件的某一层，如图 1-12 所示。

4）以序列方式导入素材后，分层的文件被自动转化为序列，层被转化为轨道上的静止图片素材，保持源文件的层的排列方式。

注：Premiere Pro CS5 支持分层文件的层的位置、不透明度、可视性、透明（Alpha 通

道）、蒙版、调节层、层效果、剪辑路径、矢量蒙版和图层组等属性，进行相应的转换，以保持其外观和可编辑性。

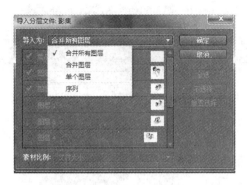

图 1-11 "导入为"下拉列表   图 1-12 选择层

5．导入图片序列

Premiere Pro CS5 可以导入 GIF 格式的动画图片文件，还可以将同一文件夹中的一组静态图片文件按照文件名的数字或字母顺序以图片序列的方式导入，图片被合并成一个视频素材片段。

1）双击项目窗口的空白位置或执行菜单命令"文件"→"导入"，打开"导入"对话框。

2）打开图片序列文件夹，选择其中一张作为第 1 帧的文件，勾选对话框下方的"序列图像"，单击"打开"按钮，如图 1-13 所示，便将文件夹中的图片文件以图片序列的方式导入，其中的每张图片成为图片序列中的一帧。

作为图片序列导入的文件中不可以包括分层文件。

图 1-13 导入图片序列

6．导入项目文件

Premiere Pro CS5 可以导入另一个 Premiere Pro CS5 的项目文件或早期版本 Premiere 6.0 的项目文件，使用其中的序列与素材。导入项目文件也叫做项目嵌套，是保留并转移序列与素材所有信息的唯一方法，此方法可以将多个 Premiere Pro CS5 项目文件进行合并。在制作复杂节目的过程中，可以先编辑子项目，最后汇总为总项目，以减少编辑时的系统资源占用。

双击项目窗口的空白位置或执行菜单命令"文件"→"导入"，在"导入"对话框中选择一个 Premiere Pro 项目文件，如图 1-14 所示，单击"打开"按钮，将此项目文件作为一个文件夹导入，其中的序列及素材文件全部在此文件夹中，如图 1-15 所示。

7．使用 Adobe 动态链接

Premiere Pro CS5 的 Adobe 动态链接功能支持新建或导入 After Effects 中的合成，实现合成与编辑流程一体化。Adobe 动态链接功能可以省去在 After Effects 中进行渲染输出的时间，被导入的 After Effects 合成就像其他视频素材一样，可以进行各种编辑操作，并且与源

After Effects 项目文件保持动态链接关系。如果在 After Effects 中对其进行更改，则改动会动态地反映在 Premiere Pro CS5 中，无需渲染或保存。

图 1-14　导入项目文件

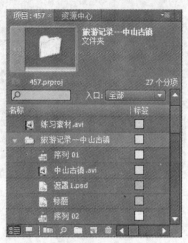

图 1-15　项目窗口

1）执行菜单命令"文件"→"Adobe 动态链接"→"新建 After Effects 合成"，在打开的"另存为"对话框中为项目文件选择磁盘空间，进行命名，单击"保存"按钮。随即启动 After Effects，按照当前项目的尺寸、像素宽高比、帧速率和音频采样率新建项目与合成。新建的合成以"Premiere Pro 项目名称+Linked Comp[x]"的形式命名，并被自动导入到 Premiere Pro CS5 的项目窗口中。

2）如果此时 After Effects 正处于运行状态，则在当前的项目中新建一个合成。执行菜单命令"文件"→"Adobe 动态链接"→"导入 After Effects 合成图像"，如图 1-16 所示。

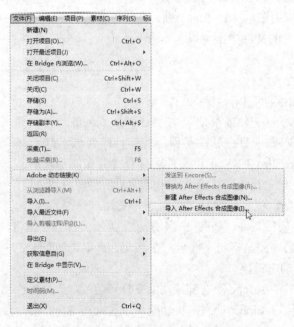

图 1-16　导入 After Effects 合成图像

3）在打开的"导入 After Effects 合成"对话框中，选择其中的合成，如图 1-17 所示，单击"确定"按钮，即可将合成以素材的方式导入到 Premiere Pro CS5 的项目窗口中。

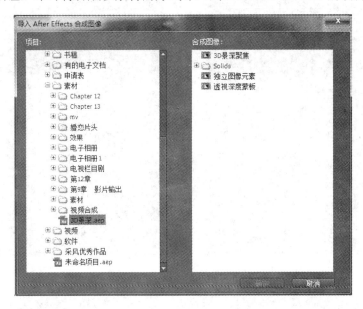

图 1-17　导入合成

如果要在 Premiere Pro CS5 和 After Effects 间交换使用素材，则可以直接使用复制—粘贴的方式。

1.1.4　管理素材

采集与导入素材后，素材名称便出现在项目窗口中。项目窗口会详细列出每一个素材的信息，可以对素材进行查看和分类，可以根据实际需要对项目窗口中的素材进行管理，以方便下一步的编辑操作。

1．自定义项目窗口

在项目窗口中，提供了两种素材的显示方式，一种为列表视图，另一种为图标视图。列表视图显示每个素材的具体信息，而图标视图仅显示素材中的一帧及其音频波形。可以根据需求，自定义其显示风格。

1）单击项目窗口下方的"列表视图"按钮 ，素材以列表的方式显示，如图 1-18 所示；而单击"图标视图"按钮 素材以图标的方式显示，如图 1-19 所示。

2）使用项目窗口的弹出式菜单命令"查看"→"列表/视图"，或使用组合键〈Ctrl+Page Up/Ctrl+Page Down〉，也可以在"列表视图"和"图标视图"之间进行切换。

3）项目窗口上方的预览区域有一个缩略图浏览器，可以预览选中素材的大概内容，在其右侧显示出素材的基本信息。使用项目窗口的弹出式菜单命令"查看"→"预览区域"，可以选择是否显示预览区域，如图 1-20 所示。在列表视图中，可以自由选择显示所需的素材的那些属性列。

4）在图标视图中，可以隐藏或设置图标缩略图的尺寸。使用项目窗口的弹出式菜单命令"缩略图"→"关/大/中/小"，可以隐藏图标缩略图，或将图标缩略图设置成为大、中、小 3 种不同的尺寸。

图 1-18 列表视图

图 1-19 图标视图

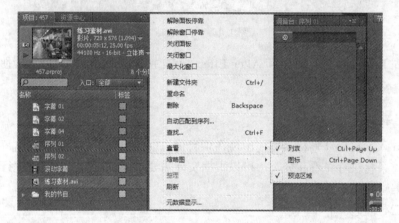

图 1-20 项目窗口弹出式菜单

2．管理素材

1）执行菜单命令"编辑"→"剪切/复制/粘贴/清除"，可以对素材进行剪切、复制、粘贴及清除的操作，其对应的快捷键分别为〈Ctrl+X〉、〈Ctrl+C〉；〈Ctrl+V〉和〈←〉。

2）执行菜单命令"编辑"→"复制"，可以将选中的素材进行复制，相当于连续使用复制和粘贴的命令。

3）执行菜单命令"素材"→"重命名"，或单击素材的名称，可以将其激活，并对素材名称进行更改，如图 1-21 所示。

在项目窗口中对素材进行重命名不会改变磁盘中素材文件的名称。

4）当素材比较多的时候，可以执行菜单命令"文件"→"新建"→"文件夹"，或单击项目窗口底部的"新建文件夹"按钮，新建一个文件夹，将素材放到文件夹中，从而对素材进行分门别类的管理。

5）执行菜单命令"编辑"→"查找"，或单击项目窗口底部的"查找"按钮 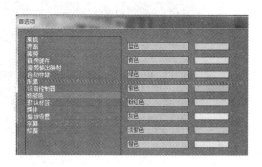，可以在调出的"查找"对话框中，对素材进行查找。

除了使用文件夹的方式对文件进行分类外，还可以使用标签与属性列对素材进行分类管理。

标签是用来识别和分类素材的色标，出现在项目窗口的标签列中。默认状态下，每一种类型的素材对应一种颜色。

6）执行菜单命令"编辑"→"首选项"→"标签色"，打开"首选项"对话框，在其"标签色"部分中，可以对标签的名称和颜色进行更改，如图1-22所示。

图1-21 重命名

图1-22 "首选项"对话框

7）执行菜单命令"编辑"→"标签"，选择一种颜色，可以将选中素材标记为此颜色。

8）执行菜单命令"编辑"→"标签"→"选择标签组"，可以将与当前选中的一个素材标记色相同的所有素材全部选中。

9）单击项目窗口中各个属性列的"名称"，可以按此属性进行排列，如图 1-23 所示。再次单击此"名称"，则倒序排列，如图1-24所示。

图1-23 排列

图1-24 倒序排列

3．分析影片

Premiere Pro CS5 内置了分析功能，可以对硬盘上所有支持格式的素材文件进行分析，从而得出素材的各项属性。

执行菜单命令"文件"→"获取属性"→"文件/选择"，可以分别对硬盘上和项目中选中的素材文件进行分析，分析的结果显示在属性窗口中，如图 1-25 所示。

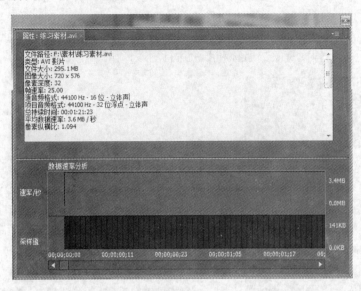

图 1-25　影片属性

在项目窗口中，用鼠标右键单击素材，从弹出的快捷菜单中选择"属性"，对素材进行分析。

4．设定故事板

对于比较复杂的影片，在开始编辑之前，往往需要根据剧情对素材进行简单的规划，设定故事板，大概勾勒出影片的结构，对后面的编辑工作起到导向性作用。项目窗口的图标视图可以大体实现故事板的功能。

1）单击项目窗口底部的"图标视图"按钮，切换到图标视图，以缩略帧的形式显示素材。

2）在项目窗口上方的缩略图浏览器中可以对影片进行预览，单击左侧的"播放"按钮或拖动底部的滑块，都可以预览整段素材。

3）当播放或滑动到最能代表整段素材的帧画面时，单击左侧的"照相"按钮，可以将此帧画面作为素材的缩略图显示，如图 1-26 所示。

4）根据剧情，可以用拖曳的方法对各个素材进行任意排列，从而设定影片的故事板。使用项目窗口的弹出式菜单命令"整理"，可以消除素材缩略图之间的空隙，使故事板更加紧凑。

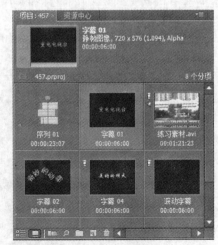

图 1-26　故事板

任务 1.2 影片的剪辑

 问题的情景及实现

片段的剪辑，就是如何将一个个片段组接起来。时间线窗口是实现片段组接最主要的操作窗口，它提供了丰富的工具，使片段组接、处理非常方便，既符合传统的编辑工作习惯，又使非线性的特点发挥得淋漓尽致。同时监视器窗口也是剪辑要用到的主要窗口，它可以剪辑原始片段，对编辑之后的效果进行迅速预演。

1.2.1 使用监视器窗口

使用监视器窗口可以对素材片段或影片时间线进行直观的预览或某些编辑操作。

在默认状态下，监视器窗口包含两个主要组成部分：左侧为源监视器窗口，用于显示素材片段。双击项目窗口或时间线窗口中的素材片段或使用鼠标将其拖放到源监视器窗口，可以在源监视器窗口中显示该素材；右侧为节目监视器窗口，用于显示当前时间线上的片段。每个监视器底部的控制面板用于控制播放预览和进行一些编辑操作，如图 1-27 所示。

图 1-27　监视器窗口

源监视器和节目监视器中都包含用于控制播放时间的装置，其中包括时间标尺、当前时间指针、当前时间显示、持续时间显示和显示区域条等装置，如图 1-28 所示。

图 1-28　时间控制

- 时间标尺：在素材源监视器和节目监视器的时间标尺中分别以刻度尺的形式显示素材片段或时间线的持续时间长度。
- 当前时间指针：在监视器的时间标尺中，显示为一个蓝色三角指针，精确指示当前帧的位置。
- 当前时间显示：在每个监视器中视频的左下方显示当前帧的时间码。

注：在监视器或时间线窗口中，按住〈Ctrl〉键的同时单击当前时间显示，可以在完整的时间码和帧数统计显示间进行切换。

- 持续时间显示：在每个监视器中视频的右下方显示当前打开素材片段或时间线的持续时间。
- 显示区域条：表示每个监视器窗口中时间标尺上的可视区域。它是两个端点都带有柄的细条，处于时间标尺的上方。

安全区域指示线仅仅用于编辑时进行参考，而无法进行预览或输出。在源监视器或节目监视器窗口下方的控制面板中单击"安全区域"按钮，可以显示动作安全区域和字幕安全区域，如图1-29所示。再次单击移除安全区域指示线。

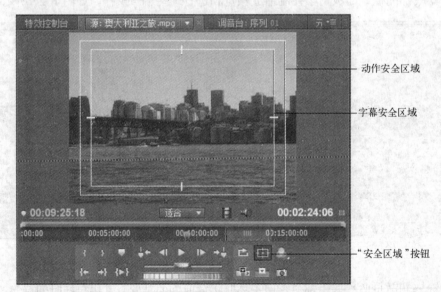

图1-29 安全区域

源监视器和节目监视器窗口的控制面板中包含各种与录像机上的控制功能相似的控制按钮。使用源监视器控制可以播放并编辑素材片段；使用节目监视器控制可以播放并预览当前时间线。播放控制大都对应快捷键，使用快捷键前，应该单击激活要进行控制的监视器。使用如下方式进行播放控制。

- 单击"播放"按钮▶或快捷键〈L〉及空格键都可以进行播放。播放时，原来的"播放"按钮▶会变为"停止"按钮■，单击"停止"按钮■或快捷键〈K〉及空格键，可以停止当前播放。
- 按快捷键〈J〉，可以进行反向播放。

- 单击"播放入点到出点"按钮 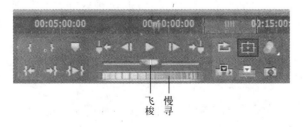，可以从入点播放到出点。
- 按下"循环"按钮 ，单击"播放"按钮 ，可以循环播放整段素材或节目。再次单击"循环"按钮 ，可以取消循环。
- 按下"循环"按钮 ，单击"播放入点到出点"按钮 ，可以循环播放入点到出点之间的内容。再次单击"循环"按钮 ，可以取消循环。
- 重复按快捷键〈L〉，可以进行快速播放；重复按快捷键〈J〉，可以进行快速反向播放。播放速率可以从 1 倍逐级增长到 4 倍。
- 反复按下快捷键〈Shift+L〉，可以进行慢速播放；反复按快捷键〈Shift+J〉，可以进行慢速反向播放。
- 按住〈Alt〉键，"播放入点到出点"按钮会变为"循环播放"按钮 。此时单击"循环播放"按钮 ，可以在当前时间指针位置附近进行播放。
- 单击以激活要进行编辑的当前时间显示，输入新的时间码，当前时间指针会发生相应的移动。

注：无需输入冒号或分号，100 以下的数字将会被自动转换为帧数。200 为 2s，以此类推。

- 单击"进步"按钮 ，或按住〈K〉键的同时按〈L〉键，可以将当前时间指针向前移动 1 帧。按住〈Shift〉键的同时单击"进步"按钮 ，可以将当前时间指针向前移动 5 帧。
- 单击"退步"按钮 ，或按住〈K〉键的同时按〈J〉键，可以将当前时间指针向后移动 1 帧。按住〈Shift〉键的同时单击"退步"按钮 ，可以将当前时间指针向后移动 5 帧。
- 当时间线或节目监视器窗口处于激活状态下，在节目监视器窗口中单击"跳转到前一标记"按钮 ，或按〈Page Down〉键，可以将当前时间指针移动到目标音频或视频轨道中上一个编辑点的位置。
- 当时间线或节目监视器窗口处于激活状态下，在节目监视器窗口中单击"跳转到下一标记"按钮 ，或按〈Page Up〉键，可以将当前时间指针移动到目标音频或视频轨道中下一个编辑点的位置。
- 按〈Home〉键，可以将当前时间指针移动到时间线的起始位置。
- 按〈End〉键，可以将当前时间指针移动到时间线的结束位置。

除了使用各种播放按钮和快捷键进行控制播放，还可以使用"慢寻"或"飞梭"功能，随需进行比较自由的播放，如图 1-30 所示。

飞梭　慢寻

图 1-30　慢寻与飞梭

- 向左拖曳飞梭滑块可以进行反向播放，向右拖曳则进行正向播放。播放速度随拖曳幅度增加。释放滑块回归原位，可以停止播放。
- 向左或向右拖曳慢寻转盘，可以以拖曳的速度，反向或正向逐帧播放视频。

1.2.2 使用时间线窗口

时间线窗口是进行编辑操作的最主要的场所，图形化显示时间线和其中的素材片段转场及效果，在其中可以对时间线进行整合编辑。

在时间线窗口中，每个时间线都可以包含多个平行的视频轨道和音频轨道。项目中的每个时间线都可以以一个选项卡的形式，出现在同一个或分开的时间线窗口中。时间线中至少包含一个视频轨道，多视频轨道可以用来合成素材。带有音频轨道的时间线必须包含一条主控音频轨道以进行整合输出。多轨音频可以用于音频混合，如图1-31所示。

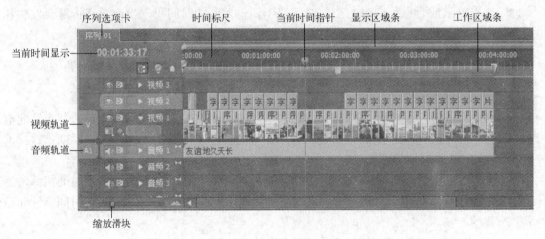

图 1-31　时间线窗口

时间线窗口包含多种控制装置，它们可以在时间线帧间进行移动。
- 时间标尺：使用与项目设置保持一致的时间度量方式，横向测量时间线时间。
- 当前时间指针：在时间线中设置当前帧的位置，当前帧会在节目监视器中进行显示。当前时间指针在时间标尺上显示为一个蓝色三角指针，其延展出来的一条红色时间指示线，纵向贯穿整个时间线窗口。可以通过拖曳当前时间指针的方式，更改当前时间。
- 当前时间显示：在时间线窗口中显示当前帧的时间码，将其单击激活后可以输入新的时间，或将鼠标放在上方进行拖曳，也可以更改时间。
- 显示区域条：表示时间线窗口中时间线的可视区域，可以通过拖曳的方式来改变显示区域条的长度和位置，以显示时间线的不同部分。显示区域条位于时间标尺的上方。
- 工作区域条：设置要进行预览或输出的时间线部分。工作区域条位于时间标尺的下半部分。
- 缩放控制：改变时间标尺的显示比例，以增加或减少显示细节。缩放控制位于时间线窗口的左下部分。

1.2.3 轨道控制

每个时间线中都包含一个或多个平行的视频和音频轨道，在对轨道中的素材片段进行编辑的同时，还会应用到各种轨道控制方法。

1. 轨道的管理

素材片段被添加到时间线窗口中的轨道上，可以添加或删除轨道，对轨道进行重命名。

1）执行菜单命令"时间线"→"添加轨道"，或用鼠标右键单击轨道区域，从弹出的快捷菜单中选择"添加轨道"菜单项，打开"添加视音轨"对话框，在其中输入添加轨道的数量。选择添加位置和音频轨道的类型，如图 1-32 所示。设置完毕，单击"确定"按钮，将按设置添加轨道。

2）单击轨道控制区域，选中需要删除的轨道，每次可以指定一条视频轨道和一条音频轨道。执行菜单命令"序列"→"删除轨道"，打开"删除轨道"对话框，在其中选择"删除视频轨"，删除全部空闲轨道，如图 1-33 所示。设置完毕，单击"确定"按钮，将按设置删除轨道。轨道删除后，其上的素材片段也被从时间线中删除。

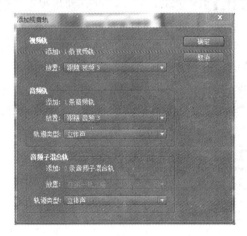

图 1-32 "添加视频轨"对话框

图 1-33 "删除轨道"对话框

3）用鼠标右键单击轨道控制区域，从弹出的菜单中选择"重命名"菜单项，输入新的名称，按〈Enter〉键将轨道的名称更改为此名称，如图 1-34 所示。

2. 设置轨道的显示风格

根据需要，可以自定义轨道的不同显示风格，以不同的方式显示每条轨道及其中的每个素材片段。

1）单击视频轨道名称左边的三角形按钮▶，展开轨道。在轨道控制区域中单击"显示风格"按钮▥，在弹出的菜单中可以选择不同的显示方式：在素材片段的始末位置显示入点帧和出点帧的缩略图；仅在素材片段的开始位置显示入点帧缩略图；在素材片段的整个范围内连续显示帧缩略图；仅显示素材名称，如图 1-35 所示。

2）单击音频轨道名称左边的三角形按钮▶，展开轨道。在轨道控制区域中单击"显示风格"按钮▥，在弹出的菜单中可以选择显示波形或仅显示素材名称，如图 1-36 所示。

3）单击轨道控制区域中的"显示关键帧"按钮◉，可以在弹出的菜单中选择是否显示关键帧。在时间线窗口可以设置并调节关键帧，如图 1-37 所示。

图 1-34 重命名　　图 1-35 视频风格显示　　图 1-36 音频风格显示　　图 1-37 关键帧显示

根据不同的需要，可以自定义轨道的显示风格，以不同的显示方式显示轨道及其中素材片段的信息。显示的信息越多，占用系统资源越多，使用时注意选择。

3．隐藏与锁定轨道

通过隐藏轨道的方法，可以将某条或某几条轨道排除在项目之外，使其上的素材片段暂时不能被预览或参与输出。比较复杂的时间线，往往有多条轨道，当仅需要对其中某条或某几条轨道进行编辑时，可以将其他轨道暂时隐藏起来。

单击轨道控制区域的眼睛图标或扬声器图标，使其消失，可以分别将视频轨道或音频轨道暂时隐藏起来；再次单击原图标所在方框，图标出现，轨道恢复有效性。

在编辑过程中，为了防止意外操作，经常需要将一些已经编辑好的轨道进行锁定。为了保持素材片段的视频与音频同步，需要将视频轨道和与之对应的音频轨道分别进行锁定。

单击轨道区域中轨道名称左边的方框，出现锁的图标，将轨道锁定，轨道上显示斜线，如图 1-38 所示。再次单击锁的图标，图标与轨道上显示的斜线消失，轨道被解除锁定。

图 1-38 轨道锁定

在隐藏轨道或锁定轨道的操作中，如果按住〈Shift〉键，可以同时将所有同类型的轨道隐藏或锁定。

锁定的轨道无法作为目标轨道，其上的素材片段也无法被编辑操作，但可以预览或输出。

1.2.4 编辑片段

将素材片段按顺序分配到时间线上，这是进行编辑的最初环节。采集与导入素材之后，只有将素材片段添加到时间线中，才能对其进行编辑操作。既可以使用鼠标拖曳的方法，将素材直接拖放到时间线上，也可以使用监视器窗口底部的控制面板中的按钮或快捷键，将素材按需求添加到时间线上。前者比较直观，操作简单，后者则可以完成一些比较复杂的操作。此外，还可以使用项目窗口底部的"自动添加到时间线"按钮，将素材片段按设置自动添加到时间线中。

1．在素材源监视器中剪辑素材

剪辑素材的第一步就是要确定使用素材的哪部分。设置素材片段的入点和出点，以进行剪辑。将要包含在素材中的第 1 帧设置为入点，将最后一帧设置为出点。在添加到时间线之前，可以在素材源监视器窗口中设置素材的入点和出点。当将素材添加到时间线后，则可以通过拖曳边缘等方式进行剪辑。

在项目窗口或时间线窗口中双击要剪辑的素材片段，将其在源监视器窗口中打开。将当前时间指针放置在要设置入点的位置，在控制面板中单击"设置入点"按钮 ，将此点设置为入点；将当前时间指针放置在要设置出点的位置，在控制面板中单击"设置出点"按钮 ，将此点设置为出点。

在源监视器窗口的控制面板中单击"跳转到入点"按钮 ，将当前时间指针移动到入点位置；而单击"跳转到出点"按钮 ，将当前时间指针移动到出点位置。

在节目监视器窗口的控制面板中单击"跳转到前一个编辑点"按钮 ，将当前时间指针移动到上一个编辑点的位置，而单击"跳转到下一个编辑点"按钮 ，将当前时间指针移动到下一个编辑点的位置。

执行菜单命令"标记"→"清除素材标记"→"入点和出点/入点/出点"，可以将源监视器中当前打开的素材片段的入点和出点清除，或分别将入点和出点清除。

按住〈Alt〉键的同时单击"设置入点"按钮 或"设置出点"按钮 ，也可以对应删除入点或出点。

2. 插入编辑和覆盖编辑

无论使用哪种方法向时间线中添加素材片段，都可以选择插入编辑或覆盖编辑的方式将素材添加到时间线中。覆盖编辑是将素材覆盖到时间线中指定轨道的某一位置，替换掉原有的部分素材片段，此方式类似于录像带的重复录制；而插入编辑就是将素材插入到时间线中指定轨道的某一位置，该素材从此位置被分开，后面的素材被移到素材出点之后，此方式类似于电影胶片的剪接。

插入编辑会影响到其他未锁定轨道上的素材片段，如果不想使某些轨道上的素材受到影响，应锁定这些轨道。

3. 素材源和目标轨道

对于包含音频的视频素材，在使用源监视器窗口添加素材时，可以选择添加素材的视频或音频轨道。在源监视器窗口的右下角选择使用视频或音频按钮，以显示对应的图标。

1）使用视频和音频：向时间线中添加视频轨道和音频轨道。

2）"仅拖动视频"按钮 ：仅向时间线中添加视频轨道。

3）"仅拖动音频"按钮 ：仅向时间线中添加音频轨道。

注：设置素材仅仅在将素材片段添加到时间线中时才起作用，而不会影响素材及其源文件。

时间线中包含多个视频和音频轨道。当向其中添加素材片段前，应该设定此素材占用哪个轨道。根据不同的编辑方式，可以使用不同的设置方法。

1）当使用拖曳的方式向时间线中添加素材时，最后拖放到的轨道即目标轨道。如果在拖曳的同时按住〈Ctrl〉键，则采用插入的方式添加素材片段，三角形标记将指示其中内容受到影响的轨道，如图 1-39 所示。

2）当使用源监视器窗口控制添加素材片段时，一定要预先设置目标轨道。一次性只可以设置一个目标视频轨道和目标音频轨道。在时间线窗口中，单击轨道控制区域，当其颜色变亮并且显示圆角边缘时，则表示被选中，如图 1-39 所示。

图 1-39　插入素材与选中轨道

无论使用直接拖曳的方式，还是使用素材源监视器窗口上的"覆盖"按钮 ▣ 添加素材片段，如果使用覆盖编辑，则只有目标轨道受到影响。而如果使用插入编辑，不仅素材片段被添加到目标轨道上，其他未锁定的轨道上的素材也会做出相应的调整。

4．手动拖曳添加素材片段

最为直接和直观的方法是将素材从项目窗口或素材源监视器窗口拖放到时间线窗口中相应的轨道上。默认状态下，直接拖放，以覆盖编辑的方式将素材添加到时间线中；按住〈Ctrl〉键拖放，则以插入编辑的方式将素材添加到时间线中；而按住〈Ctrl〉键和〈Alt〉键拖放，将在仅更改目标轨道的情况下，以插入编辑的方式将素材添加到时间线中。

节目监视器窗口可以帮助确认插入素材的具体位置。当进行覆盖编辑时，其中显示素材片段新位置的前后两个毗邻点的帧画面；当进行插入编辑时，其中显示插入点的前后两个毗邻点的帧画面。

还可以向节目监视器窗口中直接拖曳或按住〈Ctrl〉键的同时进行拖曳，以覆盖或插入的方式向时间线中添加素材片段。从项目窗口和素材源监视器窗口中，将素材拖放到顶端视频轨道的上方或底端音频轨道的下方空白处，都可以在添加素材片段的同时添加相应的轨道，以承载素材。

5．三点编辑

除了使用鼠标拖曳的方法添加素材片段，还可以使用监视器窗口底部的控制面板中的按钮进行三点编辑操作，将素材添加到时间线中。三点编辑是传统视频编辑中的基本技巧，"三点"指入点和出点的个数。

三点编辑就是通过设置 2 个入点和 1 个出点或 1 个入点和 2 个出点，对素材在时间线中定位，第 4 个点会被自动计算出来。三点编辑方式是设置素材的入点和出点，以及素材的入点在时间线中的位置，即时间线的入点，而素材的出点在时间线中的位置，即时间线的出点会通过其他 3 个点被自动计算出来。任意 3 个点的组合都可以完成三点编辑操作。

在监视器窗口底部的控制面板中，使用"设置入点"按钮 ▪ 和"设置出点"按钮 ▸，或快捷键〈I〉和〈O〉，为素材和时间线设置所需的 3 个点，再使用"插入"按钮 ▣ 或"覆盖"按钮 ▣，或者快捷键〈,〉或〈.〉，将素材以插入编辑或覆盖编辑的方式添加到时间线中的指定轨道上，完成三点编辑。

6. 向时间线中自动添加素材

通过使用自动添加到时间线功能，可以快速地整合进行粗剪或向时间线中自动添加素材片段。自动生成的时间线可以包含默认的转场。

为每个素材片段设置入点和出点。通过拖曳的方式，在项目窗口中对素材片段进行排序，或使用图标视图设置故事板。选择要进行自动添加的多个素材，在项目窗口的下方单击"自动添加到时间线"按钮 ，从弹出的"自动匹配到序列"对话框中设置素材片段的排列顺序、添加方式和转场等选项。设置完毕，单击"确定"按钮，如图 1-40 所示，所选素材被自动按顺序添加到时间线中。

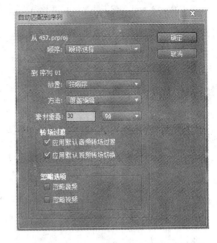

图 1-40 "自动匹配到序列"对话框

1.2.5 在时间线中编辑素材

素材被添加到时间线中后，还得根据需要在时间线窗口中对片段进行编辑，以达到完善的效果。Premiere Pro CS5 提供了强大的编辑工具，可以在时间线窗口中对素材片段进行复杂编辑。

1. 选择素材片段

在时间线窗口中编辑素材片段之前，首先需要将其选中。

使用"选择工具"按钮 单击素材片段，可以将其选中，按住〈Alt〉键，单击链接片段的视频或音频部分，可以单独选中单击的部分。

如果要选择多个素材片段，按住〈Shift〉键，使用"选择工具"逐个单击要选择的素材片段，或使用"选择工具"拖曳出一个区域，可以将区域范围内的素材片段选中。

使用"轨道选择工具"按钮 单击轨道上某一素材片段，可以选择此素材片段及同一轨道上其后的所有素材片段。按住〈Alt〉键，使用"轨道选择工具"按钮 单击轨道中链接的素材片段，可以单独选择其视频轨道或音频轨道上的素材。按住〈Shift〉键，使用"轨道选择工具"按钮 单击不同轨道上的素材片段，可以选择多个轨道上所需的素材片段。

选择素材片段的方法有多种，应根据实际情况使用最简捷的方法。

2. 在时间线窗口中编辑素材片段

在时间线窗口中，素材片段按时间顺序在轨道上从左至右排列，按合成的先后顺序，从上至下分布在不同的轨道上。使用"选择工具"拖曳素材片段，可以将其移动到相应轨道的任何位置。如果时间线窗口的"吸附"按钮 处于打开状态，则在移动素材片段的时候，会将其与一些特殊点进行自动对齐。

使用"选择工具"，当移动到素材片段的入点位置，出现剪辑入点图标时，可以通过拖曳对素材片段的入点重新设置；同理，当移动到素材片段的出点位置，出现剪辑出点图标时，可以通过拖曳，对素材片段的出点重新设置。

执行菜单命令"编辑"→"剪切/复制/粘贴/清除"，可以对素材片段进行剪切、复制、粘贴及清除的操作，其对应的快捷键分别为〈Ctrl+X〉、〈Ctrl+C〉、〈Ctrl+V〉和〈Backspace〉。复制后的素材片段将保留各属性的值和关键帧，以及入点和出点的位置，并保持原有的排列顺序。

利用时间线窗口的自动吸附功能，可以在移动素材片段的时候，将其与一些特殊点进行自动对齐，其中包括素材片段的入点和出点、标记点、时间标尺的开始点和结束点，以及时间指针的当前位置。

3. 素材片段的分割与伸展

（1）素材片段的分割

如果需要对一个素材片段进行不同的操作或施加不同的效果，可以先将素材片段进行分割。使用"剃刀工具"按钮 ![剃刀工具]，单击素材片段上要进行分割的点，可以从此点将素材片段一分为二。按住〈Alt〉键，使用剃刀工具单击链接的素材片段上某一点，则仅对单击的视频或音频部分进行分割。按住〈Shift〉键，单击素材片段上某一点，可以以此点将所有未锁定轨道上的素材片段进行分割。执行菜单命令"时间线"→"应用剃刀于当前时间标记点"或快捷键〈Ctrl+K〉，可以以时间指针所在位置为分割点，将未锁定轨道上穿过此位置的所有素材片段进行分割。

（2）素材片段的伸展

如果需要对素材片段进行快放或慢放的操作，可以更改素材片段的播放速率和持续时间。对于同一个素材片段，其播放速率越快，持续时间越短，反之亦然。使用速率伸展工具对素材片段的入点或出点进行拖曳，可以更改素材片段的播放速率和持续时间。

执行菜单命令"素材"→"速度/持续时间"或快捷键〈Ctrl+R〉，可以在打开的"素材速度/持续时间"对话框中对素材片段的播放速率和持续时间进行精确的调节，还可以通过勾选"速度反向"，将素材片段的帧顺序反转。

可以重复对素材片段进行分割或伸展的操作，其作用效果相互影响。

4. 素材片段的链接与编组

默认状态下，影片素材被添加到轨道后，其视频部分和音频部分是链接的，对某部分进行的选择、移动、设置入点或出点、删除、分割或伸展等操作，将影响另一部分。当需要对其中某部分进行单独操作时，可以在按住〈Alt〉键的同时，进行操作，或取消其链接关系。

（1）解除视音频链接

执行菜单命令"素材"→"解除视音频链接"，可以解除链接关系，使一个链接的影片素材变为独立的一个视频素材片段和一个音频素材片段，从而对其进行单独操作。

（2）链接视音频

当完成对某部分的操作后，执行菜单命令"素材"→"链接视音频"，可以将断开链接的素材片段重新链接起来。如果对素材的各部分进行单独的移动后再重新链接，其各部分的左上角会显示各部分的相对时间关系。使用链接命令也可以将选中的一个视频素材片段和一个音频素材片段进行链接，使其成为一个整体，方便操作。

（3）编组

除了链接素材，还可以对多个素材片段进行编组，使其成为一个整体，像操作一个素材片段似的对其进行编辑操作。

执行菜单命令"素材"→"编组"或快捷键〈Ctrl+G〉，可以将选中的素材片段结成一组。按住〈Alt〉键，可以对组中的单个素材片段进行单独操作。

（4）取消编组

使用菜单命令"素材"→"取消编组"或快捷键〈Ctrl+Shift+G〉将编组的素材片段解除编组。

仅可以对一个视频素材片段和一个音频素材片段进行链接，无法对同类型的素材片段进行链接。要将同类型的素材片段作为一个整体，可以使用编组的方法。

5．波纹编辑与滚动编辑

除了使用"选择工具"拖曳的方法编辑素材片段入点和出点，还可以根据实际情况，使用几种专业化的编辑工具对相邻素材片段的入点和出点进行更改，从而完成一些比较复杂的编辑。对于相邻的两个素材片段，可以使用波纹编辑或滚动编辑的方法，对其进行编辑操作。在进行这两种编辑时，监视器窗口的节目视窗会显示前一个素材片段的出点帧和后一个素材片段的入点帧，方便观察操作。

（1）波纹编辑

波纹编辑在更改当前素材入点或出点的同时，会根据素材片段收缩或扩张的时间，将随后的素材向前或向后推移，导致节目总长度发生变化。

如使用"波纹编辑工具"按钮，当移动到素材片段的入点或出点位置，出现波纹入点图标或波纹出点图标时，可以通过拖曳对素材片段的入点或出点进行编辑，随后的素材片段将根据编辑的幅度自动移动，以保持相邻，如图1-41所示。

（2）滚动编辑

滚动编辑对相邻的前一个素材片段的出点和后一个素材片段的入点进行同步移动，其他素材片段的位置和节目总长度保持不变。

使用"滚动编辑工具"按钮，在素材片段之间的编辑点上向左或向右拖曳，可以在移动前一个素材片段出点的同时，对后一个素材片段的入点进行相同幅度的同向移动，如图1-42所示。

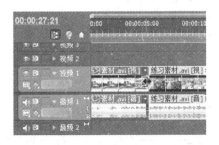

图1-41　波纹编辑

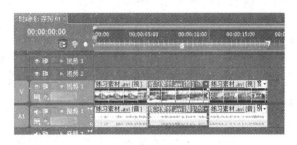

图1-42　滚动编辑

波纹编辑与滚动编辑的最明显的区别就在于，波纹编辑更改节目总长度，而滚动编辑保持节目总长度不变。

6．错落编辑与滑动编辑

对于相邻的3个素材片段，可以使用滑动编辑或错落编辑的方法，对其进行编辑操作。在进行这两种编辑时，监视器窗口的节目视窗会显示中间素材片段的入点帧和出点帧以及前一个素材片段的出点帧和后一个素材片段的入点帧，方便观察操作，如图1-43所示。

错落编辑按钮对素材片段的入点和出点进行同步移动，并不影响其相邻的素材片段，节目总长度保持不变。

图 1-43 错落编辑

滑动编辑按钮 通过同步移动前一个素材片段的出点和后一个素材片段的入点，在不更改当前素材片段入点和出点位置的情况下，对其进行相应的移动，节目总长度保持不变。

分别使用"错落编辑工具"按钮 和"滑动编辑工具"按钮 在素材片段上进行拖曳，实现相应的编辑操作。

错落编辑改变当前素材片段的入点和出点，而滑动编辑改变前一个素材片段的出点和后一个素材片段的入点，二者均不改变节目总长度。

7. 使用交错视频素材

视频素材按场序排列可以分为两种：交错和非交错。

交错视频素材的每一帧都包含两个场，每一个场都包含半数的水平帧扫描线。上场包含所有的奇数线，而下场包含所有的偶数线。交错视频监视器在显示视频帧时，先通过扫描显示其中的一个场，再显示另外一个场，合为一帧画面。场顺序用以描述显示上、下两场的先后顺序。而非交错视频素材采用逐行扫描的方式，顺序显示每一帧。

大多数广播级视频素材属于交错视频素材，而目前的高清视频标准包含交错和非交错视频两种。

通常情况下，交错视频在显示器中播放是不明显的，而只有慢速播放或冻结某一帧时，才可以清晰辨别两个场的扫描线。因此，经常需要将交错视频素材转换为非交错视频素材。通常使用的方法是除去其中的某一个场，使用复制或插值运算的方式对另一个场的画面进行修补。

可以对时间线中交错视频素材中的场进行处理，以使得素材片段的帧画面和运动的质量在改变帧速率，回放和冻结帧时得到保护。

在时间线窗口中选中一个素材片段，执行菜单命令"素材"→"视频选项"→"场选项"，打开"场选项"对话框。勾选"交换场序"，可以改变素材片段的场顺序，如图 1-44 所示。

在"处理选项"栏中随需选择一种处理场的方式。

● 无：不处理场。
● 交错相邻帧：将一对连续的逐行扫描帧转换为交错场。此项可以将 50 帧/秒的逐行扫描动画转换为 25 帧/秒的交错视频素材。

● 总是反交错：将交错视频场转换为完整的逐行扫描帧。

● 消除闪烁：消除交错场的闪烁。

一切设置完毕，单击"确定"按钮，将场设置应用于所选素材。

当调整素材速度低于100％时，执行菜单命令"素材"→"视频选项"→"帧融合"，可以使用帧融合技术改善画质。

8. 素材的帧处理

所谓静帧就是影片中的定格。在 Premiere Pro CS5 中，素材的静帧是将一帧以素材的时间长度持续显示，就好像显示一张静止图像。

用鼠标右键单击要定格的片段，从弹出的快捷菜单中选择"帧定格"菜单命令，打开"帧定格选项"对话框，如图1-45所示，各选项含义如下。

图1-44 "场选项"对话框

图1-45 "帧定格选项"对话框

定格在：从右侧的下拉列表中可以选择定格入点、标记0和出点，在相应处静帧。

定格滤镜：可以使应用了具有关键帧特效的片段，在静帧的同时仍然显示特效变化效果。

反交错：片段将始终保持反交错场，也就是一帧中的两场完全相同。

1.2.6 高级编辑技巧

除了在监视器和时间线窗口中对素材片段和时间线进行基本的编辑操作外，使用并借助一些高级编辑技巧，可以大大丰富我们的创作手段，进一步满足应用领域的需求。

1. 使用标记

标记可以起到指示重要的时间点并帮助定位素材片段的作用。可以使用标记定义时间线中的一个重要的动作或声音。标记仅仅用于参考，并不改变素材片段本身。还可以使用时间线标记设置 DVD 或 Quick Time 影片的章节，以及在流媒体影片中插入 URL 连接。

可以向时间线或素材片段添加标记。每个时间线和每个素材片段可以单独包含至多 100个带有序号的标记，序号从 0～99 进行排列，或包含尽可能多的无序号标记。在监视器窗口中，标记以小图标的形式出现在其时间标尺上；而在时间线窗口中，素材标记在素材上显示，而时间线标记在时间线的时间标尺上显示，如图1-46所示。

当为从项目窗口中打开的素材片段设置好标记后，再将其添加到时间线中后，依然保持标记；而改变源素材的标记则不影响已经添加时间线中的素材标记，反之亦然。

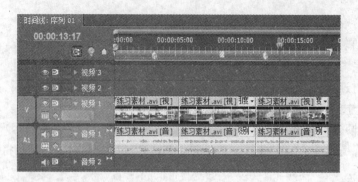

图 1-46 各种标记

使用如下方式可以设置各种标记。

● 在源监视器中打开素材，将当前时间指针移动到要设置标记的位置，单击"设置未编号标记"按钮，则在此位置为素材添加一个无序号的素材标记。

● 在时间线窗口中，将当前时间指针移动到要设置标记的位置，在节目监视器窗口中单击"设置未编号标记"按钮，或在时间线窗口中单击"设置无编号标记"按钮，将在此位置为时间线添加一个无序号的时间线标记。

● 在源监视器中打开素材，或在时间线窗口中选择素材，将当前时间指针移动到要设置标记的位置，使用菜单命令"标记"→"设置素材标记"→"下一个有效编号/其他编号"，可以分别以顺序或自定义的方式在此位置为素材添加一个带有序号的素材标记。

● 选择节目监视器或时间线窗口，将当前时间指针移动到要设置标记的位置，执行菜单命令"标记"→"设置序列标记"→"下一个有效编号/其他编号"，可以分别以顺序或自定义的方式在此位置为时间线添加一个带有序号的时间线标记。

注：在序列嵌套时，子序列的时间线标记在母时间线中会显示为嵌套序列素材的素材标记。

执行菜单命令"标记"→"清除素材标记"→"当前标记/所有标记/编号"，可以分别删除当前素材标记、所有素材标记或带有序号的素材标记。而执行菜单命令"标记"→"清除序列标记"→"当前标记/所有标记/编号"，可以分别删除当前时间线标记、所有时间线标记或带有序号的时间线标记。

2. 序列嵌套

一个项目中可以包含多个序列，所有的序列共享相同的时基。执行菜单命令"文件"→"新建"→"序列"，或在项目窗口的底端单击"新建"按钮，在弹出的菜单中选择"序列"菜单项，打开"新建序列"对话框。在对话框中输入序列的名称，设置视频轨道和各种音频轨道的数目，如图 1-47 所示。设置完毕，单击"确定"按钮，即可按照设置创建新的序列。

可以将一个序列作为素材片段插入到其他的序列中，这种方式叫做嵌套。无论被嵌套的源序列中含有多少视频和音频轨道，嵌套序列在其母序列中都会以一个单独的素材片段的形式出现。

图 1-47 "新建序列"对话框

可以像操作其他素材一样，对嵌套序列素材片段进行选择、移动、剪辑并施加效果。对于源序列做出的任何修改，都会实时地反映到其嵌套素材片段上，而且可以进行多级嵌套，以创建更为复杂的时间线结构。

嵌套序列的功能可以大大提高工作效率，以完成那些复杂或不可能完成的任务。

● 重复使用序列。只需要创建序列一次，就可以像普通素材一样，不限制次数地添加到序列中。

● 为序列复制施加不同的设置。例如，要重复播放一个序列，但每次要看到不同的效果，则可以为每个嵌套序列素材片段分别施加不同的效果。

● 使编辑的空间更加紧凑，流程更加顺畅。分别创建复杂的多层序列，并将它们作为单独的素材片段添加到项目的主序列中。这样可以免去同时编辑多个轨道的主序列，并且还能减少不经意误操作的可能性。

● 创建复杂的编组和嵌套效果。例如，虽然可以在一个编辑点上施加一个转场效果，但通过嵌套序列，对嵌套的素材片段施加新的转场效果，以创建多重转场。

创建嵌套序列应该遵循以下原则。

不可以进行自身嵌套。

● 当动作中包含嵌套序列素材片段时，会需要更多的处理时间，因为嵌套序列素材片段中包含了许多相关的素材片段，Premiere Pro CS5 会将动作施加给所有的素材片段。

● 嵌套序列总是显示其源序列的当前状态。对源序列中内容的更改会实时地反映到其嵌套序列素材片段中。

嵌套序列素材片段起始的持续时间由其源时间线所决定，并包含其源序列中起始位置的空间。

● 像其他素材片段一样，可以设置嵌套序列素材片段入点和出点。之后改变源时间线的持续时间则不会影响当前的现存的嵌套序列素材片段的持续时间。要加长嵌套序列素材片段的长度，并显示添加到源序列中的素材，应该使用基本剪辑方式，向右拖曳其出点位置。反之，如果源序列变短，则其嵌套序列素材片段中会出现黑场和静音，也可以通过设置出点的位置，将其消除。

将序列从项目窗口或素材源监视器窗口中拖曳到时间线窗口中当前序列适当的轨道位置上，或使用其他添加素材的编辑方式进行嵌套，如图 1-48 所示。双击嵌套时间线素材片段，可以将其源序列打开作为当前序列进行显示。

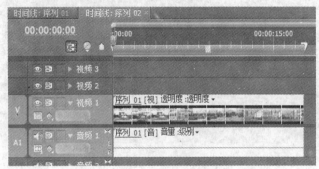

图 1-48　嵌套

3. 编辑多摄像机序列

使用多摄像机监视器可以从多摄像机中编辑素材，以模拟现场摄像机转换。使用这种技术，可以最多同时编辑 4 部摄像机拍摄的内容。

在多摄像机编辑中，可以使用任何形式的素材，包括各种摄像机中录制的素材和静止图片等。可以最多整合 4 个视频轨道和 4 个音频轨道，可以在每个轨道中添加来自于不同磁带的不止一个素材片段。整合完毕，需要将素材进行同步化，并创建目标时间线。

首先将所需素材片段添加到至多 4 个视频轨道和音频轨道上。在尝试进行素材同步化之前，必须为每个摄像机素材标记同步点。可以通过设置相同序号的标记或通过每个素材片段的时间码来为每个素材片段设置同步点。

1）选中要进行同步的素材片段，执行菜单命令"素材"→"同步"，打开"同步素材"对话框，如图 1-49 所示，在其中选择一种同步的方式。

● 素材开始：以素材片段的入点为基准进行同步。

● 素材结束：以素材片段的出点为基准进行同步。

● 时间码：以设定的时间码为基准进行同步。

● 已编号标记：以选中的带序号的标记进行同步。

设置完毕，单击"确定"按钮，则按照设置，对素材进行同步。

2）执行菜单命令"文件"→"新建"→"序列"，打开"新建序列"对话框，默认当前的设置，

图 1-49　"同步素材"对话框

单击"确定"按钮，新建"序列02"。

3）从项目窗口将"序列01"拖到"序列02"的"视频1"轨道上。

4）选择嵌套"序列02"的素材片段，执行菜单命令"素材"→"多机位"→"启用"，激活多摄像机编辑功能。

5）执行菜单命令"窗口"→"多机位监视器"，打开"多机位"监视器窗口，如图1-50所示。

图1-50 "多机位监视器"窗口

多摄像机监视器可以从每个摄像机中播放素材，预览最终编辑好的序列。当记录最终序列的时候，单击一个摄像机预览，将其激活，从此摄像机中进行录入。当前摄像机内容在播放模式时，显示黄色边框，而在记录模式时，则显示红色边框。

6）多摄像机监视器窗口中包含了基本的播放和传送控制，支持相应的快捷键控制。在多摄像机监视器窗口的弹出式菜单中取消勾选"显示预览监视器"，则隐藏记录时间线预览，仅显示镜头画面。

7）进行录制之前，可以在多摄像机监视器中，单击"播放"按钮，进行多摄像机的预览。单击"记录"按钮，单击"播放"按钮，开始进行录制。在录制的过程中，通过单击各个摄像机视频缩略图，以在各个摄像机间进行切换，其对应快捷键分别为〈1〉、〈2〉、〈3〉、〈4〉数字键。录制完毕，单击"停止"按钮，结束录制。

8）再次播放预览时间线，时间线已经按照录制时的操作，在不同的区域显示不同的摄像机素材片段，以[MCl]、[MC2]的方式标记素材的摄像机来源，如图1-51所示。

录制完毕，还可以使用一些基本的编辑方式对录制结果进行修改和编辑。

4．素材替换

Premiere Pro CS5提供了素材替换这样一个功能，提高了编辑的速度。如果时间线上某个素材不合适，需要用另外的素材来替换。在项目窗口中双击用来替换的素材，使其在源监视器中显示，给这个素材设置入点（如果不设置入点，则默认将素材的头帧作为入点）。按住键盘的〈Alt〉键，同时将替换的素材从源监视器拖到时间线上被替换的素材上，松开鼠标，就完成整个替换的工作。替换后的新的素材片段仍然会保持被替换片段的属性和效果设置。

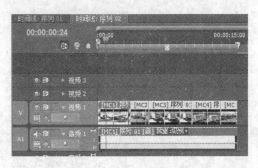

图 1-51　预览时间线

也可以在时间线上用鼠标右键单击需要替换的素材片段，从弹出的快捷菜单中选择"替换素材"→"从源监视器/从源监视器，匹配帧/从文件夹"菜单项，如图 1-52 所示，从上述 3 种替换方法中选择一种。

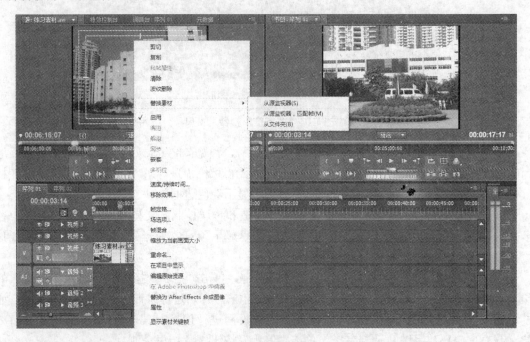

图 1-52　素材替换

1）"从源监视器"是用素材源监视器里当前显示的素材来完成替换，时间上是按照入点来进行匹配的。

2）"从源监视器，匹配帧"这个方式，也是用素材源监视器里当前显示的素材来完成替换，但是时间上是以当前时间显示，即素材源监视器当中的蓝色图标，时间线里的红线来进行帧匹配，忽略入点，如图 1-53 所示。

3）"从文件夹"这个方式，使用项目窗口中当前被选中的素材来完成替换（每次只能选一个）。

图 1-53　从源监视器，匹配帧

1.2.7　实训项目：分屏效果的制作

知识要点：添加视频轨道，编辑素材，运动参数的设置，素材片段的分割，复制、粘贴属性。

利用剃刀工具，通过复制、粘贴属性及运动参数的设置，可以制作出 4 幅画面按顺序移动的效果。

1）启动 Premiere Pro CS5，新建一个名为"分屏效果"的项目文件。

2）执行菜单命令"文件"→"导入"，导入本书配套教学素材"项目 1\任务 2\素材"文件夹内的"练习素材"视频素材，如图 1-54 所示。

3）在项目窗口双击"练习素材"素材，将其在素材源监视器窗口中打开，如图 1-55 所示。

图 1-54　导入素材

图 1-55　"源监视器"窗口

4）执行菜单命令"序列"→"添加轨道"，打开"添加视音轨"对话框，添加 1 条视频轨道，如图 1-56 所示，单击"确定"按钮，为"时间线"窗口添加 1 条视频轨道，不增加音频轨道。

5）在素材源监视器窗口中，依次设置 4 段素材的入点、出点，对应的入点和出点为（10：09，16：08）、（20：19，26：18）、（44：24，50：23）和（29：16，35：15），按住"仅拖动视频"按钮不放，将其拖到时间线的"视频 1"、"视频 2"、"视频 3"和"视频 4"轨道中，使其与 0 位置对齐，如图 1-57 所示。

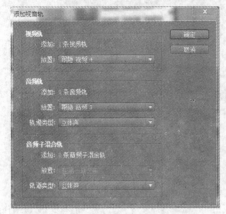

图 1-56 添加 1 条视频轨道

图 1-57 添加片段

6）在特效控制窗口中展开"运动"参数，分别为"视频 1"、"视频 2"、"视频 3"和"视频 4"轨道中片段设置"位置"参数为（180，432）、（540，432）、（540，144）和（180，144），分别为"比例"参数设置均为 50，效果如图 1-58 所示。

以上的参数设置就可以实现 4 个素材在同一个屏幕上同时播放的分屏效果，下面再实现 4 个素材之间的移形换位。

图 1-58 效果图

7）将播放指针分别定位在 1：13、3：00 和 4：13 位置，用工具栏中的剃刀片工具在播放指针处单击，将 4 个素材分别在 1：13、3：00 和 4：13 位置处截断，得到的结果如图 1-59 所示。

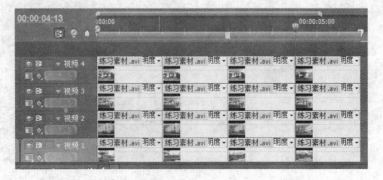

图 1-59 截断素材

8）用鼠标右键单击"视频 1"轨道中的第 1 段，从弹出的快捷菜单中选择"复制"菜单项，在"视频 2"轨道中用鼠标右键单击第 2 段，从弹出的快捷菜单中选择"粘贴属性"菜单项。将"视频 1"轨道中的第 1 段运动属性粘贴到"视频 2"轨道中的第 2 段上。

9）用鼠标右键单击"视频 2"轨道中的第 1 段，从弹出的快捷菜单中选择"复制"菜单项，在"视频 3"轨道中用鼠标右键单击第 2 段，从弹出的快捷菜单中选择"粘贴属性"菜单项。将"视频 2"轨道中的第 1 段运动属性粘贴到"视频 3"轨道中第 2 段上。

10）用鼠标右键单击"视频 3"轨道中的第 1 段，从弹出的快捷菜单中选择"复制"菜单项，在"视频 4"轨道中用鼠标右键单击第 2 段，从弹出的快捷菜单中选择"粘贴属性"菜单项。将"视频 3"轨道中的第 1 段运动属性粘贴到"视频 4"轨道中第 2 段上。

11）用鼠标右键单击"视频 4"轨道中的第 1 段，从弹出的快捷菜单中选择"复制"菜单项，在"视频 1"轨道中用鼠标右键单击第 2 段，从弹出的快捷菜单中选择"粘贴属性"菜单项。将"视频 4"轨道中的第 1 段运动属性粘贴到"视频 1"轨道中第 2 段上。

这样素材的第 1 轮移形换位已经做好，当播放到这 4 个素材的第 2 段时，得到的效果如图 1-60 所示。

12）在 4 个素材的第 2 段和第 3 段之间重复第

图 1-60　播放时循环移动素材的位置的效果

8）到第 11），再将它们的位置进行一个循环移动，以此类推，得到的结果如图 1-61 所示。

图 1-61　第二、三次循环移动素材的位置的效果

任务 1.3　音频的编辑

 问题的情景及实现

在节目中正确运用音频，既是增强节目真实感的需要，也是增强节目艺术感染力的需要。Premiere Pro CS5 音频处理功能强大，有数十条声轨编辑合成及丰富的音频特效，为音

频创作提供了有力的保证。

1.3.1 音频编辑基础

1. Premiere 对音效的处理方式

在 Premiere Pro CS5 中对音频进行处理有以下 3 种方式。

1）在时间线窗口的音频轨道上通过修改关键帧的方式对音频素材进行操作。

2）使用菜单中相应的命令来编辑所选择的音频素材。执行菜单命令"素材"→"音频选项"→"音频增益/源声映射/强制为单声道/渲染并替换/提取音频/抄录到文件"。

3）在效果窗口中为音频素材添加音频特效来改变音频素材的效果。

在影片编辑中，可以使用立体声和单声道的音频素材。确定了影片输出后的声道属性后，就需要在进行音频编辑之前，先将项目文件的音频格式设置为对应的模式。执行菜单命令"文件"→"新建"→"序列"，打开"新建序列"对话框，在该对话框的"轨道"选项卡中选择需要的声道模式即可，如图 1-62 所示。

执行菜单命令"项目"→"项目设置"→"常规"，在打开的"项目设置"对话框中对音频的采样频率及显示格式进行设置，如图 1-63 所示。

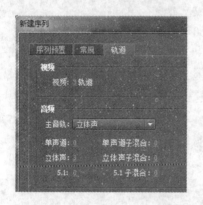

图 1-62 "新建序列"对话框   图 1-63 "项目设置"对话框

执行菜单命令"编辑"→"首选项"→"音频"，可以在打开的"首选项"对话框中，通过改变"音频"参数，对音频素材属性的使用进行一些初始设置，如图 1-64 所示。

2. 音频的处理顺序

对音频的处理主要步骤是：无论何种音频格式，都要先在时间线窗口中进行设置，然后应用声音特效，配合使用音频轨道上音源的位移和增益，最后使用特效控制台窗口下的命令对音频素材进行处理。在处理音频的时候，有时还会用到调音台窗口。该窗口可以实时地对音频进行调整，调整后的结果将直接出现在音频轨道上。

3. 添加音频

在进行编辑之前，需要先将要导入到项目中的音频准备好，执行导入操作，将音频添加到创建的项目中。除了执行菜单命令"文件"→"导入"或使用〈Ctrl+I〉组合键导入音频外，还可使用鼠标双击项目窗口中的素材列表框中的空白区域。

在打开"导入"对话框中选择所需要的音频，单击"打开"按钮，即可将音频导入到当前项目窗口中。如果要选择多个文件，可以通过框选的方法选取连续排列的多个文件，或者按住〈Ctrl〉键的同时单击选择多个不连续排列的文件。

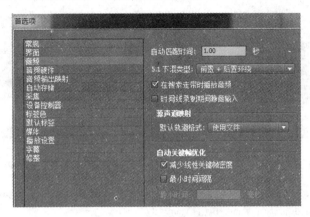

图1-64 "首选项"对话框

在进行音频效果的编辑之前，需要先将音频素材加入到时间线窗口中，才能对音频素材进行编辑操作。在Premiere Pro CS5的项目窗口中，选中要加入到时间线中的音频素材，按下鼠标并将其拖动到时间线窗口的音频轨道上，此时音频轨道上会出现一个矩形块。拖动矩形块，可以将音频素材放到所需位置。

1.3.2 编辑音频素材

将所需要的音频素材导入到时间线窗口以后，就可以对音频素材进行编辑了，下面介绍对音频素材进行编辑处理的各种操作方法。

1．调整音频持续时间和播放速度

和视频素材的编辑一样，在应用音频素材时，可以对其播放速度和时间长度进行修改设置，其具体操作步骤如下。

1）选中要调整的音频素材，执行菜单命令"素材"→"速度/持续时间"，打开"素材速度/持续时间"对话框，在"持续时间"栏可对音频的持续时间进行调整，如图1-65所示。当改变"素材速度/持续时间"对话框中的"速度"值时，音频的播放速度就会发生改变，从而也可以使音频的持续时间发生改变，但改变后的音频素材的节奏也同时被改变了。

2）在时间线窗口中直接拖动音频的边缘，可改变音频轨迹上音频素材的长度。也可利用剃刀工具，将音频的多余部分切除掉，如图1-66所示。

2．调节音频增益

音频增益是指音频信号的声调高低，当一个视频片段同时拥有几个音频素材时，就需要平衡这几个素材的增益，如果一个素材的音频信号或高或低，就会严重影响播放时的音频效果，这时可以通过以下步骤设置音频素材的增益。

1）选择时间线窗口中需要调整的音频素材，被选择的素材周围会出现黑色实线，如图1-67所示。其中"音频1"轨道中的素材为选择状态，"音频2"轨道中的素材为非选择状态。

2）执行菜单命令"素材"→"音频选项"→"音频增益"，打开"素材增益"对话框，如图1-68所示。

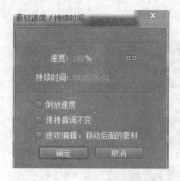

图 1-65　调整持续时间

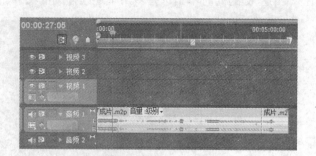

图 1-66　改变音频素材的长度

3）将鼠标指针移动到对话框的数值上，当指针变为手形标记时，按下鼠标左键并左右拖动鼠标，增益值将被改变，如图 1-69 所示。

图 1-67　选择音频素材

图 1-68　"素材增益"对话框

图 1-69　改变增益值

4）完成设置后，双击音频片段可以通过源监视器窗口查看到处理前后的音频波形变化，如图 1-70 所示。这时可播放修改后的音频素材，以试听音频效果。

图 1-70　音频素材波形图

3．音频素材的音量控制

音频素材的音量可以通过以下两个简单的方法来控制。

1）选中音频素材，打开特效控制台窗口，展开"音量"选项组，调节"级别"的数值可以控制音频素材的音量，如图 1-71 所示。

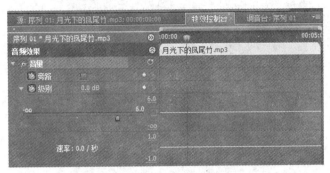

图 1-71　特效控制台窗口

2）单击音频轨道上的"显示关键帧"按钮 ，选择"显示轨道关键帧"命令，单击音频轨道上的"添加删除关键帧"按钮 ，为音频素材添加关键帧，拖动关键帧即可控制音频素材的音量，如图 1-72 所示。

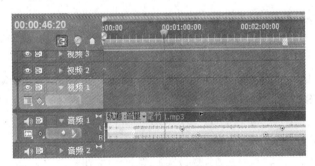

图 1-72　拖动关键帧控制音量

4．使用调音台窗口

调音台窗口可以对音轨素材的播放效果进行编辑和实时控制。执行菜单命令"窗口"→"工作窗口"→"音频编辑"，打开"调音台"窗口，如图 1-73 所示。调音台窗口为每一条音轨都提供了一套控制方法，每条音轨也根据时间线窗口中的相应音频轨道进行编号，使用该窗口可以设置每条轨道的音量大小、静音等。下面具体介绍一下该面板的使用方法。

1）音轨号：对应着时间线窗口中的各个音频轨道。如果在时间线窗口中增加了一条音频轨道，在调音台窗口也会显示出相应的音轨号。

2）左右声道平衡：将该按钮向左转用于控制左声道，向右转用于控制右声道，也可以在按钮下面的数值栏直接输入数值来控制左右声道。

3）音量控制：将滑动块向上下拖动，可以调节音量的大小，旁边的刻度用来显示音量值，单位是 dB。

4）静音、独奏、录音控制：静音按钮控制静音效果，按下"独奏"按钮可以使其他音轨上的片段成静音效果，只播放该音轨片段，录音控制按钮用于录音控制。

5）播放控制按钮：该栏按钮包括跳转到入点、跳转到出点、播放、播放入点到出点、循环和录制按钮，它们的功能与前面介绍的相同。

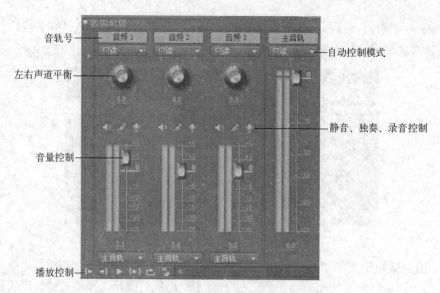

图 1-73　调音台面板

5．使用音频特效

除了从效果窗口中为素材片段施加音效外，还可以通过调音台窗口施加轨道音效，为轨道中的素材片段统一施加效果。

在调音台窗口中，可以在轨道控制窗口中设置轨道效果。每个轨道最多支持 5 个轨道效果。Premiere Pro CS5 会按照效果列表的顺序处理效果，改变列表顺序可能改变最终效果。效果列表还支持完全控制添加的 VST 效果。在调音台窗口中施加的效果也可以在时间线窗口中进行预览和编辑。

在调音台窗口中，单击"显示/隐藏效果与发送"按钮■，以显示"轨道效果控制"窗口，单击"效果选择"按钮，打开"轨道效果"弹出式菜单，如图 1-74 所示。单击"轨道效果"弹出式菜单其中的一个项，则为轨道施加此效果，如图 1-75 所示。

有些效果支持在效果列表中双击效果名称，打开具体的设置窗口进行设置，如图 1-76 所示。

再次单击"效果选择"按钮，打开"轨道效果"弹出式菜单，在其中选择"无"，可以删除此效果。

Premiere Pro CS5 的音频滤镜包括 5.1、立体声和单声道 3 个选项，每项中的滤镜是完全相同的，也就是说每一项中的滤镜只能对相应的素材起作用，这些音频特技效果可以通过特技效果产生。例如，回声、合声以及去除噪声的效果，还可以使用扩展的插件得到更多的控制。

平衡：控制左右两个声道的音量平衡，如果左声道的声音偏大，就可以将参数设置为正值，以加大右声道的音量，使两个声道音量一致，反之亦然。

低音：主要起对素材音频中的重音部分进行处理的作用，可以增强也可以减弱重音部分，同时不影响素材的其他音频部分。

声道音量：用于单独控制每一个声道的音量。

Chorus（合成）：合成两种分离的音频特技效果。

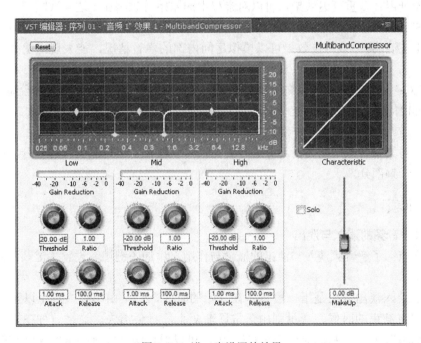

图 1-74 轨道效果弹出式菜单　　　　　　　　图 1-75 轨道施加效果

图 1-76 进一步设置的效果

DeClicker（降滴答声）：清除音频素材中的滴答声。

DeCrackler（降爆声）：能够去除恒定的背景爆裂声。

DeEsser（降齿声）：清除音频素材中的齿声。

DeHummer（降嗡嗡声）：清除音频素材中的嗡嗡声。

DeNoiser（降噪）：对音频素材进行降噪声。

延迟：该特技效果用来模拟一个房间的声学环境，即在一个设定的时间后重复声音，以产生回声，模拟声音被远处的平面反射回来的效果。Delay（延迟）参数控制原始声音与回声的时间间隔，从短到长移动滑块将增加时间间隔。Feed back（反作用）设定有多少延时声音被反馈到原始声音中。Mix（混合）参数则在原始音频和效果音之间产生混合。

Dynamics（编辑器）：该特效对音频提供了复杂的控制方法，其对话框的 Auto Gate（自动匹配）特技效果可以自动匹配音频；Compressor/Expander（压缩/放大）效果控制最高音与最低音之间的动态范围，既可以压缩也可以扩大。该效果还可以突出强的声音，清除噪声。

EQ（图形均衡）：该特技效果可以较为精确地调整音频的声调。它的工作形式与许多民用类音频设备上的图形均衡器相类似，通过在相应频率段按百分比调整原始声音来实现声调的变化。如果需要更为精确地均衡调整，可以使用 Parametric EQ 效果。

使用左声道：使用右声道的声音来代替左声道的声音，而左声道的声音被删除。

使用右声道：与填充左声道效果相反。

高通：该特技效果可以将低频部分从声音中滤除。

低通：该特技效果可以将高频部分从声音中滤除。

Multiband Compressor（多频段压缩）：扩展 Compressor（压缩）特技效果提供了更多的音域控制。

多功能延迟：多重延迟效果，可以对素材中的原始音频添加多达 4 次回声。

Pitch Shifter（音调变换）：可以用来调整输入音频信号的音调，可以用来加深高音或低音。

Reverb（混响）：该特技效果可以模拟房间内部的声音情况，能表现出宽阔和传声真实的效果。

参数 EQ：该特技效果可以精确调整声音的音调。类似于 EQ，但调节比较简单。

Spectral Noise Reduction（光谱减少噪声）：使用光谱方式对噪声进行处理。

互换声道：将左、右两个声道的音频信息进行交换。

高音：对素材音频中的高音部分进行处理，可以增强也可以减弱高音部分，同时不影响素材的其他音频部分。

1.3.3　实训项目

实训 1　音频的淡入与淡出

知识要点：了解音频淡入与淡出的概念与作用，添加关键帧，设置关键帧，制作淡入与淡出效果。

音频的淡入淡出效果是指一段音乐在开始的时候，音量由小渐大直至以正常的音量播放，而在即将结束的时候，音量则由正常逐渐变小，直至消失。这是一种在视频编辑中常用的音频编辑效果。在 Premiere Pro CS5 中，可以通过添加关键帧来实现音频的淡入与淡出效果。

音频淡入淡出效果的具体操作过程如下。

1）启动 Premiere Pro CS5，新建一个名为"音频的淡入与淡出"的项目文件。

2）执行菜单命令"文件"→"导入"，导入一段音频素材，将导入的音频素材添加到

"音频1"轨道上,如图1-77所示。

3)单击"显示关键帧"按钮,从弹出的快捷菜单中选择"显示轨道关键帧"菜单项。

4)将时间线移到0的位置,单击"添加/删除关键帧"按钮,添加一个关键帧,如图1-78所示。

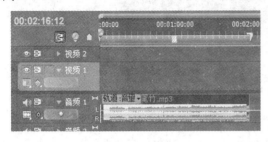 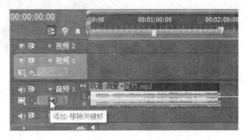

图1-77 添加素材　　　　　　　　　　　图1-78 添加第1个关键帧

5)将时间线移到4:00的位置,单击"添加/删除关键帧"按钮,添加第2个关键帧,如图1-79所示。

在Premiere Pro CS5中,可以随意改变时间线标尺。在时间线窗口中拖动左下角的小三角滑块,可以随意改变时间线标尺,这样可以更加清晰地显示时间线中的素材。

6)用鼠标选中第1个关键帧并向下拖动,即可设置音频的淡入效果,如图1-80所示。

图1-79 添加第2个关键帧　　　　　　图1-80 拖动关键帧设置音频的淡入效果

7)将时间线移到1:12:00的位置,单击"添加/删除关键帧"按钮,添加第3个关键帧,如图1-81所示。

8)将时间线移到1:16:11的位置,单击"添加/删除关键帧"按钮,添加第4个关键帧,如图1-82所示。

图1-81 添加第3个关键帧　　　　　　　图1-82 添加第4个关键帧

9）用鼠标选中第 4 个关键帧并向下拖动，即可设置音频的淡出效果，如图 1-83 所示。

图 1-83　拖动关键帧设置音频的淡出效果

10）单击"播放/停止"按钮，即可试听设置淡入、淡出效果后的音频。

实训 2　为音频配上完美画面

知识要点：导入音频素材，添加音频素材，导入视频素材，添加视频素材，剪辑音频素材，添加关键帧制作音频淡出效果，群组视频和音频素材。

在 Premiere Pro CS5 中可以轻松将一段音频素材配上完美的视觉画面，从而让观众在聆听优美音频的同时还可以欣赏到完美的视觉画面。

为音频配上完美画面的具体操作过程如下。

1）启动 Premiere Pro CS5，新建一个名为"为音频配上完美画面"的项目文件。

2）执行菜单命令"文件"→"导入"，导入一段音频素材。

3）在项目窗口中选择导入的音频素材，将其添加到"音频 1"轨道上。

4）单击"播放/停止"按钮，只能听到优美的音频，而没有视频画面。

5）执行菜单命令"文件"→"导入"，打开"导入"对话框，选择本书配套教学素材"项目 1\mv\素材"文件夹内的"澳大利亚之旅"视频素材，单击"打开"按钮，将所选的视频素材导入到项目窗口中。

6）在项目窗口中双击"澳大利亚之旅"视频素材，将其在源监视器窗口中打开。

7）在源监视器窗口选择入点 15：33：10 及出点 15：54：22，将其拖到时间线的"视频"轨道上，与起始位置对齐，如图 1-84 所示。

8）用鼠标右键单击"视频 2"轨道上的视频素材，从弹出的快捷菜单中选择"解除视音频链接"菜单项，然后将"音频 2"轨道上的素材删除，结果如图 1-85 所示。

图 1-84　添加视频素材

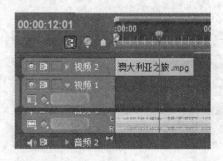

图 1-85　删除"音频 2 轨道"上的素材

9）在源监视器窗口选择入点 10：07：17 及出点 10：26：13，将其拖到时间线的"视频 2"轨道上，与前一片段末尾对齐。

10）参照步骤 8）的操作，将素材片段 2、片段 3 执行"解除视音频链接"命令，将"音频 2"轨道上的素材删除，结果如图 1-86 所示。

11）将"视频 2"轨道上的素材全部移到"视频 1"轨道上，如图 1-87 所示。

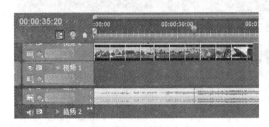

图 1-86　删除"音频 2 轨道"上的素材

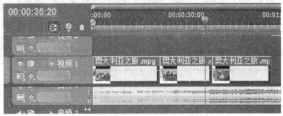

图 1-87　移动视频素材

12）在效果窗口上选择"视频切换"→"叠化"→"交叉叠化"转场添加到"视频 1"轨道上的 3 个素材之间，如图 1-88 所示。

13）双击"视频 1"轨道上的片段 1、片段 2 之间的转场，在效果控制台窗口中设置转场的"持续时间"为 3s，如图 1-89 所示。

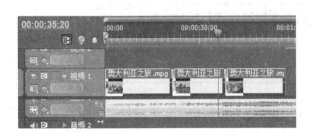

图 1-88　添加"叠化"转场

图 1-89　设置转场的持续时间

14）参照步骤 13）的操作，将片段 2、片段 3 之间的转场"持续时间"设置为 3s，结果如图 1-90 所示。

15）在工具栏中选择"剃刀工具"，在视频结束的位置单击，将音频剪辑成两段，利用"选择工具"选中剪辑后的音频，按〈Delete〉键将其删除，结果如图 1-91 所示。

图 1-90　设置转场的持续时间

图 1-91　删除部分音频素材

16）选中"音频1"轨道下的音频素材，将时间线移到54：16的位置。

17）单击"添加/删除关键帧"按钮，添加第1个关键帧，如图1-92所示。

18）将时间线移到56：36的位置，单击"添加/删除关键帧"按钮，添加第2个关键帧。

19）用鼠标选中第2个关键帧并向下拖动，为音频制作淡出效果，如图1-93所示。

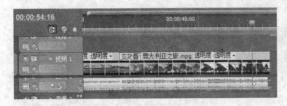 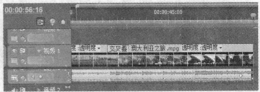

图1-92　添加第1个关键帧　　　　　　　　　图1-93　制作淡出效果

20）单击"播放/停止"按钮，试听音频，此时的音频已经具有淡出效果。

21）执行菜单命令"编辑"→"选择所有"，将视频轨道和音频轨道上的素材全部选中，单击鼠标右键，从弹出的快捷菜单中选择"编组"菜单项。

22）执行该命令后，音频轨道上的音频素材和视频轨道上的视频素材将编组在一起，成为一个整体，如图1-94所示。

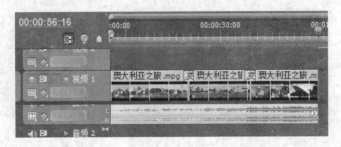

图1-94　编组后的素材成为一个整体

23）单击"播放/停止"按钮，此时在聆听音乐的同时，在节目监视器窗口可以欣赏到添加的画面效果。

实训3　制作双语配音电影

知识要点： 添加填充左、右声道特效，添加平衡特效，设置平衡特效，制作双语配音效果。

有些双语版的影片，配音采用广东话和普通话两种，观众在观看影片的过程中可以采取关闭左声道或右声道的方法收听不同的语言版本，这种双语配音效果在Premiere Pro CS5 中也可以轻松实现。

制作双语配音电影的具体操作过程如下。

1）启动Premiere Pro CS5，新建一个名为"制作双语配音电影"的项目文件。

2）执行菜单命令"文件"→"导入"，导入本书配套教学素材"项目1\任务3\素材"文件夹内的"倩女幽魂（国）、（粤）"两段音频素材，如图1-95所示。

3）将两个素材分别添加到"音频1"和"音频2"轨道上，如图1-96所示。

4）在效果窗口中选择"音频特效"→"立体声"→"使用左声道"特效添加到"音频

1"轨道的素材上。

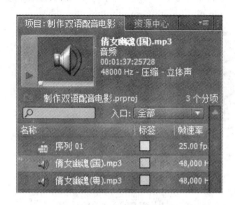

图 1-95　导入的音频

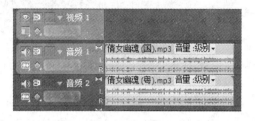

图 1-96　添加音频素材

5）选择"音频特效"→"立体声"→"使用右声道"特效添加到"音频 2"轨道的素材上，如图 1-97 所示。

"使用左声道"特效和"使用右声道"特效，仅对具有立体声效果的音频素材起作用。如果所选择的音频素材不是立体声效果，那么还需要添加"平衡"特效并做进一步设置。本例的音频素材不是立体声。

6）在效果窗口中选择"音频特效"→"立体声"→"平衡"→"音频 1"轨道的素材上，如图 1-98 所示。

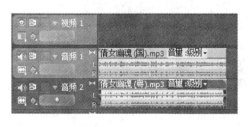

图 1-97　添加"使用右声道"特效

图 1-98　添加"平衡"特效

7）选中"音频 1"轨道上的素材，在特效控制台窗口中展开"平衡"选项，设置"平衡"参数为-100，如图 1-99 所示。

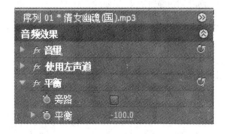

图 1-99　为"音频 1"轨道上的素材添加并当设置"平衡"参数

8）参照步骤 6）～7），为"音频 2"轨道上的素材添加并设置"平衡"特效，设置"平衡"参数为 100，如图 1-100 所示。

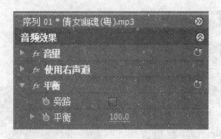

图 1-100　为"音频 2"轨道上的素材添加并设置"平衡"参数

9）按〈Ctrl+I〉组合键，打开"导入"对话框，选择本书配套教学素材"项目 1\mv\素材"文件夹内的"澳大利亚之旅"，单击"打开"按钮，在项目窗口导入视频。

10）剪切一段视频素材添加到"视频 1"轨道上，如图 1-101 所示。

图 1-101　添加的视频

11）单击"播放/停止"按钮，即可试听音频效果。

应用"使用左声道"和"使用右声道"特效，可以使音频分别在左、右声道进行播放。如果选择的配音文件是立体声效果，那么应用这两种特效后无需再做任何设置即可实现左、右声道播放不同的配音。如果选择的配音文件是单声道的，那么应用这两种特效后，还需要添加"平衡"特效，调整音频在单一声道播放，从而实现双语配音效果。

任务 1.4　字幕的制作

 问题的情景及实现

字幕是影视节目中非常重要的视觉元素，一般包括文字、图形两部分。漂亮的字幕设计制作会给影片增色不少，Premiere Pro CS5 强大的功能使字幕制作产生了质的飞跃。制作好的字幕可直接叠加到其他片段上显示。

1.4.1 创建字幕

字幕是影片的重要组成部分，起到提示人物和地点的名称等作用，也可作为片头的标题和片尾的滚动字幕。使用 Premiere Pro CS5 的字幕功能可以创建专业级字幕。在字幕中，可使用系统中安装的任何字体创建字幕，也可置入图形或图像作为 Logo。此外，使用字幕内置的各种工具还可以绘制一些简单的图形。

1．字幕

字幕是 Premiere Pro CS5 中生成字幕的主要工具，集成了包括字幕工具、字幕主窗口、字幕属性、字幕动作和字幕样式等相关窗口，其中字幕主窗口提供了主要的绘制区域，如图 1-102 所示。

图 1-102　字幕窗口

当字幕被保存之后，会自动添加到项目窗口的当前文件夹中，字幕作为项目的一部分被保存起来，可以将字幕输出为独立的文件，可以随时导入。

2．创建新字幕

执行菜单命令"文件"→"新建"→"字幕"或按快捷键〈Ctrl+T〉；执行菜单命令"字幕"→"新建字幕"→"默认静态字幕/默认滚动字幕/默认游动字幕"，选择一种字幕类型；在项目窗口下方，单击"新建分类"按钮，从弹出的快捷菜单中选择"字幕"菜单项。打开"新建字幕"对话框，在"名称"文本框内输入字幕的名称，如图 1-103 所示，单击"确定"按钮。

打开字幕窗口，在字幕窗口中，使用各种文本工具和绘图工具创建字幕内容。创建完毕，关闭字幕窗口，在保存项目的同时，字幕作为项目的一部分被保存起来，同其他类型素材一样，出现在项目窗口中。

对项目窗口或时间线窗口中的字幕进行双击，再次打开字幕窗口，可以对字幕进行必要的修改。

在项目窗口选择要保存的字幕，执行菜单命令"文件"→"导出"→"字幕"，可以将字幕输出为独立于项目的字幕文件，文件格式为*.prtl。可以像导入其他素材似的，随需导入。

3. 使用字幕模板

Premiere Pro CS5 内置了大量的字幕模板，可以更快捷地设计字幕，以满足各种影片或电视节目的制作需求。字幕中可能包含图片和文本，可以根据节目制作的实际需求，对其中的元素进行修改。还可以将自制的字幕存储为模板，随需调用，大大提高了工作效率。

如果要在系统间共享字幕模板，须保证每个系统中都包含其中所有的字体、纹理、Logo和图片。

执行菜单命令"字幕"→"新建字幕"→"基于模板"，或在字幕窗口处于打开状态下使用菜单命令"字幕"→"模板"，均可以打开"模板"对话框。在"模板"对话框中选择所需的模板类型，右侧会出现此字幕模板的缩略图，如图 1-104 所示，单击"确定"按钮即可将模板添加到绘制区域。

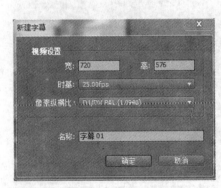

图 1-103 "新建字幕"对话框

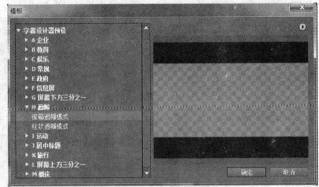

图 1-104 "模板"对话框

注：将此模板添加到时间线可做成宽银幕影片。

施加了新字幕模板后，模板中的内容会替换掉字幕窗口中的所有内容。

在字幕窗口的绘制区域中，使用各种手段修改模板内容以及排列方式，以满足实际的制作需求，如图 1-105 所示。

1.4.2 编辑字幕

Premiere Pro CS5 内置的字幕提供了丰富

图 1-105 模板内容及排列

的字幕编辑工具与功能，可以满足制作各种字幕的需求，是当前最好的字幕制作工具之一。

1．显示字幕背景画面

在字幕窗口中，可以在绘制区域显示时间线上选择素材的某一帧，作为创建叠印字幕的参照，以便精确地调整字幕的位置、颜色、不透明度和阴影等属性。

按下窗口上方的"显示背景视频"按钮，时间指示器所在当前帧的画面便会出现在窗口的绘制区域中，作为背景显示，如图 1-106 所示。用鼠标拖动窗口上方的时间码，窗口中显示的画面随时间码变化而显示相应帧。

字幕安全区域　　　　动作安全区域

图 1-106　显示视频

当移动时间指示器使监视器窗口的当前帧发生变化时，绘制区域显示的视频画面会自动与时间指示器所在位置保持一致。

2．字幕安全区域与动作安全区域

由于电视溢出扫描的技术原因，在计算机中制作的图像有一小部分可能在输出到电视时被切掉。字幕安全区域和动作安全区域是指信号输出到电视时安全可视的部分，是一种参照。

在字幕窗口的绘制区域，内部的白色线框是字幕安全区域，所有的字幕应该尽量放到字幕安全区域以内；外面的白色线框是动作安全区域，应该把视频画面中的其他的重要元素放在其中。

安全区域的设置仅仅是一种参考，可以根据使用设备的特点更改安全区域的范围。执行菜单命令"项目"→"项目设置"→"常规"，打开"项目设置"对话框，在安全区域的设置部分输入新的数值后，单击"确定"按钮即可，如图 1-107 所示。

如果制作的节目是用于网络发布的视频流媒体或使用数字介质播出，则无须考虑安全区域，因为输出到此类载体时，不会发生画面残缺的现象。在制作字幕时可以通过执行菜单命令"字幕"→"查看"→"字幕安全框"和"字幕"→"查看"→"活动安全框"来决定是否显示安全区域。

3. 输入文本

字幕内置了 6 种文本工具，包括文本工具▮、垂直文本工具▮、区域文本工具▮、垂直区域文本工具▮、路径文本工具▮和垂直路径文本工具▮，使用这 6 种文本工具可以输入对应的文本类型。

（1）输入无框架文本

选择字幕工具栏中的文本工具▮或垂直文本工具▮，在绘制区域单击要输入文字的开始点，出现一个闪动光标，随即输入文字。输入完毕，使用选择工具▮单击文本框外任意一点，结束输入。

（2）输入区域文本

选择字幕工具栏中的区域文本工具▮或垂直区域文本工具▮，在绘制区域使用鼠标拖曳的方式绘制文本框，在文本框的开始位置出现一个闪动光标，如图 1-108 所示，随即输入文字，文字到达文本框边界时自动换行。输入完毕，使用选择工具单击文本框外任意一点，结束输入。

图 1-107　字幕、动作安全区域设置

图 1-108　输入区域文本

缩放区域文本仅对文本框的尺寸进行缩放，并不影响其中文字的大小。

（3）输入路径文本

选择字幕工具栏中的路径输入工具▮或垂直路径输入工具▮，在绘制区域像使用钢笔工具绘制贝塞尔曲线似的，绘制一条路径，用转换定位点工具▮将曲线平滑，如图 1-109 所示。绘制完毕后，再次选择路径输入工具，单击路径的开始位置并出现一闪动光标，随即输入文字，如图 1-110 所示。输入完毕，使用选择工具单击文本框外的任意一点，结束输入。

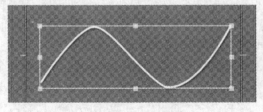

图 1-109　路径

图 1-110　路径文字

4．格式化文本

字幕的文本处理功能十分强大，可以随意编辑文本，并对文本的字体、字体风格、文本对齐模式以及其他图形风格进行设置。

（1）选择与编辑文本

使用选择工具 双击文本中要进行编辑的点，选择工具自动转换为相应的文本工具，插入点出现光标。用鼠标单击字符的间隙或使用左右箭头键，可以移动插入点位置。从插入点拖曳鼠标可以选择单个或连续的字符，被选中的字符高亮显示。可以在插入点继续输入文本，或使用〈Delete〉键删除选中的文本，还可以使用各种手段对选中的文本进行设置。

（2）变换字体

任何时候都可以对文本中使用的字体进行变换，选中要更改字体的文本，执行菜单命令"字幕"→"字体"，在弹出的字体列表中选择所需的字体，如图1-111所示，或单击字幕属性窗口中字体属性后面的按钮，在弹出的字体列表中选择所需的字体，中文字体在列表的最后面。

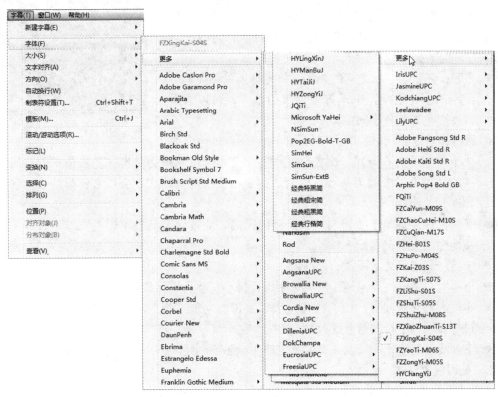

图1-111　字体

（3）改变文本方向

使用不同的文本工具可以输入水平或垂直的文本，还可以根据需要随时对其进行转换。执行菜单命令"字幕"→"方向"→"水平/垂直"，可以在垂直和水平字幕间进行转换。

（4）设置文本属性

在字幕中选择任何对象，对象的属性（填充色、投影等）会在字幕属性窗口中列出。

在窗口中调整数值，可以改变相应对象的属性。文本对象除了与其他对象同样的属性外，还拥有一系列独特的属性，例如行距和字间距等，如图 1-112 所示。

字幕属性窗口中并没有完全列出文本的所有属性，字幕菜单中也包含了一些文本属性。

- 字体：规定了所选文字的字体类别。
- 字体大小：规定了文本字体的尺寸，单位为扫描线。
- 纵横比：文本宽度与高度的比值，用于调节文字本身的比例。数值小于 100% 时，文字瘦长；大于 100% 时，文字扁宽。
- 行距：规定多行文本的行间距离。对于水平文本，是从上一行基线到下一行基线的距离；而对于垂直文本，则是从前一行中心线到下一行中心线的距离。

图 1-112　字幕属性

在默认状态下，基线是紧贴文本底部的一条参考线，使用菜单命令"字幕"→"查看"→"文本基线"，可以在选中文本的时候显示文本的基线。

- 字距：规定了字符之间的距离。将光标插入到要调节间距的字符之间，或选择要调节的范围，可以通过改变参数调节其字间距。
- 跟踪：规定了一个范围内字符的间距，跟踪的方向取决于文本的对齐方式。比如，左对齐的文本会以左侧为基准，向右边扩展；居中对齐的文本会以中间为基准，向两边扩展；而右对齐的文本会以右侧为基准，向左边扩展。
- 基线位移：规定了字符与基线之间的距离。通过调节参数可以使文本上升或下降，从而生成文字上标或下标。
- 倾斜：规定了文本倾斜的角度。
- 小型大写字母：规定是否用大写字母代替小写字母进行显示。
- 小型大写字母尺寸：配合"小型大写字母"功能，规定了以大写字母代替小写字母进行显示的字符的百分比尺寸。
- 下划线：勾选此项可以在文本下方产生一条下划线。下划线对路径文本无效。

5. 处理段落文本

使用字幕可以对段落文本进行处理，包括设置段落对齐和使用制表符等，规范段落文本。

设置段落文本对齐方式。段落文本的对齐方式包括左对齐、居中对齐和右对齐 3 种。

选中要更改对齐方式的段落文本，在字幕窗口上方单击"左对齐"按钮，可以将文本进行左对齐；单击"右对齐"按钮，可以将文本进行右对齐；单击"居中"按钮，可以将文本居中对齐。

6. 绘制图形

字幕内置了 8 种基本图形工具，包括矩形工具、圆角矩形工具、楔形工具、椭圆形工具、切角矩形工具、圆矩形工具、弧形工具和直线工具。此外，还可

以使用钢笔工具 自由地创建曲线。

（1）绘制基本图形

在工具窗口中选择一种基本图形工具，在绘制区域中用鼠标进行拖曳，可以在拖曳的区域产生相应的图形，如图 1-113 所示。按住〈Shift〉键进行绘制，可以生成等比例图形；按住〈Alt〉键，可以绘制的起点为中心进行绘制；按住〈Shift〉键和〈Alt〉键，可以绘制的起点为中心，绘制出等比例图形。

可以使用选择工具通过拖曳图形的控制点，对图形进行缩放。按住〈Shift〉键可以进行等比缩放。

（2）变换图形类型

绘制完图形，还可以对图形的类型进行变换。

选中图形，在字幕属性窗口中属性部分的绘图下拉列表中选择所需的图形类型；还可以用鼠标右键单击图形，从弹出的快捷菜单中选择"绘图类型"，在其子菜单中选择图形类型，如图 1-114 所示。除了转换为其他基本图形，还可以选择将图形转换为"打开曲线"、"关闭曲线"和"填充曲线"。

图 1-113　绘制图形

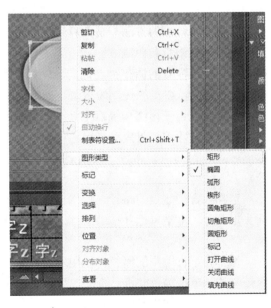

图 1-114　变换图形类型

（3）使用钢笔工具绘制直线段

使用钢笔工具在绘制区域连续单击，可以生成连续的直线段。单击的位置生成控制点，称为锚点，由直线段相连。

在工具窗口中选择钢笔工具 。在绘制区域中，将鼠标移到起始点的位置，单击鼠标，然后将鼠标移动到新的位置再次单击，会在两点之间创建直线段。按住〈Shift〉键进行单击，可以延 45° 绘制线段。继续单击，会生成连续的直线段。

在定义下一个锚点之前，当前锚点保持选中状态。

使用以下两种方法可以以不同的方式结束绘制。

● 将鼠标再次移动到绘制的起始点位置，钢笔工具旁边出现一个小圆圈时，单击鼠标，将当前开放的直线段进行闭合。

● 按住〈Ctrl〉键，单击鼠标，或在工具窗口中选择不同的工具，可以保持当前路径处于开放状态。

（4）使用钢笔工具绘制曲线

使用钢笔工具在绘制区域单击鼠标，同时拖动鼠标，可以生成曲线。单击的位置生成带有控制线的锚点，控制线的端点称为控制点。控制线与所绘曲线相切，其角度和长度决定了曲线的方向和曲度，控制线越长，曲线曲度越大。

在工具窗口中选择钢笔工具。在绘制区域中，将鼠标移到起始点的位置，单击并拖动鼠标，沿着鼠标拖动的方向会生成一条以锚点为中心，以两个控制点为终点的一条控制线，以控制线来控制曲线的方向和曲度。按住〈Shift〉键拖曳控制线，可以以 45°的倍数对控制线的角度进行设置。释放鼠标，将鼠标移动到新的位置再次单击并拖动，同样以控制线来控制曲线的方向和曲度，会在两点之间创建曲线。不同的拖曳方向可以生成不同形状的曲线，如果拖曳方向与创建上一个锚点时的拖曳方向相反，则可以生成 C 形曲线；而如果拖曳方向与创建上一个锚点时的拖曳方向相同，则可以生成 S 形曲线。继续单击，会生成连续的曲线段。

结束曲线绘制的方法与结束直线段绘制的方式相同。

（5）调整锚点和曲线

使用字幕内置的调整锚点工具可以对现有的路径进行调整，可以为路径添加、删除锚点或移动控制点，以操纵控制线来调节曲线的形状。

选择路径，使用添加锚点工具在曲线上的目标位置单击，可以在此位置添加一个锚点。如果在单击鼠标的同时拖动鼠标，可以将新增的锚点移动到所需的位置。

选择包含锚点的路径，使用删除锚点工具在曲线上的目标锚点位置单击，可以删除该锚点。

选择包含控制点的路径，使用钢笔工具，将其放在目标锚点上，当鼠标变成带有方块的箭头形状时，单击鼠标并拖动鼠标，可以将锚点移动到所需的位置，以此对路径的形状进行调节。

选择要进行编辑的路径，使用转换锚点工具，将其放置在目标锚点上。如果此锚点不具有控制线，单击锚点并进行拖动，可以延拖曳的方向生成控制线，从而将带有角点的折线转化为平滑曲线；如果此锚点具有控制线，单击锚点，可以将控制线删除，从而将平滑曲线转化为带有角点的折线。

当使用的钢笔工具处于目标锚点上方时，按住〈Alt〉键，可以将其暂时变为转换锚点工具。

选择要进行编辑的路径，使用钢笔工具拖曳路径片段，可以很容易地改变此曲线段的曲度。

（6）设置路径选项

使用钢笔工具可以创建开放或闭合的路径。对于已经创建的路径，不但可以设置其宽度，还可以设置其端点和转角的形式。

选择一条开放或闭合的路径，在字幕属性窗口中可以设置线宽、大写字母类型、连接类型和斜交叉限制等属性，如图 1-115 所示。

- 线宽：规定了路径线条的宽度，单位为像素。
- 大写字母类型：规定了路径端点的显示类型。选择"菱形"可以使路径具有方形端点；选择"圆形"可以使路径具有半圆形端点；而选择"矩形"不但使路径具有方形端点，而且端点会拓展半个线宽。
- 连接类型：规定了路径片段的连接方式。选择"斜交叉"可以使连接点为尖角，选择"圆形"可以使连接点为圆角，选择"斜角边"可以使连接点为方角。
- 转角限制：规定了连接类型由"斜交叉"自动转换为"斜角边"的限度。默认值为 5，意思是当尖角的长度 5 倍于线宽时，转角类型由"斜交叉"自动转换为"斜角边"。

以上 4 个选项仅对由钢笔工具和直线工具创建的图形有效。

7．插入标记（Logo）

在制作影片或电视节目的过程中，经常需要在其中插入图片作为标志，字幕提供了这一功能，且支持插入位图和矢量图，将插入的矢量图自动转化为位图。既可以将插入的图片作为字幕中的图形元素，又可以将其插入到文本框中，作为文本的一部分。

在字幕中插入了"标记"，可以像更改其他对象属性一样，对其各种属性进行更改，且可以随时将其恢复为初始状态。

执行菜单命令"字幕"→"标记"→"插入标记"，在磁盘空间中选择一个图片文件并打开，即可在字幕中插入标记，如图 1-116 所示。使用选择工具将"标记"放置到合适的位置，调整其属性。

图 1-115　设置路径选项　　　　　　　　　　图 1-116　插入标志

如果"标记"文件含有透明信息，插入后将继续保持。

选择文字工具，在文本中需要插入"标记"的地方单击，执行菜单命令"字幕"→"标志"→"插入标记到文字"，可以在文本的字符之间插入"标记"，如图 1-117 所示。在对插入"标记"的文本进行整体修改的时候，其中的"标记"也会像其他字符一样受到影响。

8. 对象的排列、对齐与分布

（1）改变对象的叠加顺序

默认状态下，当创建叠加对象时，其叠加顺序取决于绘制的先后顺序，先生成的对象在下方，可以对它们的叠加顺序进行调节，以获得期望的外观。

执行菜单命令"字幕"→"排列"→"放到最上层/上移一层/下移一层/放到最底层"，可以将所选对象移动到最前面，或者向前移动一个对象，或者向后移动一个对象，或者移动到最后面。例如，如果选中对象 A，执行菜单命令"字幕"→"排列"→"放到最上层"，可以将对象 A 移动至所有对象之上。

如果堆叠的对象比较密集，则使用鼠标选择其中的对象比较难，可以配合菜单命令"字幕"→"选择"及其子菜单选择对象。

（2）对齐居中与分布

字幕动作窗口中内置了排列、居中与分布按钮，如图 1-118 所示，可以在绘制区域中对各个要素进行水平或垂直的对齐、居中或等距分布。

图 1-117　插入标记到正文　　　　图 1-118　"字幕动作"窗口

选中两个或两个以上对象，在字幕动作窗口的"对齐"部分单击按钮，可以设置其对齐方式，其中包括水平靠左、水平居中、水平靠右、垂直靠上、垂直居中和垂直靠下；选中一个或多个对象，在"居中"部分单击按钮，可以将其以不同的方式放置在绘制区域的中央，其中包括垂直居中和水平居中；而选中 3 个或 3 个以上对象，在"分布"部分单击按钮，可以设置其等距分布的方式，其中包括水平靠左、水平居中、水平靠右和水平等距间隔，以及垂直靠上、垂直居中、垂直靠下和垂直等距间隔。

执行菜单命令"字幕"→"选择"→"水平居中/垂直居中/下方三分之一处"，可以将选中对象进行水平居中、垂直居中或置于垂直方向上接近底部的 1/3 处。

9. 转换对象

对象被创建后，具有很高的可调节性。可以任意调节其位置、旋转角度、比例和不透明度。要转换对象属性，既可以在绘制区域进行拖曳，又可以使用字幕菜单命令，还可以在字幕属性窗口中进行相关控制。

（1）调节对象不透明度

选择一个或多个对象，使用如下方法可以调节其不透明度。

方法一：在字幕属性窗口的"填充"栏中，调节"不透明度"数值。

方法二：执行菜单命令"字幕"→"变换"→"透明度"，打开"透明度"对话框，在其中输入数值，如图1-119所示。

（2）调节对象位置

选择一个对象，或按住〈Shift〉键选择多个对象，使用如下的方法可以调节其位置。

方法一：在绘制区域，拖曳所选对象到新的位置。

方法二：在字幕属性窗口的"变换"栏中，调节"X轴位置"和"Y轴位置"的数值。

方法三：执行菜单命令"字幕"→"变换"→"位置"，打开"位置"对话框，在其中输入"X位置"和"Y位置"的数值，如图1-120所示。

方法四：使用箭头键以像素为单位对对象进行轻移，或按住〈Shift〉键的同时用箭头键以5像素为单位对对象进行轻移。

图1-119 "透明度"对话框

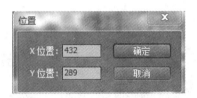

图1-120 "位置"对话框

（3）缩放对象比例

选择一个对象，或按住〈Shift〉键选择多个对象，使用如下方法可以缩放其比例。

● 在绘制区域，拖曳所选对象框边角上的锚点可以以不同基准和方式对其进行缩放，按住〈Shift〉键可以进行等比缩放，按住〈Alt〉键可以以对象的中心为基准进行缩放。

如果使用拖曳锚点的方式对使用文本工具或垂直文本工具所创建的文本进行缩放会改变其字号，如果进行非等比缩放，则每个文字的宽高比会发生相应的变化；而对使用区域文本工具或垂直区域文本工具所创建的文本进行缩放，仅改变文本框的尺寸，文字的字号和宽高比不变。

● 在字幕属性窗口的"变换"栏中，调节"宽"和"高"的数值。

● 执行菜单命令"字幕"→"变换"→"缩放"，打开"比例"对话框。如果进行等比缩放，单击选中"一致"，在"比例"后面输入缩放的百分比；而如果进行非等比缩放，单击选中"不一致"，在"水平"和"垂直"后面分别输入横向和纵向的缩放百分比，如图1-121所示。

（4）改变对象的旋转角度

选择一个对象，或按住〈Shift〉键选择多个对象，使用如下方法可以改变其旋转角度。

● 在绘制区域，将鼠标放在对象角点外侧，当鼠标变为旋转图标时，向要更改角度的方向进行拖曳，按住〈Shift〉键可以以45°的变化量改变其角度。

- 使用旋转工具向要更改角度的方向进行拖曳。
- 在字幕属性窗口的"变换"中，调节"旋转"的角度值。
- 执行菜单命令"字幕"→"变换"→"旋转"，打开"旋转"对话框，在其中输入要旋转的角度值，如图1-122所示。正值为顺时针旋转，负值为逆时针旋转。

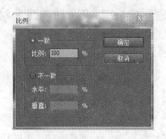

图1-121 "比例"对话框

图1-122 "旋转"对话框

10. 设置对象属性

在字幕中，可以为每个或每组对象施加自定义属性，其中包括填充、描边和阴影，如图1-123所示。可以将设置好的属性组合存储为"样式"。设置好的样式出现在"字幕样式"窗口中，随需调用。

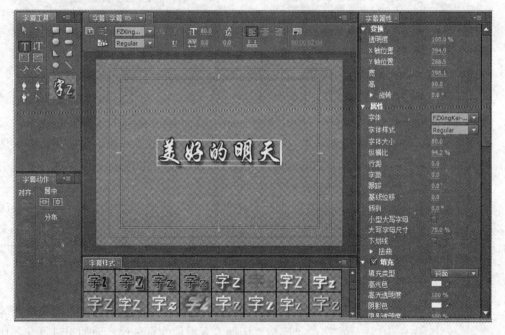

图1-123 设置对象属性

（1）设置对象填充色

对象的填充属性决定了图形或文本对象边线内部区域的颜色等，可以在字幕属性窗口中通过设置多个选项来调节选中对象的填充属性。

如果为对象添加了边线，则边线也具有填充色。

选中要更改填充色的对象，在字幕属性窗口中单击"填充"左边的三角，展开填充属性，设置如下选项。

- 填充类型：规定了颜色填充方式，其中包括实色、线性渐变、放射渐变、4 色渐变、斜角边、消除和残像。可以在"填充类型"下拉列表中进行选择，不同的填充方式对应不同的选项组合。
- 色彩：规定了填充的颜色。单击色块可以打开"颜色拾取"窗口，在其中选择所需颜色，还可以单击其后的"吸管"按钮，使用吸管工具任意选择屏幕中的一种颜色。颜色选项会随着填充类型的变化而变换形式。
- 透明度：规定了填充色的透明度，以百分比表示，从 0（完全透明）到 100％（完全不透明）。
- 光泽：可以在对象的表面添加一条彩条，可以设置彩条的相关属性。
- 纹理：可以使用图片文件进行贴图，需要在磁盘空间中选择要设置为贴图的文件。

（2）添加描边

对象的描边即对象的轮廓，可以在预添加的描边类型后面单击"添加"按钮。"内侧边"为内边线，而"外侧边"为外边线。通过设置多个选项来调节边线的属性。除设置边线宽度外，其余设置与填充色基本相同。

（3）添加阴影

勾选"阴影"，可以为对象施加投影，激活其投影选项，以对投影的各个属性进行设置。

1.4.3 实训项目

实训 1：创建垂直滚动字幕

知识要点：利用"滚动/游动选项"窗口参数的设置，制作垂直滚动字幕。

根据滚动的方向不同，滚动字幕分为纵向滚动（Rolling）字幕和横向滚动（Crawling）字幕。本节将通过案例讲解如何在 Adobe 字幕窗口中创建影片或电视节目结束时的纵向滚动字幕，深入体会其制作方法。

1）执行菜单命令"字幕"→"新建字幕"→"默认滚动字幕"，在"新建字幕"对话框中输入字幕名称，单击"确定"按钮，打开字幕窗口，自动设置为纵向滚动字幕。

2）使用文字工具输入演职人员名单，插入赞助商的标志，输入其他相关内容，如图 1-124 所示。

3）输入完演职人员名单后，按〈Enter〉键，拖动垂直滑块，将文字上移出屏为止。单击字幕设计窗口合适的位置，输入单位名称及日期，如图 1-125 所示。

4）执行菜单命令"字幕"→"滚动/游动选项"或单击字幕窗口上方的"滚动/游动选项"按钮，打开"滚动/游动选项"对话框。在对话框中勾选"开始于屏幕外"，使字幕从屏幕外滚动进入。

"过卷"：滚屏停止后，静止多少帧。

设置完毕后，单击"确定"按钮即可，如图 1-126 所示。

可以在"缓入"和"缓出"中分别设置字幕由静止状态加速到正常速度的帧数，以及字幕由正常速度减速到静止状态的帧数，平滑字幕的运动效果。

5）关闭字幕设置窗口，拖放到时间线窗口中的相应位置，预览其播放速度，调整其延续时间，完成最终效果。

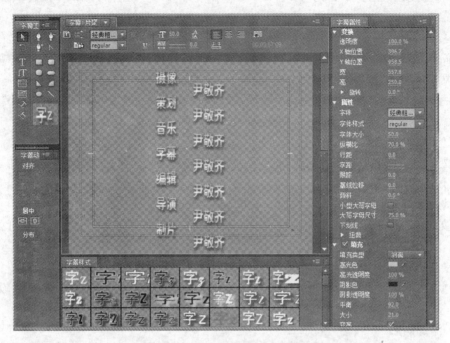

图 1-124　输入演职人员名单

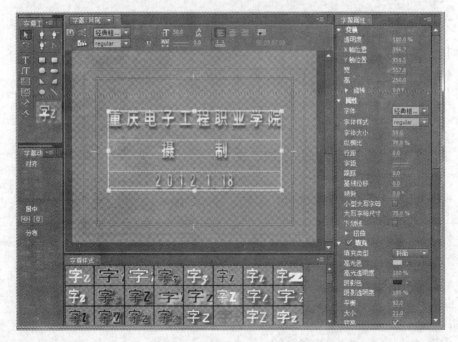

图 1-125　输入单位名称及日期

实训 2：水中倒影字幕效果

在字幕编辑窗口中输入并设置文字属性后，为文字添加垂直翻转特效，制作倒影效果，然后为文字添加波浪特效、快速模糊特效，通过设置相关参数，可以使倒影效果更加自然、逼真，从而制作出水中倒影字幕效果。

知识要点：制作辉光描边文字，添加垂直翻转特效，添加波浪特效，添加快速模糊特效，设置波浪特效参数，设置快速模糊特效参数。

制作水中倒影字幕效果的具体操作过程如下。

1）启动 Premiere Pro CS5，新建一个名为"水中倒影字幕效果"的项目文件。

2）按〈Ctrl+I〉组合键，导入本书配套教学素材"项目 1\任务 4\素材"文件夹内的"图像 1.jpg"，如图 1-127 所示。

图 1-126　滚动字幕设置

3）在项目窗口中选择"图像 1"，将其添加到"视频 1"轨道上，用鼠标右键单击添加的"图像 1"，从弹出的快捷菜单中选择"适配为当前图画大小"菜单项，在特效控制台窗口中展开"运动"选项，取消"等比缩放"复选框，设置参数如图 1-128 所示，将"图像 1"调整到全屏状态。

图 1-127　素材

图 1-128　将素材调整到全屏状态

4）按〈Ctrl+T〉组合键，弹出"新建字幕"对话框，在该对话框中的"名称"文本框中输入"泸沽湖风光"，单击"确定"按钮，进入字幕编辑窗口。

5）利用文本工具在字幕编辑窗口中输入"泸沽湖风光"，设置文字字体为"新魏"，字的大小为 108。

6）选中输入的文字，在"字幕属性"选项区中展开"填充"选项，设置"填充类型"为实色，设置"色彩"为青黄色（RGB 值为 87、245、39），效果如图 1-129 所示。

7）选中输入的文字，在"填充"选项下展开"光泽"选项，设置"角度"为 329，效果如图 1-130 所示。

8）选中输入的文字，在"字幕属性"选项区中展开"描边"选项，单击"外侧边"右侧的"添加"字样，展开该选项，设置"填充类型"为实色，"色彩"为红色（RGB 值为 247、40、160），设置"类型"为深度，"大小"为 25，勾选"阴影"复选框，如图 1-131 所示。

9）关闭字幕编辑窗口，返回到 Premiere Pro CS5 的工作界面。

10）在项目窗口中选择字幕"泸沽湖风光"，将其添加到"视频 2"轨道上，如图 1-132 所示。

图 1-129　填充颜色后的文字效果

图 1-130　设置"光泽"选项

11）选中"视频 2"轨道上的字幕，在特效控制窗口中展开"运动"选项，设置"位置"值为 360、252，如图 1-133 所示。

12）在项目窗口中再次选择字幕"泸沽湖风光"，将其添加到"视频 3"轨道上。

13）在效果窗口中选择"视频特效"→"变换"→"垂直翻转"特效，添加到"视频 3"轨道的字幕文件上，此时该素材下方会出现一条绿色的直线，而且"视频 3"轨道上的字幕已经垂直翻转。

14）选中"视频 3"轨道上的字幕文件，在特效控制窗口中展开"运动"选项，设置

"位置"值为360、440，调整字幕的位置，如图1-134所示。

图1-131　文字描边效果

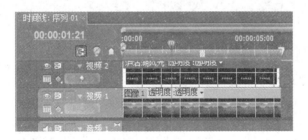

图1-132　添加字幕

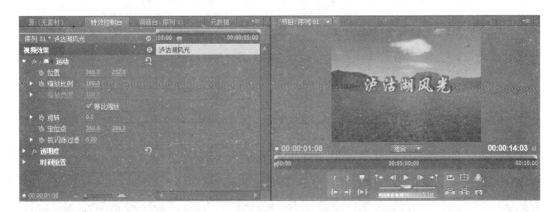

图1-133　设置"位置"值

图 1-134　调整字幕位置

15）在效果窗口中选择"视频特效"→"扭曲"→"波形弯曲"特效，添加到"视频 3"轨道的字幕文件上，此时"视频 3"轨道上的字幕已经具有了波浪效果，如图 1-135 所示。

图 1-135　添加"波形弯曲"特效

16）在效果窗口中选择"视频特效"→"模糊＆锐化"选项，将其中的"快速模糊"特效添加到"视频 3"轨道的字幕文件上。

17）选中"视频 3"轨道上的字幕文件，在特效控制窗口中展开"波形弯曲"和"快速模糊"选项，将时间线移到起始位置，添加第 1 组关键帧，"模糊量"为 6，如图 1-136 所示。

18）将时间线移动到 2 秒的位置，设置"波形类型"为平滑噪波，"波形高度"为 20，"波形宽度"为 59，"方向"为 86，"波形速度"为 2，"固定"为垂直边缘，"相位"为 3°，"模糊量"为 4，"模糊方向"为水平，如图 1-137 所示，添加第 2 组关键帧。

图 1-136　添加第 1 组关键帧

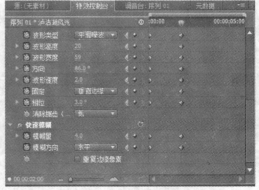

图 1-137　添加第 2 组关键帧

19）将时间线移动到 4 秒的位置，设置"波形类型"为正弦，"波形高度"为 10，"波形宽度"为 42，"方向"为 93，"波形速度"为 1，"固定"为居中，"相位"为 1°，"模糊量"为 0，"模糊方向"为水平与垂直，如图 1-138 所示，添加第 3 组关键帧。

20）单击"播放/停止"按钮，字幕效果如图 1-139 所示。

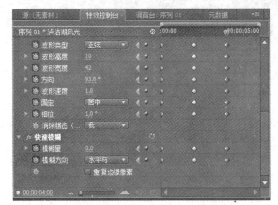
图 1-138　添加第 3 组关键帧

图 1-139　水中倒影的字幕效果

实训 3：卷轴字幕效果

在字幕编辑窗口中插入一幅标志图像，设置文字属性，通过添加卷页转场，可以制作卷轴字幕效果。

知识要点：安装 Shine 插件，新建彩色条，插入标志图像添加字幕，添加滚动卷页转场及发光特效。

制作卷轴字幕效果的具体操作过程如下。

1）双击 Trapcode Shine 1.6.exe 安装图标，启动"Shine 插件安装向导"对话框，单击"Next"按钮。

2）打开"license Agreement"对话框，单击"Yes"按钮，打开"Accelerate your Creativity"对话框，单击 Done 按钮。

3）打开"Setup Type"对话框，选择"Custom"，单击"Next"按钮，打开"Choose Destination location"（选择安装位置）对话框，单击"Browse"按钮，打开"Choose Folder"对话框，选择"C:\Program Files\Adobe\Adobe Premiere Pro CS5\Plug-ins\en_US"。

4）单击"确定"→"Next"→"Next"→"Install"→"Finish"按钮，完成 Shine 插件的安装。

5）启动 Premiere Pro CS5，新建一个名为"卷轴字幕效果"的项目文件。

6）执行菜单命令"文件"→"新建"→"彩条蒙版"，打开"新建彩色蒙版"对话框，单击"确定"按钮，打开"颜色拾取"对话框，在该对话框中选择黄色 RGB（232，232，58），如图 1-140 所示，单击"确定"按钮。

7）打开"选择名称"对话框，在文本框中输入名称"底色"，如图 1-141 所示，单击"确定"按钮。

8）新建的"底色"会自动导入到项目窗口中，在项目窗口中选择"底色"，将其添加到"视频 1"轨道上。

9）按〈Ctrl+T〉组合键，打开"新建字幕"对话框，在该对话框的"名称"文本框中输入"文字"，单击"确定"按钮，进入字幕编辑窗口。

图 1-140 "颜色拾取"对话框

10）在字幕编辑器中单击鼠标右键，从弹出的快捷菜单中选择"标志"→"插入标志"命令，打开"导入图像为标志"对话框，选择本书配套教学素材"项目 1\任务 4\素材"文件夹中的"图像 2.jpg"。

11）单击"打开"按钮，将所选的图像插入到字幕编辑器中。

12）选中插入的图像，用鼠标拖动控制柄，调整图像的大小，将底色显示出来，如图 1-142 所示。利用垂直文本工具，在字幕编辑器窗口中输入需要的文字，设置"字体"为行楷，字体大小为 52，行距为 60，字距为 15。

图 1-141 "选择名称"对话框

图 1-142 调整图像的大小

13）选中输入的文字，在"字幕属性"：选项区中展开"填充"选项，填充类型为实色。单击"色彩"右侧的颜色框，在弹出的"色彩"对话框中选择浅蓝色 RGB（48，242，242），单击"确定"按钮。

14）选中输入的文字，在"字幕属性"选项区中展开"描边"选项，单击"外侧边"右侧的"添加"字样，展开该选项，设置"填充类型"为实色，"色彩"为黑色，设置"类型"为边缘，"大小"值为 25，勾选"阴影"复选框，如图 1-143 所示。关闭字幕编辑窗口，返回到 Premiere Pro CS5 的工作界面。

15）在项目窗口中选择字幕文件"文字"，将其添加到"视频 2"轨道上，如图 1-144 所示。在效果窗口中选择"视频切换"→"卷页"→"卷走"，添加到"视频 2"轨道的"文字"上，如图 1-145 所示。

图 1-143　输入文字

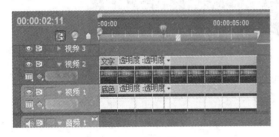

图 1-144　添加字幕

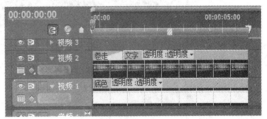

图 1-145　添加"卷走"转场

16）双击添加的转场，在特效控制台窗口中调整转场的"持续时间"为 4∶00，如图 1-146 所示。

17）单击"播放/停止"按钮，观看字幕效果。

18）在特效控制台窗口中，选中"反转"复选框，如图 1-147 所示。

19）在效果窗口中选择"视频效果"→"Trapcode"→"Shine"特效，添加到"视频 2"轨道的"文字"上，Transfer Mod 为 Add，其余参数不变，如图 1-148 所示。Shine 插件必须注册，否则屏幕上有一个"×"。

20）在效果控制台窗口中展开"Shine"参数，单击 Shine 右边的"设置"按钮，打开"Software Registration"对话框，在"ENTER SERIAL NUMBER"文本输入框内输入注册码，如图 1-149 所示，单击"Done"按钮，完成注册。

21）单击"播放/停止"按钮，观看字幕效果，如图 1-150 所示。

实训 4：燃烧字幕效果

知识要点：添加 Alpha 辉光特效，设置发光效果，添加波浪特效制作燃烧动态效果。

定义燃烧颜色。

图 1-146　调整转场的持续时间

图 1-147　选中"反转"复选框

图 1-148　发光特效

图 1-149　Shine 注册

图 1-150　字幕效果

在字幕编辑窗口中输入并设置文字属性后，为文字添加 Alpha 辉光特效，通过设置相关参数，可以将文字制作发光效果，再为文字添加波浪特效，可以模拟燃烧时的动态效果，从而制作出燃烧的字幕效果。

制作燃烧字幕效果的具体操作过程如下。

1）启动 Premiere Pro CS5，新建一个名为"燃烧字幕效果"的项目文件。

2）执行菜单命令"文件"→"新建"→"字幕"，打开"新建字幕"对话框，在该对话框的"名称"文本框中输入"燃烧岁月"，单击"确定"按钮，进入字幕编辑窗口。

3）利用文本工具，在字幕编辑窗口中输入"燃烧岁月"，选中输入的文字，选择字体类型为 STXingkai，设置"字体尺寸"值为 120，在"字幕属性"选项区中展开"填充"选项，设置"填充类型"为实色，设置"色彩"为黄色（RGB 值为 246、250、7），效果如图 1-151所示。

4）关闭字幕编辑窗口，返回到 Premiere Pro CS5 的工作界面。

5）在项目窗口中选择字幕"燃烧岁月"，将其添加到"视频 1"轨道上，如图 1-152所示。

图 1-151　填充颜色后的文字

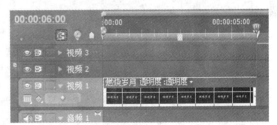

图 1-152　添加字幕

6）在效果窗口中选择"视频特效"→"风格化"→"Alpha 辉光"，添加到字幕上，此时该素材下方会出现一条绿色的直线，在预览区中显示发光效果，如图 1-153 所示。

7）选中添加了特效的字幕，在特效控制台窗口中展开"Alpha 辉光"选项，设置"起始色"为黄色（RGB 值为 224，227，50），将当前时间指针移到 0s 的位置，设置参数如图 1-154 所示，添加第 1 组关键帧。

图 1-153　添加"Alpha 辉光"特效后的效果

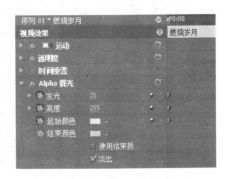

图 1-154　添加第 1 组关键帧

8）将当前时间指针移到 2s 的位置，设置"起始色"为深黄色（RGB 值为 227，194，48），"发光"值为 70，"亮度"值为 250，设置参数如图 1-155 所示，添加第 2 组关键帧。

9）将时间线移到 4s 的位置，设置"起始色"为棕色（RGB 值为 212、130、36），"发光"值为 100，"亮度"值为 245，设置参数如图 1-156 所示，添加第 3 组关键帧。

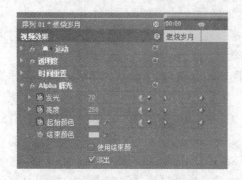

图 1-155　添加第 2 组关键帧　　　　　　　图 1-156　添加第 3 组关键帧

10）单击"播放/停止"按钮，字幕效果如图 1-157 所示。

图 1-157　预览效果

11）在效果窗口中选择"视频特效"→"扭曲"→"波形弯曲"，添加到字幕上，此时该素材下方会出现一条绿色的直线。

12）添加"波形弯曲"特效后，参数设置为默认值，单击"播放/停止"按钮，字幕燃烧效果如图 1-158 所示。

图 1-158　字幕燃烧效果

任务 1.5　影片的输出

 问题的情景及实现

视频制作好后，可以创建一个 DVD，或者将它做成网络格式，把它放在网上，供大家欣赏。也可以输出影片保存起来，作为素材再进行编辑。

当完成对影片的编辑后，可以按照其用途输出为不同格式的文件，以便观看或作为素材进行再编辑。

Premiere Pro CS5 可以根据输出文件的用途和发布媒介，将素材或序列输出为所需的各种格式，其中包括电影帧，用于电脑播放的视频文件，视频光盘和网络流媒体等。Premiere Pro CS3 为各种输出途径提供了广泛的视频编码和文件格式。

对于高清格式的视频，提供了诸如 DVCPRO HD、HDCAM、HDV、H.264、WM9 HDTV 和不压缩的 HD 等编码格式；对于网络下载视频和流媒体视频则提供了 Macromedia Flash、Quick Time、Windows Media 和 Real Media 等相关格式。

在具体的文件格式方面，可以分别输出视频、音频、静止图片和图片序列的各种格式。

- 视频格式包括 Microsoft AVI and DV AVI、动画 GIF、Adobe Flash Video（FLV）MPEG-1（和 MPEG-1-VCD）、MPEG-2（和 MPEG-2-DVD）、P2 影片、QuickTime 和 Windows Media。
- 音频格式包括 Microsoft AVI 和 DV AVI、MPG、PCM、MP3、WMA、QuickTime 和 Windows Audio Waveform（WAV）。
- 静止图片格式包括 Targa（TGF/TGA）、TIFF 和 Windows Bitmap（BMP）。
- 图片序列格式包括 GIF 序列、Targa 序列、TIFF 序列和 BMP 序列。

1.5.1　输出 AVI

编辑完成后的序列中包含的素材片段与磁盘空间中素材文件相对应。当对一个序列进行输出时，会继续调用源文件数据。可以将素材或序列输出为影片、静止图片或音频文件，以创建一个新的独立的文件。输出文件的过程会占用时间以进行渲染，输出为所选的格式。渲染时间取决于系统的处理速度、素材源文件的基本属性和所选的输出格式的设置。

执行菜单命令"文件"→"导出"→"媒体"，可将影片输出为音、视频文件和图像序列，将时间指针所在当前帧输出为图像文件、仅输出音频文件等。

1）执行菜单命令"文件"→"导出"→"媒体"，在打开的"导出设置"对话框中选择格式、预置等，如图 1-159 所示。

- 格式：从菜单中选择一种要输出的文件格式，和 Microsoft AVI，如图 1-160 所示。
- 预置：在预置中选择一种预置的规格，如 PAL DV。
- 导出视频：勾选后输出视频轨道，取消勾选则可以避免输出。
- 导出音频：勾选后输出音频轨道，取消勾选则可以避免输出。

2）在"导出设置"对话框中间的"摘要"栏中有"视音频"的相关参数，如图 1-161 所示。单击"输出名称"后面的链接，打开"另存为"对话框，在对话框中设置导出文件的保存位置和文件名，如图 1-162 所示，单击"保存"按钮。

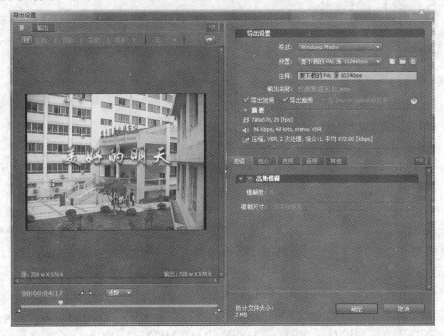

图 1-159 "导出设置"对话框

图 1-160 文件格式

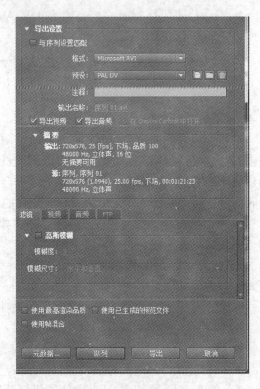

图 1-161 "摘要"栏

3）在软件窗口中单击"导出"按钮，开始导出媒体文件，如图 1-163 所示。

图 1-162 "另存为"对话框   图 1-163 正在导出媒体文件

1.5.2 输出单帧图片

输出单帧图片的操作步骤如下。

1）在时间线窗口中素材进行编辑后，将当前播放指针拖动到需要输出帧的位置处，如图 1-164 所示。

2）在节目监视器窗口中预览当前帧的画面，确定需要输出内容的画面，如图 1-165 所示。

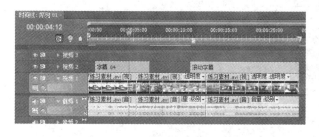

图 1-164 当前播放指针的位置   图 1-165 输出内容的画面

3）执行菜单命令"文件"→"导出"→"媒体"，打开"导出设置"对话框，在"格式"下拉列表中选择"Windows 位图"，设置好"输出名称"选项，如图 1-166 所示。单击"导出"按钮，开始导出单帧文件。

1.5.3 输出音频文件

Premiere 可以将项目片段中的音频部分单独输出为所要类型的音频文件。

执行菜单命令"文件"→"导出"→"媒体"，打开"导出设置"对话框，在"格式"下拉列表中选择"Windows 波形"，设置好"输出名称"选项，如图 1-167 所示，单击"导出"按钮，开始导出音频文件。

图 1-166　"导出设置"对话框

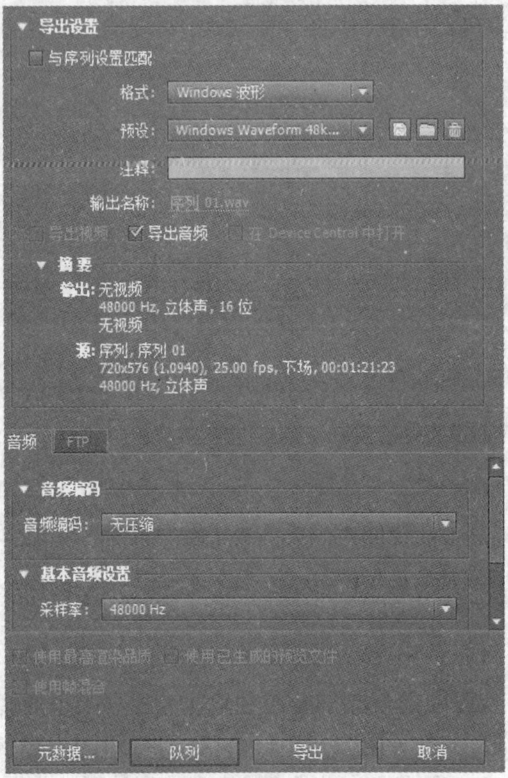

图 1-167　导出设置

1.5.4　输出到录像带

通过与计算机相连接的录像机或具有录像功能的摄像机，可以将编辑好的影片输出到录像带。

确认设备连接正确，装入一盘空录像带。执行菜单命令"文件"→"导出"→"磁带"，在打开的"输出到录像带"对话框中输入设备控制及其他选项。设置完毕，单击"记录"按钮，即可将工作区域内的影片输出到录像带。

1.5.5　输出 MPEG2 格式

输出 MPEG2 格式操作步骤如下。

执行菜单命令"文件"→"导出"→"媒体"，打开"导出设置"对话框。在"格式"下拉列表中选择"MPEG2"，"预置"下拉列表中选择"PAL DV 高品质"，设置好"输出名称"选项，如图 1-168 所示，单击"导出"按钮，即可将编辑好的文件以.mpg 文件形式输出。

图 1-168　"导出设置"对话框

综合实训

🔹 实训目的

通过本实训项目使学生能进一步掌握视、音频的编辑以及字幕的制作和影片的输出，并且能在实际项目中制作 MV 影片。

实训1 MV 制作

MV 重在视频的剪辑和镜头的组接，镜头组接的基本原则之一是"动接动"、"静接静"。为了保证画面的连贯与流畅，也要考虑"动接静"、"静接动"的方法，配上相应的音乐，制作片头、片尾及歌词字幕。最后效果如图 1-169 所示。

图 1-169　最终效果

操作步骤

1. 导入素材

1）启动 Premiere Pro CS5，打开"新建项目"对话框，在"名称"文本框中输入文件名，设置文件的保存位置，如图 1-170 所示，单击"确定"按钮。

图 1-170　"新建项目"对话框

2）打开"新建序列"对话框，在"序列预置"选项卡下选择"有效预置"模式为"DV-PAL"的"标准 48kHz"选项，在"序列名称"文本框中输入序列名，如图 1-171 所示。

3）单击"确定"按钮，进入 Premiere Pro CS5 的工作界面。

图 1-171 "新建序列"对话框

4）单击项目窗口下的"新建文件夹"按钮，新建一个文件夹，取名为"字幕"。

5）按〈Ctrl+I〉组合键，打开"导入"对话框，选择本书配套教学素材"项目 1\mv\素材"文件夹内的"澳大利亚之旅"和"友谊地久天长"视频及音频素材，如图 1-172 所示。

6）单击"打开"按钮，将所选的素材导入到项目窗口中，如图 1-173 所示。

图 1-172 "导入"对话框

图 1-173 "项目"窗口

7）在项目窗口中双击"澳大利亚之旅"视频素材，将其在源监视器窗口中打开。

2．片头制作

1）在项目窗口选择"友谊地久天长"音频素材，按住鼠标左键不放，拖到"音频 1"轨道上。

2）在源监视器窗口选择入点 8：02：00 及出点 8：06：07，将其拖到时间线的"视频 1"轨道上，与起始位置对齐，如图 1-174 所示。

3）在源监视器窗口选择入点 9：39：11 及出点 9：44：04，将其拖到时间线的"视频 1"轨道上，与前一片段末尾对齐。

4）在源监视器窗口中选择入点为 9：55：02，出点为 10：01：02，将其拖到时间线窗口，与前一片段的末尾对齐。

5）执行菜单命令"字幕"→"新建字幕"→"默认静态字幕"，打开"新建字幕"对话框，在"名称"文本框内输入"标题"，单击"确定"按钮。

6）在屏幕上单击，输入"友谊地久天长"6 个字。

7）当前默认为英文字体，单击上方水平工具栏中的 经典行... ▼ 右边的小三角形，从弹出的快捷菜单中选择"经典粗黑简"，字体大小为 100。

8）在"字幕样式"中，选择"方正金质大黑"样式，如图 1-175 所示。

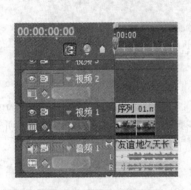

图 1-174　加入片头

图 1-175　选择样式

9）关闭字幕设置窗口，在时间线窗口中将当前时间指针定位到 4：07 位置。

10）将"标题"字幕添加到"视频 2"轨道中，使其开始位置与当前时间指针对齐，长度为 6s。

11）在效果窗口中选择"视频切换"→"擦除"→"擦除"，添加到"标题"字幕的起始位置，使标题逐步显现。

12）在效果窗口中选择"视频切换"→"滑动"→"推"，添加到"标题"字幕的结束位置。

13）在效果窗口中选择"视频切换"→"3D 运动"→"摆入"，添加到片段 1 与片段 2 之间，如图 1-176 所示。

3．正片制作

1）在源监视器窗口中按照电视画面编辑技巧，依次设置素材的入出点，添加到时间线的"视频 1"轨道中，与前一片段对齐，具体设置视频片段如表 1-1 所示。在"视频 1"轨道的位置如图 1-177 所示。

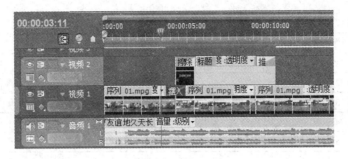

图 1-176　加入特技

表 1-1　设置视频片段

视频片段序号	入　点	出　点
片段 1	15：20	21：22
片段 2	57：24	1：02：21
片段 3	1：26：04	1：29：00
片段 4	1：36：16	1：45：24
片段 5	2：01：04	2：05：12
片段 6	2：11：20	2：15：23
片段 7	28：24	37：15
片段 8	7：05：00	7：11：06
片段 9	7：35：19	7：46：23
片段 10	8：36：06	8：42：03
片段 11	8：57：08	9：04：21
片段 12	9：28：23	9：35：08
片段 13	10：24：18	10：30：00
片段 14	8：16：18	8：25：03
片段 15	8：28：09	8：34：07
片段 16	10：31：05	10：35：05
片段 17	11：22：10	11：26：20
片段 18	11：38：18	11：45：02
片段 19	12：17：12	12：22：14
片段 20	11：51：04	12：00：18
片段 21	12：03：10	12：09：01
片段 22	12：52：14	12：57：11
片段 23	13：09：16	13：16：17
片段 24	12：44：24	12：47：09
片段 25	12：38：14	12：44：22
片段 26	12：59：16	13：05：06
片段 27	13：27：17	13：33：18
片段 28	13：36：11	13：41：16
片段 29	13：56：22	14：03：11
片段 30	14：10：19	14：16：21

视频片段序号	入 点	出 点
片段 31	15：25：06	15：30：19
片段 32	15：33：07	15：42：02
片段 33	15：48：22	15：54：18
片段 34	15：58：05	16：03：21
片段 35	16：07：16	16：14：02
片段 36	16：24：23	16：30：09

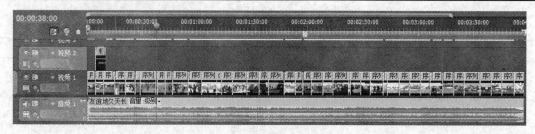

图 1-177　添加多个片段

2）在效果窗口中选择"视频切换"→"叠化"→"交叉叠化"特技，添加到片头的片段 3 与正片的片段 1 之间。

3）为影片添加歌词字幕。执行菜单命令"字幕"→"新建字幕"→"默认静态字幕"，打开"新建字幕"对话框，在其"名称"中输入"字幕 1"，单击"确定"按钮。

4）打开"字幕"对话框，当前默认为英文字体，单击上方水平工具栏中的 Courier ▼ 右边的小三角形，在弹出的快捷菜单中选择"经典粗黑简"。

5）在"字幕属性"中，设置"字体大小"为 33。单击屏幕中左下部位置，将歌词一段一段地复制到其中，如"怎能忘记旧日朋友 心中能不欢笑"，设置"描边"为外侧边，其"类型"为边缘，"大小"为 30，"色彩"为黑色，在字幕安全框内居中对齐，如图 1-178 所示。

歌词为"怎能忘记旧日朋友 心中能不欢笑 旧日朋友岂能相忘 友谊地久天长 友谊万岁 朋友 友谊万岁 举杯痛饮 同声歌颂友谊地久天长 我们曾经终日游荡在故乡的青山上 我们也曾历尽苦辛 到处奔波流浪 友谊万岁 朋友 友谊万岁 举杯痛饮 同声歌颂友谊地久天长 我们也曾终日逍遥 荡桨在微波上 但如今已经劳燕分飞 远隔大海重洋 友谊万岁 万岁朋友 友谊万岁 举杯痛饮 同声歌颂友谊地久天长 我们往日情意相投 让我们紧握手 让我们来举杯畅饮 友谊地久天长 友谊万岁 万岁朋友 友谊万岁 举杯痛饮 同声歌颂友谊地久天长 友谊万岁 万岁朋友 友谊万岁 举杯痛饮 同声歌颂友谊地久天长 友谊万岁 万岁朋友 友谊万岁 举杯痛饮 同声歌颂友谊地久天长"。

6）制作完一段字幕后，单击"基于当前字幕新建字幕"按钮，打开"新建字幕"对话框，在"名称"文本框内输入"字幕 2"，单击"确定"按钮。

7）将第 2 段字幕复制并覆盖第 1 段字幕，如图 1-179 所示。重复第 6）～7）步，以此类推，直到歌词制作完成为止。

8）关闭字幕设置窗口，将"字幕 1～11"拖到字幕文件夹中。

图 1-178　复制文字

图 1-179　覆盖第 1 段字幕

9）将"字幕"文件夹添加到"视频 2"轨道上，适当调节字幕的长度、位置，与声音同步即可，如图 1-180 所示。具体设置字幕片段如表 1-2 所示。

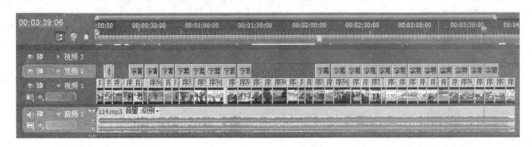

图 1-180　添加字幕

表 1-2　设置字幕片段

字幕片段序号	入　点	长　度
字幕 01	18：16	8：05
字幕 02	27：12	07：22
字幕 03	36：00	08：11
字幕 04	44：21	08：21
字幕 05	53：17	08：12
字幕 06	1：02：07	08：20
字幕 03	1：11：04	08：09
字幕 04	1：19：24	07：23
字幕 07	2：03：09	08：18
字幕 08	2：12：11	08：14
字幕 09	2：21：01	08：16
字幕 04	2：29：17	08：14
字幕 10	2：38：10	08：13
字幕 11	2：46：23	08：12
字幕 09	2：55：17	08：18
字幕 04	3：04：08	08：23
字幕 09	3：13：08	08：14

字幕片段序号	入　点	长　度
字幕 04	3：21：21	08：20
字幕 09	3：30：15	08：14
字幕 04	3：39：06	08：21

10）在效果窗口中选择"视频切换"→"卷页"→"翻页"，添加到片段 2 与片段 3 之间。

注：为了掌握片段的分布情况，可加素材标记。选中要加标记的片段，执行菜单命令"标记"→"设置素材标记"→"其他编号"，打开"设置已编号标记"对话框，在"设置已编号标记"文本框内输入要编号的数字，单击"确定"按钮即可。

11）在效果窗口中选择"视频切换"→"缩放"→"缩放"，添加到片段 6 与片段 7 之间。

12）在效果窗口中选择"视频切换"→"3D 运动"→"旋转离开"，添加到片段 7 与片段 8 之间。

13）在效果窗口中选择"视频切换"→"划像"→"划像交叉"，添加到片段 24 的起始位置。

14）在效果窗口中选择"视频切换"→"滑动"→"滑动"，添加到片段 29 的起始位置。

15）在效果窗口中选择"视频切换"→"擦除"→"插入"，添加到片段 29 与片段 30 之间。

16）在效果窗口中选择"视频切换"→"擦除"→"擦除"，添加到片段 30 与片段 31 之间。

17）执行菜单命令"文件"→"保存"，保存项目文件，正片的制作完成。

4．片尾制作

1）执行菜单命令"字幕"→"新建字幕"→"默认滚动字幕"，在"新建字幕"对话框中输入字幕名称，单击"确定"按钮，打开字幕窗口，自动设置为纵向滚动字幕。

2）使用文字工具输入演职人员名单，插入赞助商的标志，输入其他相关内容，"字体"选择"经典粗黑简"，字号为 40。

3）在"字幕样式"中，选择"方正金质大黑"，如图 1-181 所示。

4）输入完演职人员名单后，按〈Enter〉键，拖动垂直滑块，将文字上移出屏为止。单击字幕设计窗口合适的位置，输入单位名称及日期，字号为 50，其余同上，如图 1-182 所示。

5）单击字幕窗口上方的"滚动/游动选项"按钮，打开"滚动/游动选项"对话框。在对话框中勾选"开始于屏幕外"，使字幕从屏幕外滚动进入。设置完毕后，单击"确定"按钮即可，如图 1-183 所示。

6）关闭字幕设置窗口，将当前时间指针定位到 3：48：01 位置，拖放"片尾"到时间线窗口"视频 2"轨道上的相应位置，使其开始位置与当前时间指针对齐，持续时间设置为 9：08，如图 1-184 所示。

图 1-181　输入演职人员名单

图 1-182　输入单位名称及日期

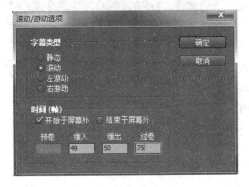

图 1-183　滚动字幕设置

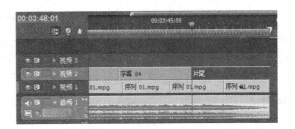

图 1-184　片尾的位置

7）单击"视频 2"轨道左边的"折叠/展开轨道"按钮 ▷，展开"视频 2"轨道，在工具箱中选择"钢笔工具"，按〈Ctrl〉键，鼠标在"钢笔工具"图标附近出现加号，在 3∶56∶12、3∶57∶12 的位置上单击，加入两个关键帧。

8）放开〈Ctrl〉键，拖终点的关键帧到最低点位置上，这样字幕就出现了淡出的效果。

9）单击"视频 1"轨道左边的"折叠/展开轨道"按钮 ▷，展开"视频 1"轨道，在工具箱中选择"钢笔工具"，按〈Ctrl〉键，鼠标在"钢笔工具"图标附近出现加号，在 3∶55∶09、3∶57∶12 的位置上单击，加入两个关键帧。

10）放开〈Ctrl〉键，拖终点的关键帧到最低点位置上，如图 1-185 所示，这样素材就出现了淡出的效果。

5. 输出 mpg2 文件

输出 mpg2 文件步骤如下。

1）执行菜单命令"文件"→"导出"→"媒体"，打开"导出设置"对话框。

2）在右侧的"导出设置"中单击"格式"下拉列表框，选择 MPEG2 选项。

3）单击"输出名称"后面的链接，打开"另存为"对话框，在对话框中设置保存的名称和位置，单击"保存"按钮。

4）单击"预设"下拉列表框，选择"PAL DV 高品质"选项，准备输出高品质的 PAL 制 MPEG2 视频，如图 1-186 所示，单击"导出"按钮，开始输出，如图 1-187 所示。

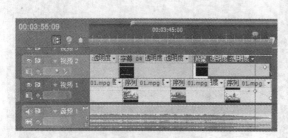

图 1-185　淡出效果的设置

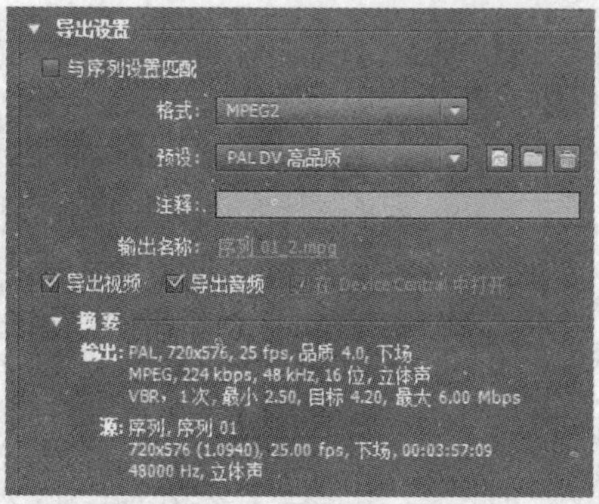

图 1-186　输出设置

实训 2　制作卡拉 OK 影碟

实训情景设置

制作卡拉 OK 影碟和制作普通影碟没有什么区别，但卡拉 OK 的字幕需要变色，也就是要随着歌曲的推进，一个字一个字地变色，以引导演唱者演

图 1-187　渲染影片

唱。这样的字幕如果手工来制作非常麻烦，工作量也相当大，不过读者可以使用专业的卡拉 OK 字幕制作工具——Kbuilder Tools 来制作字幕。

操作步骤

1. 卡拉 OK 字幕的制作

Kbuilder Tools 又称为小灰熊字幕软件，它的最新版本（Kbuilder3.5）需要和 Premiere 配合起来使用，Kbuilder 在安装时会要求安装一个 Kbuilder for Premiere 的插件，选择安装目录如 D:\Program Files\Adobe\Adobe Premiere Pro CS3\Plug-ins\en_US，安装完成就会打开 Select Default Character Set 窗口，双击 Simplified Chinese Characters（GB2312）简体中文字符，打开 Kbuilder Tools 窗口，这样 Premiere Pro CS3（小灰熊字幕软件暂不支持 Premiere Pro CS5）就可以导入用 Kbuilder 制作的卡拉 OK 字幕描述脚本文件，将脚本文件放入到视频轨之上，即可生成带有字幕的卡拉 OK 影片了。

执行菜单命令"帮助"→"注册 Kbuilder"，打开"打开"对话框，在"Kbuilder"安装文件夹选择"user.dat"，单击"打开"按钮，打开"Register Kbuilder"对话框，选择安装文件夹中的 sn.txt 文件，将注册码复制到"注册码"文本框内，如图 1-188 所示，单击"确定"按钮，返回 Kbuilder Tools 窗口。

（1）准备素材。

制作卡拉 OK 字幕之前先要准备好歌词的文本及相应的音频、视频媒体文件。歌词文本多数都可以从网上找，也可以用记事本程序手工输入。歌词最好先用记事本程序编辑好，每句歌词单独成行，如图 1-189 所示。

媒体文件可以是 MP3、WAV、WMA 格式的原唱歌曲文件及包含该歌曲的 MPEG、AVI 视频文件，除了原唱歌曲文件外，还要找到与原唱配套的伴奏文件。如果是伴奏和原唱没有分离的歌曲，可使用 Audition 来消除歌曲中的原唱声音。

图 1-188 "Register Kbuilder"对话框　　　图 1-189 记事本编辑好歌词

（2）导入媒体文件和字幕

1）执行菜单命令"文件"→"打开"，打开"打开"对话框，选择"小城故事.txt"文件，单击"打开"按钮，窗口中自动加上 3 行代码，如图 1-190 所示。字幕编辑框有两种状态，一种是编辑状态，在这种状态下可以编辑歌词文本；另一种是取时状态，在这种状态下可以设置每行歌词的起始时间以及字幕中每个字（单词）的变色时间。这两种状态之间可以通过按〈F2〉键相互切换。在编辑状态时，编辑框的背景色是白色的；在取时状态，编辑框的背景色则是灰色的，而插入点光标当前行的字幕效果也会在编辑框上方显示出来。

2）执行菜单命令"文件"→"打开多媒体文件"，打开"打开"按钮，导入包含有原唱歌曲的音频或视频文件，如"小城故事.mpg"。导入成功后会弹出一个"多媒体播放器"窗口，单击该窗口即可播放或暂停播放媒体文件。

3）执行菜单命令"文件"→"选项设置"，打开"参数设置"对话框。在这里可以设置字幕的颜色、边框厚度、字幕对齐方式及字体等内容。如果要设置字体，可单击"字体"栏中的"字例 ABCabc"按钮，如图 1-191 所示，即可在打开的"字体"对话框中进行具体的设置。通常字体常使用宋体或幼圆，字体大小一般可设置为 36 或 40。另外，边框厚度可设置为 2~3，图像大小中的宽度要设置为 720，高度设置为自动高度即可。

4）为了使生成的字幕效果更好，可在桌面空白处单击鼠标右键，从弹出的快捷菜单中选择"属性"菜单命令，打开"显示属性"对话框，在"外观"选项卡中单击"效果"按钮，打开"效果"对话框，选择"使用下列方式将使屏幕字体边缘平滑"复选框，在下拉列表中选择"清晰"方式，这样制作出的字幕边缘平滑，效果更好。

（3）生成脚本文件

生成脚本文件之前，每一句歌词和每一个字都要生成相应的时间代码。时间代码的生成需要在取时状态下进行。

1）在取时状态下将光标定位在第 1 句歌词上。单击媒体播放器窗口进行播放，当第 1 句歌词的第 1 个字唱出来的同时，按下空格键即可使字幕的第 1 个字变色（可用鼠标左键单击绿色小框），每出现一个字的时候按一下键，这样字幕就会配合歌曲逐字进行变色，如图 1-192 所示。

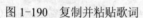

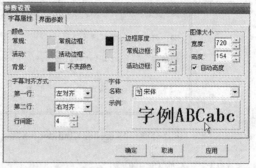

图 1-190　复制并粘贴歌词　　　　　　　　　　图 1-191　"参数设置"对话框

图 1-192　生成脚本文件

注: 编辑时最好按音乐的节奏来敲击键盘。另外,最好事先将歌曲多听几遍,对歌曲要相当熟悉,这样才能做到准确无误。

2)时间代码生成好之后,就可以单击工具栏中的"卡拉 OK 预览"按钮，打开"卡拉 OK 预览"窗口进行播放预览,如图 1-193 所示。

3)执行菜单命令"文件"→"歌词脚本语法检查",对脚本中的代码进行检测,检测无误后可执行菜单命令"文件"→"另存为",将它命名保存为 ksc 字幕描述脚本文件。

图 1-193　"卡拉 OK 预览"窗口

2．制作翻唱歌曲

音乐爱好者制作高质量的翻唱歌曲在网上发布已经变得很普遍了，这有赖于音乐制作软件的普及。掌握对 Audition 3.0 强大功能的应用，用户就可以制作出属于自己的高质量翻唱歌曲了。

（1）制作音乐伴奏

Audition 3.0 制作音乐伴奏是提取 MPEG 音频文件的单声道（没有人声的声道）音频加以混缩，成为双声道的立体声伴奏。

1）启动 Audition 3.0，进入多轨视图窗口，多轨界面一般有多个音轨，进入多轨界面之后，用鼠标右键单击音轨 1，从弹出的快捷菜单中选择 "插入"→"提取视频中的音频"菜单项，如图 1-194 所示。

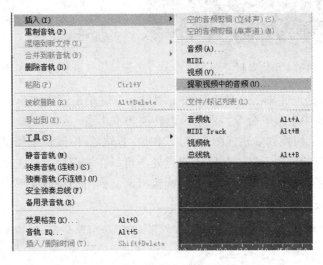

图 1-194 "提取视频中的音频"菜单项

2）打开"插入来自视频的音频"对话框，在存放歌曲的硬盘里，找到所要的歌曲文件（MPEG 文件），单击"打开"按钮，插入到音轨 1 中。

3）歌曲文件插入完毕，会发现音轨 1 插入了音频波形。单击"播放"按钮预览，这时还存在单声道的人声。要想消去人声，单击"立体声声相"按钮右边的文本输入框，输入-100，按〈Enter〉键，如图 1-195 所示。

4）单击"播放"按钮预览，如果人声没有了，执行菜单命令"编辑"→"混缩到新文件"→"会放中的主控输出（单声道）"，大概花上十余秒进行处理，如图 1-196 所示。

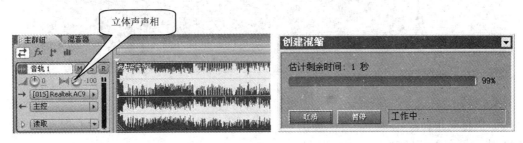

图 1-195 声相　　　　　　　　　　　　图 1-196 混缩内容创建中

5）混缩创建完成后，Audition 3.0 自动弹进单轨界面，如图 1-197 所示。

6）在单轨界面上对音频波形进行音量标准化，执行菜单命令"效果"→"振幅和压限"→"音量标准化"，打开"标准化"对话框，在"%"前的文本框内输入 100，如图 1-198 所示，单击"确定"按钮，让它处理完成。

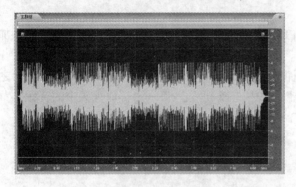

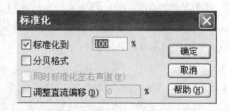

图 1-197　单轨界面　　　　　　　　　　　　　　图 1-198　"标准化"对话框

7）音量标准化处理完毕，在单轨界面上用鼠标右键单击音频波形，从弹出的快捷菜单中选择"插入到多轨中"菜单命令，将单声道转换为双声道。

8）单击按钮▦，切换到多轨视图窗口，这时在音轨 2 中插进了伴奏波形，如图 1-199 所示。如果波形块起始位置不在时间轴的零点处，可以在波形块上按住鼠标右键不放，把波形块拖到时间轴的零点处；用鼠标右键单击音轨 1，从弹出的快捷菜单中选择"静音"菜单项，单击"播放"按钮预览，此时人声已消去。

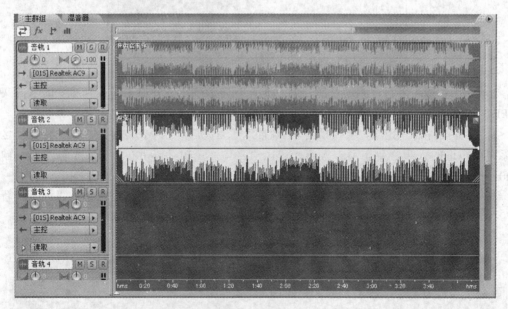

图 1-199　伴奏插入第 2 轨道

9）执行菜单命令"文件"→"导出"→"混缩音频"，把伴奏音频以 MP3 或 WAV、WMA 格式等存入硬盘中。

（2）录音

1）进入 Audition 3.0，开始录音。新建工程后，单击按钮█████进入多轨界面。用鼠标右键单击第一轨道，从弹出的快捷菜单中选择"插入"→"音频文件"菜单命令，打开"打开波形文件"对话框，选择 MP3（也可以是 WMA 和 WAV 等音频伴奏）伴奏插入第一轨道中，将第二轨道设为"录音轨道"，在第二轨道左边的控制栏上，选中 R █即可完成。

2）按下"录音"·按钮 █。这时只要发出声音就会发现第二轨道里产生波形了，这说明传声器信号已成功输入，可以录音了。

技巧：在录音的过程中，如果发现前面某一段唱得不佳，用户完全可以在那段地方停止录音，用鼠标的左键选择那段地方重新录制。当一首歌录制完毕，就可以对声音进行编辑处理了，这是最关键的一步，它决定翻唱歌曲的质量。

（3）编辑声音

用鼠标右键单击录音轨道 2，从弹出的快捷菜单中选择"编辑波形"菜单命令，进入单轨界面对声音进行噪声消除、限压、滤波、混音、音量标准化处理。详细的介绍如下。

1）噪声消除：初学者不需要完成它，因为初学者处理噪声时往往把声音当成噪声处理掉，后果是声音严重失真，犹如蚊子叫声一般。不过只要用户在录音时把传声器的音量调节得大小合适，加上录音环境，就不会有大的噪声。

技巧：为了防止呼气时气流冲击传声器发出响声，最好用点海绵把传声器套好。

2）声音限压：一首歌有高潮段也有低沉节，传声器没有动态距离调节，唱出的歌声会忽高忽低（难以避免的），那么声音限压便是必需的了。执行菜单命令"效果"→"刷新效果列表"，正式把插件列入 DirectX 中，这时"效果"的"DirectX"里就列出前面安装的所有插件了。选中录下的声音，执行菜单命令"效果"→"DirectX"→"Wave"→"C4"，打开"Direct X 插件-Wave C4"对话框后，保持默认设置，如图 1-200 所示，单击"确定"按钮即可完成声音限压。

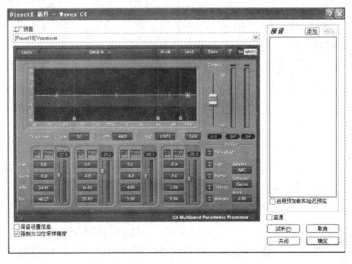

图 1-200 "Direct X 插件-Wave C4"对话框

3）滤波：选择录下的声音，执行菜单命令"效果"→"滤波器"→"参数均衡器"，打开"VST 插件-参数均衡器"对话框，改变声音的中高低音频率，根据传声器的声效而调节，假如传声器的低音较强、高音较弱时，可以在"参数均衡器"中把高音频率调高，如图 1-201 所示。其他的情况也要按照上面原则调节。单击"预览"按钮，再调节，直到自己感觉满意为止，单击"确定"按钮完成声音滤波。

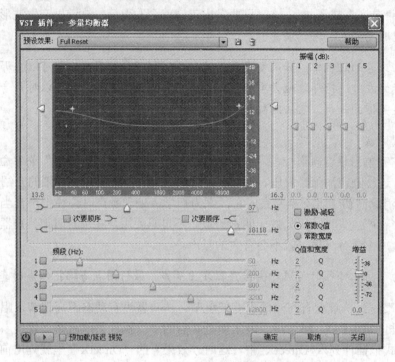

图 1-201 "VST 插件-参数均衡器"对话框

4）混音：选中录下的声音，执行菜单命令"效果"→"常用混响器"→"完美混响器"，打开"完美混响"对话框，在"输出电平"项把"干声"的百分率调到 160％，"湿声（混响）""湿声（早反射）"分别调到50％、45％。单击"预览"按钮，再调节，直到自己感觉满意为止，如图 1-202 所示。

5）音量标准化：选择录下的声音，执行菜单命令"效果"→"波形振幅"→"音量标准化"，打开"标准化"对话框，选择"标准化到"和"同时标准化到左右声道"复选框，"标准化到"的百分率为 100％，单击"确定"按钮即可完成。注意人声波形振幅设为 100％后，伴奏也应为 100％，这样才能相互配调。

6）单击按钮▦转入多轨视图窗口，预览翻唱歌曲，如果觉得满意的话，执行菜单命令"文件"→"导出"→"混缩音频"，选择路径和文件类型（MP3、WAV、WMA 等）对翻唱歌曲进行保存。这样翻唱歌曲大功告成了。

3. 用 Premiere Pro CS3 编辑视频与合成字幕

1）在 Premiere Pro CS3 中新建一个工程文件，用鼠标右键单击项目窗口的空白处，从弹出的快捷菜单中选择"导入"菜单命令，打开"导入"对话框，在 Premiere Pro CS3 可导入的文件列表中多了一种"KBuilder Scripts File（*.Ksc）"，如图 1-203 所示，也就是通过

KBuilder 插件，使 Premiere 支持了 KBuilder 字幕描述脚本文件。此时，我们可以把准备好的视频、音频文件及 KSC 字幕文件逐一导入到项目窗口的素材列表中。

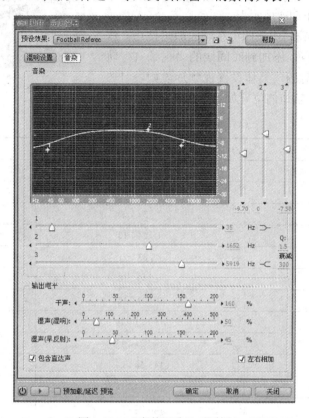

图 1-202 "完美混响"对话框

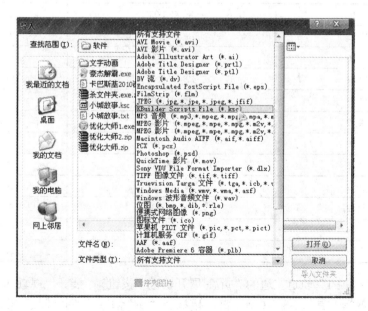

图 1-203 "导入"对话框

2）将翻唱歌曲拖放到"音频 1"轨道上，字幕脚本文件拖入到"视频 3"轨道上。各轨道上的素材要从左边对齐，如图 1-204 所示。

3）在源监视器窗口中按照电视画面编辑技巧，依次设置素材的入出点，添加到时间线的"视频 1"轨道中，与起始位置对齐，具体设置视频片段如表 1-3 所示。在"视频 1"轨道的位置如图 1-205 所示。

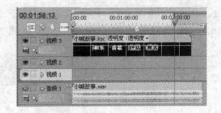

图 1-204 时间线

表 1-3 设置视频片段

视频片段序号	入　　点	出　　点
片段 1	22：20	35：07
片段 2	1：00：22	1：06：23
片段 3	7：37：00	7：42：24
片段 4	1：54：10	2：00：13
片段 5	8：33：21	8：40：02
片段 6	9：46：10	9：52：14
片段 7	3：27：12	3：33：09
片段 8	11：23：14	11：29：16
片段 9	18：25：13	18：31：15
片段 10	14：58：04	15：00：22
片段 11	15：42：18	15：45：14
片段 12	15：03：05	15：15：05
片段 13	17：57：12	18：03：04
片段 14	8：45：05	8：51：09
片段 15	18：57：19	19：03：15
片段 16	6：09：09	6：15：15
片段 17	19：36：09	19：42：08
片段 18	20：07：04	20：10：13
片段 19	21：10：05	21：13：06
片段 20	21：51：00	21：56：21
片段 21	22：18：14	22：24：14
片段 22	22：47：21	22：53：10
片段 23	09：24：08	9：29：19
片段 24	12：28：22	12：34：24
片段 25	24：50：13	24：55：20

4）单击"视频 1"轨道左边的"折叠/展开轨道"按钮▷，展开"视频 1"轨道 8，在工具箱中选择"钢笔工具"，按〈Ctrl〉键，鼠标在"钢笔工具"图标附近出现加号，在 2：28：11、2：30：00 的位置上单击，加入两个关键帧。

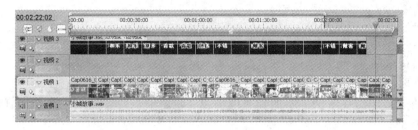

图 1-205　添加多个片段

5）放开〈Ctrl〉键，拖终点的关键帧到最低点位置上，这样素材就出现了淡出的效果。

6）执行菜单命令"字幕"→"新建字幕"→"默认静态字幕"，打开"新建字幕"对话框，在、"名称"文本框内输入"小城故事"，单击"确定"按钮。

7）在字幕窗口上单击，输入"小城故事 作词 庄奴 作曲 汤尼 原唱 邓丽君"等文字。

8）当前默认为英文字体，选择"小城故事"，单击上方水平工具栏中的 经典行 ▼ 右边的小三角形，从弹出的快捷菜单中选择"经典粗黑简"，字体大小为80。

9）在字幕属性窗口中，单击"色彩"右边的色彩块，打开"彩色拾取"对话框，将"色彩"设置为D64C4C，单击"确定"按钮。

10）单击"描边"→"外侧边"→"添加"按钮，添加外侧边，将"大小"设置为10。

11）选择"作词 庄奴 作曲 汤尼 原唱 邓丽君"，单击上方水平工具栏中的 经典行 ▼ 右边的小三角形，从弹出的快捷菜单中选择 KaiTi_3212，字体大小为40，如图1-206所示。

12）单击"基于当前字幕新建字幕"按钮，打开"新建字幕"对话框，在"名称"文本框内输入"重电影视"，单击"确定"按钮。

13）删除"小城故事 作词 庄奴 作曲 汤尼 原唱 邓丽君"字幕，输入"重电影视"，选择"圆矩形工具"，绘制一个图形，如图1-207所示。

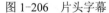

图 1-206　片头字幕

图 1-207　制作单位标识

14）关闭字幕设置窗口，在时间线窗口中将当前时间指针定位到0∶24位置。

15）将"小城故事"字幕添加到"视频 2"轨道中，使其开始位置与当前时间指针对齐，长度为7∶06s。

16）在效果窗口中选择"视频切换"→"划像"→"菱形"，添加到"小城故事"字幕的起始位置，使标题逐步显现，将特技长度调整为2s。

17）在效果窗口中选择"视频切换"→"3D 运动"→"翻转离开"，添加到"小城故事"字幕的结束位置。

18）在时间线窗口中将当前时间指针定位到1∶31∶01位置。

19）将"重电影视"字幕添加到"视频 2"轨道中，使其开始位置与当前时间指针对齐，长度为6s。

20）在效果窗口中选择"视频切换"→"擦除"→"划格擦除"，添加到"重电影视"字幕的起始位置，使标题逐步显现，如图1-208所示。

21）在效果窗口中选择"视频切换"→"划像"→"开头划像"，添加到"重电影视"字幕的结束位置，如图1-209所示。

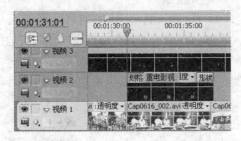

图1-208 标识中间位置　　　　　　　　　图1-209 标识结束位置

22）在时间线窗口中将当前时间指针定位到2∶22∶02位置。

23）将"重电影视"字幕添加到"视频 2"轨道中，使其开始位置与当前时间指针对齐，长度为7s。

24）在效果窗口中选择"视频切换"→"划像"→"星形划像"，添加到"重电影视"字幕的起始位置，使标题逐步显现。

25）在效果窗口中选择"视频切换"→"叠化"→"叠化"，添加到"重电影视"字幕的结束位置。素材在时间线上的排列如图1-210所示。

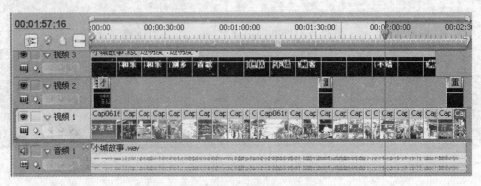

图1-210 素材在时间线上的排列

26）在节目监视器窗口中单击"播放"按钮进行预览，如果满意就可以将文件输出了。输出时可使用 Adobe Media Encoder 将文件编码为 MPEG2 文件，这样，一个包含有变色字幕、翻唱歌曲音轨的 MPEG 文件就制作出来了，它可以很方便地刻录成 DVD。

项目小结

体会与评价：完成这个任务后得到什么结论？有什么体会？写出实训报告，完成任务评价表，如表1-4所示。

表1-4　任务评价表

项　目	内　容	评价标准	得　分	结　论	体　会
1	MV 制作	5			
2	卡拉 OK 制作	5			
	总评				

课后拓展练习 1

1）教师提供视频素材，学生完成一个 MV 影片的制作。

2）学生拍摄视频素材，完成一个 MV 影片的制作。

3）教师提供视频素材，学生完成一个卡拉 OK 影片的制作。

4）学生拍摄视频素材，完成一个卡拉 OK 影片的制作。

习题 1

1. 填空题

1）Premiere Pro CS5 工作区会显示出现的主要窗口是_____、项目窗口、监视器窗口、_____。

2）Premiere Pro CS5 "新建项目" 的 "自定义设置" 中有_____、_____、视频渲染和_____。

3）Premiere Pro CS5 能将_____、_____和图片等融合在一起，从而制作出精彩的数字电影。

4）剪辑点是_____和_____的统称。

5）源监视器窗口主要用于对素材进行_____处理。

6）视频的慢放或快放镜头是通过调整_____或_____实现的。

7）音频控制器的数量与_____数量相同。

8）_____效果可以突出强的声音，消除噪声。

9）_____效果可以较为精确地调整音频的声调。

10）字幕窗口中的两个方框是_____。

11）绘制直线时按_____键可绘制与水平方向成 45° 直线。

12）在 "填充类型" 下拉列表中有_____种填充类型。

13）4 种图像序列分别是_____、_____、_____和_____。

14）要执行菜单命令 "文件" → "导出" → "媒体"，影片可输出成_____或者_____
___文件。

2. 选择题

1）下面哪个选项不是导入素材的方法？

    A. 执行菜单命令"文件"→"导入"或直接使用该菜单的快捷键〈Ctrl+I〉

    B. 在项目窗口中的任意空白位置单击鼠标右键，从弹出的快捷菜单中选择"导入"菜单项

    C. 直接在项目窗口中的空白位置双击即可

    D. 在浏览器中拖入素材

2）下面哪个选项可以改变播放长度？

    A. 在时间线窗口中直接拖动素材

    B. 更改素材的"持续时间"

    C. 更改素材的"速度"

    D. 更改"编辑"→"参数"→"常规"中的"静帧图像默认持续时间"

3）默认情况下，为素材设定入点、出点的快捷键是_____。

    A. 〈I〉和〈O〉   B. 〈R〉和〈C〉

    C. 〈 和 〉   D. 〈+〉和〈-〉

4）使用"缩放工具"时按_____键，可缩小显示。

    A. 〈Ctrl〉   B. 〈Shift〉   C. 〈Alt〉   D. 〈Tab〉

5）可以选择单个轨道上在某个特定时间之后的所有素材或部分素材的工具是_____。

    A. 选择工具   B. 滑行工具

    C. 轨道选择工具   D. 旋转编辑工具

6）粘贴素材是以_____定位的。

    A. 选择工具的位置   B. 当前时间指针

    C. 入点   D. 手形工具

7）下面选项中，不包括在 Premiere Pro CS5 的音频滤镜组中的是_____。

    A. 单声道   B. 环绕声   C. 立体声   D. 5.1 声道

8）为音频轨道中的音频添加效果后，素材上会出现一条线，其颜色是_____。

    A. 黄色的   B. 白色的   C. 绿色的   D. 蓝色的

9）音量表的方块显示为_____时，表示该音频音量超过界限，音量过大。

    A. 黄色   B. 红色   C. 绿色   D. 蓝色

10）下面形状中，不能在字幕中使用图形工具直接画出的是_____。

    A. 矩形   B. 圆形   C. 三角形   D. 星形

11）使用矩形工具，按_____键可以绘制出正方形。

    A. 〈Alt〉   B. 〈Tab〉   C. 〈Shift〉   D. 〈Ctrl〉

12）Premiere Pro CS5 中不能完成_____。

    A. 滚动字幕   B. 文字字幕

    C. 三维字幕   D. 图形字幕

13）下面不可以输出的文件格式是_____。

    A. 流行的 WAV 波形文件，可在 Windows Media player 中播放

    B. Windows 媒体文件，包括 wma（音频）和 wmv（视频）

C．MPEG1-DVD，视、音频分离

D．包含数据类型的 date 格式

14）影片合成时不属于"导出设置"的参数是_____。

A．"格式"下拉列表　　　　　　　B．"预置"下拉列表

C．色彩深度　　　　　　　　　　D．输出名称

3．问答题

1）简述手动采集素材的基本方法。

2）简述管理素材的基本方法。

3）简述分离关联素材的目的。

4）简述粘贴复制素材的方法。

5）简述在时间线窗口中设置音频素材淡入淡出的方法。

6）调整音频的持续时间会使音频产生何种变化？

7）如何设置模版？

8）简述字幕的设置方法。

9）如何将音频或视频素材进行输出？

10）最终合成输出是需要对哪些参数进行设置？

项目 2　电子相册的编辑

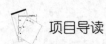

项目导读

电子相册不仅能以艺术摄像的各种变换手法较完美地展现摄影（照片）画面的精彩瞬间，给家庭和亲友带来欢乐，而且可以通过文字编辑，充分展示照片主题，发掘相册潜在的思想内涵。随着个性化时代的来临和人民生活水平的不断提高，照片数量及其衍生的服务也将越来越多！这些纪念难忘岁月和美好时光的经典照片，将更显弥足珍贵！

音乐电子相册是以静态照片为素材（获得源方式为扫描仪扫描、数码相机所拍等），配合动感的背景、前景和字幕等视频处理的特殊效果，配上音乐就可制作成电子相册。制作好的电子相册可以在计算机上、各类影碟机上以及手机和 MP4 里观看。如果考虑到长期保存，则制作成电子相册光盘是最好的选择，标准 DVD 格式，兼容性好，通过 DVD 影碟机即可与家人、朋友、客户观赏；若保存在硬盘上，也便于随时调阅、欣赏，永久保存。

1．电子相册的种类

1）怀旧相册：以家庭保存年久的黑白旧照片为主，配以近年的家庭生活彩色照片，用回忆的方式，一一展现家庭成员在各个时期的形象。用对比的方法，注上文字说明，力图表现《流金岁月》、《往事回忆》、《家庭变化》、《感怀思旧》的相册主题。

2）旅游相册：用自己游览各地风景名胜的专题照片，配以相关的风景花卉背景，以及文字说明或相关诗词书画（最好是自己创作、书写并吟诵），力图表现《胸怀豁达》、《雄心壮志》、《豪情舒展》、《心旷神怡》的相册主题。

3）聚会相册：用学友或朋友、同事、战友在一起聚会的照片和相关的新老照片（还可加上录像片段），配以相关的背景与音乐，力图表现《怀念友情》、《风雨同舟》、《感慨人生》、《友谊长青》的相册主题。

4）婚纱相册：用婚纱照片制作。

5）儿童相册：用幼儿和儿童照片制作。

6）写真相册：用少女或情侣特写照片制作成《少女写真》、《烂漫影集》等写真相册。

7）毕业相册：用学校班级毕业团体、集体照片、同学照片、校园生活及校园景观等照片，配以校长老师题词和学友赠言等相关资料合成制作。

8）书画相册：用个人绘画或书法、摄影等作品图像照片制作，观摩欣赏性极强。

9）求职相册：用个人简历、学历、照片、证件、成果材料、获奖证书等资料编辑制作。音像代言，视角新鲜，利于竞争。

10）家谱相册：用家谱资料，配以相关照片编辑制作，便于查阅保存。

2．电子相册的优点

1）欣赏方便：传统的相册在多人欣赏时只好轮流进行，而电子相册可以很多人同时欣赏。

2）交互性强：可以像 VCD 点歌一样，将相册做成不同的标题。

3）储存量大：一张 VCD 光盘可储存几百张照片。

4）永久保存：CD-R 光盘可以金碟为存储介质，寿命长达上百年。

5）欣赏性强：以高科技专业视频处理技术处理照片，配上优美的音乐，可以得到双重的享受。

 技能目标

能使用特技实现电视节目场景转换，增强节目的可视性和趣味性，完成电子相册的制作。

 知识目标

熟悉转场的基本原理，掌握转场的添加、替换及控制。

了解默认转场的添加、设置与长度的改变。

学会正确添加转场、转场替换。

会转场控制、改变转场参数。

会添加默认转场及设置。

 依托项目

特技具有神话般的魔力，让观众常常从特技效果中感觉到特技视觉冲击力，许多不可思议的事在屏幕上都成了现实。我们把电子相册当做一个任务。

 项目解析

要制作电子相册，首先应写出电子相册策划稿，进行照片的拍摄，然后进行照片的编辑、添加字幕、配音、制作片头片尾及添加特技。我们可以将电子相册分成几个子任务来处理，第一个任务是转场的应用，第二个任务是综合实训。

任务　转场的应用

 问题的情景及实现

平时看电视节目会发现，片段的组接，最多的是使用切换，就是一个片段结束时立即换为另一个片段，这称为无技巧转换。有些片段间的转换采用的是有技巧转换，就是一个片段以某种效果逐渐地换为另一个片段。在电视广告和节目片头中会经常看到有技巧转换的运用。利用转换可以制作出赏心悦目的特技效果，大大增加艺术感染力，它是后期制作的有力手段。通常，仅将有技巧转换称为转场。

2.1　转场的添加

Premiere Pro CS5 提供了多种转场的方式，可以满足各种镜头转换的需要。

1．镜头的切换与转场概述

在默认状态下，两个相邻素材片段之间的转换是采用硬切的方式，即后一个素材片段的入点帧紧接着前一个素材片段的出点帧，没有任何过渡。可以通过为相邻的素材片段施加转场，使其产生不同的过渡效果。

转场就是指在前一个素材逐渐消失的过程中，后一个素材逐渐出现。这就需要素材之间有交叠的部分，或者说素材的入点和出点要与起始点和结束点拉开距离，即额外帧，使用其间的额外帧作为转场的过渡帧。

要取得很好的转场效果，拍摄和采集源素材的过程中，在入点和出点之外留出足够的额外帧。

转场通常为双边转场，将临近编辑点的两个视频或音频素材的端点合并。除此之外，还可以进行单边转场，转场效果只影响素材片段的开头或结尾。

使用单边转场，可以更灵活地控制转场效果，例如，可以为前一段素材的结尾施加一种转场效果，而为接下来的一段素材的开头施加另一种转场效果。单边转场从透明过渡到素材内容，或过渡到透明，而并非是黑场。在时间线窗口中，处于转场下方轨道上的素材片段会随着转场的透明变化而显现出来。如果素材片段在"视频 1"轨道，或者其轨道下方无任何素材，则单边转场部分会过渡为黑色。如果素材片段在另一个素材片段的上方，则底下的素材片段会随着转场而显示出来，看上去与双边转场类似。

如果要在两段素材之间以黑场进行转场，可以使用"叠化"→"黑场过渡"模式，"黑场过渡"可以不显示其下或相邻的素材片段而直接过渡到黑场。

在时间线窗口或特效控制台窗口中，双边转场上有一条深色对角线，而单边转场则被对角线分开，一半是深色，一半是浅色。

2．添加转场

要为两段素材之间添加转场，这两段素材必须在同一轨道上，且其间没有间隙。当施加转场之后，还可以对其进行调节设置。

1）在效果窗口中，展开"视频切换"文件夹或"音频过渡"文件夹及其子文件夹，在其中找出所需的转场，也可以在效果窗口上方的 后面的搜索栏中，输入转场名称中的关键字进行搜索。

2）将转场从效果窗口拖曳到时间线窗口中两段素材之间的切线上，当出现如图 2-1 所示的图标时释放鼠标。

图 2-1 添加转场 1

- 转场的结束点与前一个素材片段的出点对齐。
- 转场与两素材间的切线居中对齐。
- 转场的起始点与后一个素材片段的入点对齐。

3）如果仅为相邻素材之中的一个素材施加转场，则在按住〈Ctrl〉键的同时，拖曳转场到时间线窗口中，当出现图标时，释放鼠标。如果素材片段与其他的素材不相邻的话，则无须按住〈Ctrl〉键，直接施加即为单边转场。

4）有些转场在施加时会弹出对话框，在其中进行设置。设置完毕，单击"确定"按钮。

5）当修改项目时，往往需要使用新的转场替换之前施加的转场。从效果窗口中，将所需的视频或音频转场拖放到序列中原有转场上即可完成替换。

替换转场之后，其对齐方式和持续时间保持不变，而其他属性会自动更新为新转场的默认设置。

3. 默认转场

为了提高编辑效率，可以将使用频率最高的视频转场和音频转场设置为默认转场，默认转场在效果窗口中的图标具有红色外框。默认状态下，"叠化"→"交叉叠化"和"交叉渐稳"→"恒定功率"分别为默认的视频转场和音频转场，可以通过菜单命令或其他方式施加默认转场。如果这两个转场并非使用最频繁的转场，还可以将其他转场设置为默认转场。添加默认转场的步骤如下。

1）单击轨道标签以选中要施加转场的目标轨道。

2）将时间指针放置到素材之间的编辑点上，也可使用节目监视器窗口中的"跳转到前一编辑点"按钮和"跳转到后一编辑点"按钮来实现。

3）根据目标轨道的类别，执行菜单命令"序列"→"应用视频切换效果/应用音频切换效果"，可以分别为素材片段施加默认的视频转场或音频转场。

4. 设置默认转场

1）在效果窗口中，展开"视频切换"文件夹或"音频过渡"文件夹及其子文件夹，选中要设置为默认转场的转场。

2）单击效果窗口的弹出式菜单按钮，在弹出式菜单中选择"设置所选为默认切换效果"命令，如图 2-2 所示，将当前选中转场设置为默认转场。

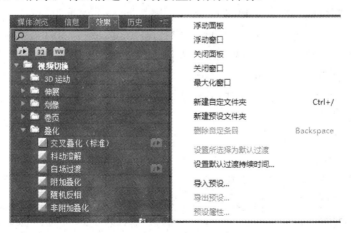

图 2-2　设置默认转场

5. 设置默认转场长度

1）执行菜单命令"编辑"→"首选项"→"常规"，或单击效果窗口的弹出式菜单按钮，在弹出式菜单中选择"默认切换持续时间"命令，打开"首选项"对话框。

2）在"视频切换默认持续时间"或"音频切换默认持续时间"后面输入新的所需长度值，单击"确定"按钮，将默认转场长度设置为此值，如图 2-3 所示。

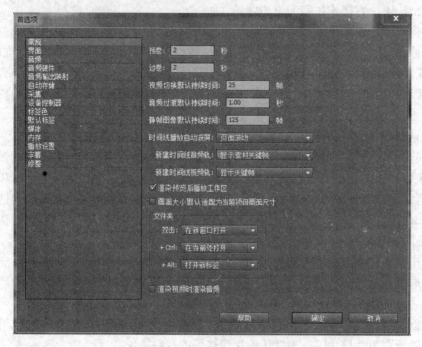

图 2-3　默认转场长度的设置

2.2　转场控制

在 Premiere Pro CS5 中，既可以在时间线窗口中对转场进行控制，也可以转到特效控制台窗口中对转场的更多参数进行调节。

1. 在特效控制台窗口中显示转场

在时间线窗口中双击"转场"，打开特效控制台窗口，在其中显示转场的相关内容和设置，如图 2-4 所示。其中分为左右两部分，左侧提供转场预览及参数设置，右侧显示类似于先前版本中 A/B 轨编辑中的 A/B 轨道及转场，可以在其中对转场进行细致的调节。

单击窗口上方的按钮 可以展开或收起特效控制台窗口中右侧的时间线部分。对于基本转场，其中的设置如下。

- "持续时间"：转场时间。
- "对齐"：对齐方式。
- "显示实际来源"：显示画面素材。

有的转场具有更多可设置的选项。

2. 设置转场对齐

转场未必需要与切线对齐，可以在时间线窗口或特效控制台窗口中对两段素材片段之间的转场的对齐方式进行设置。

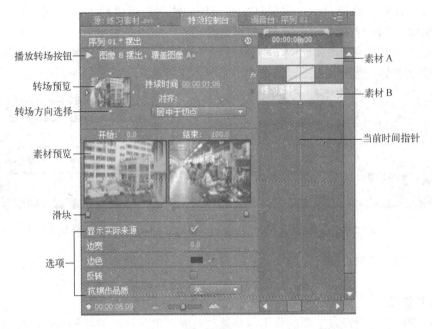

图 2-4　转场控制

方法 1：在时间线窗口中，直接对转场进行拖曳，将其拖放到一个新的位置，即可完成转场的对齐，如图 2-5 所示。

方法 2：在特效控制台窗口中，将鼠标放置在转场上，会出现滑动转场图标，随需拖动即可对转场进行对齐，如图 2-6 所示。

方法 3：在特效控制台窗口中的"对齐"下拉菜单中选择一种对齐方式，居中于切点、开始于切点和结束于切点。

3. 同时移动切线和转场

在特效控制台窗口中，不但可以移动转场的位置，还可以在移动转场位置的同时，相应地移动切线位置。

将鼠标放置在转场上标记切线的细垂直线上，滑动转场图标会变为波纹编辑图标，随需拖动可以同时移动切线和转场，如图 2-7 所示。

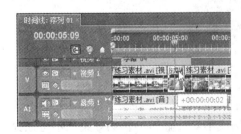

图 2-5　拖曳对齐

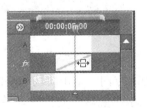

图 2-6　滑动转场

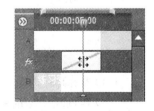

图 2-7　移动切线和转场

4. 改变转场长度

可以在时间线窗口或特效控制台窗口中对转场的长度进行编辑，增长转场需要素材具备更多的额外帧。

方法 1：在时间线窗口中，将鼠标放在转场的两端会出现剪辑入点图标或剪辑出点图标，进行拖曳，方法与在时间线上编辑视频素材相同，如图 2-8 所示。

方法 2：在特效控制台窗口中，将鼠标放在转场的两端也会出现剪辑入点图标或剪辑出点图标，进行拖曳，也可以改变转场长度，如图 2-9 所示。

图 2-8　改变转场长度 1

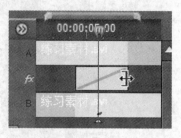

图 2-9　改变转场长度 2

方法 3：拖动特效控制台窗口中"持续时间"后面的时间，或单击激活后直接输入新的时间。

5．设置选项

使用特效控制台窗口最主要的作用，是通过设置选项对转场的各种属性进行精确控制，如图 2-10 所示，设置选项如下。

图 2-10　设置选项

- 边缘选择：改变转场的方向。单击转场缩略图边上的箭头，例如，"旋转"转场既可以垂直翻转，也可以水平翻转。有些单向转场或不支持翻转的转场效果，不可以改变转场的方向。
- 开始和结束滑块：设置转场始末位置的进程百分比，按住〈Shift〉键拖动滑块，可以对始末位置进行同步移动。

- 显示实际来源：显示素材始末位置的帧画面。
- 边宽：调节转场边缘的宽度，默认宽度为0。一些转场没有边缘。
- 边色：设定转场边缘的颜色。单击颜色标记可以打开"颜色拾取"对话框，在其中选择所需颜色，或使用吸管选择颜色。
- 反转：对转场进行翻转。例如，"时钟擦除"转场翻转后，转动方向变为逆时针。
- 抗锯齿品质：调节转场边缘的平滑程度。
- 自定义：设置转场的一些具体设置。大多数转场不支持自定义设置。

有些转场，例如"圆划像"转场，围绕中心点进行。当转场具备可定位的中心点时，可以在特效控制台窗口的 A 预览区域通过拖曳小圆圈，对中心点进行重新定位，如图2-11所示。

图2-11 中心点定位

2.3 实训项目

可自定义转场包括图像遮罩转场和渐变划像转场等，可以通过使用图片或其他方式自由定义转场方式的转场。使用这种类型的转场，配合自己丰富的想象力，可以创建各种各样的转场效果。

实训1 使用渐变擦除转场

知识要点：添加渐变擦除转场效果，设置转场的持续时间，自定义转场效果。

渐变擦除转场类似于一种动态蒙版，使用一张图片作为辅助，通过计算图片的色阶，自动生成渐变划像的动态转场效果。其最终效果如图2-12所示。

图2-12 渐变擦除效果

其操作步骤如下。

1）启动 Premiere Pro CS5，新建一个"渐变擦除特效"的项目文件。

2）双击项目窗口空白处，打开"导入"对话框，选择本书配套教学素材"项目 2\任务1\素材"文件夹内的"花1.jpg"和"泸沽湖1.jpg"，如图2-13所示。

3）在项目窗口中，选中导入的素材将其添加到"视频1"轨道上，如图2-14所示。

4）用鼠标右键单击"视频1"轨道上的"花1"，从弹出的快捷菜单中选择"缩放为当前画面大小"菜单项，将素材全屏显示，如图2-15所示。

图 2-13　素材

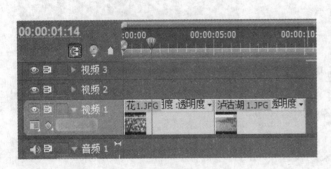

图 2-14　添加素材 1

图 2-15　设置"花 1"画面大小

5）用鼠标右键单击"视频 1"轨道上的"泸沽湖 1"，从弹出的快捷菜单中选择"缩放为当前画面大小"菜单项，将素材全屏显示，如图 2-16 所示。

6）在效果窗口中选择"视频切换"→"擦除"→"渐变擦除"，添加到"视频 1"轨道上的两个素材之间，此时弹出"渐变擦除设置"对话框，如图 2-17 所示，单击"确定"按钮。

图 2-16　设置"泸沽湖 1"画面大小

图 2-17　设置"柔和度"为 10

7）在特效控制台窗口中设置"持续时间"为 3s，如图 2-18 所示。按〈空格〉键，观看转场效果。

8）在特效控制台窗口中选中"反转"复选框，如图 2-19 所示。按〈空格〉键，观看转场效果。

9）选中添加的转场，在特效控制台窗口中单击"自定义"按钮，打开"渐变擦除设置"对话框，设置"柔和度"为 35，如图 2-20 所示。

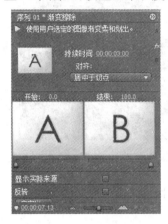  

图 2-18　设置转场持续时间　　图 2-19　选中"反转"复选框　　图 2-20　设置"柔和度"为 35

10）单击"确定"按钮，按〈空格〉键，预览转场效果。

实训 2　跟踪缩放转场

知识要点：添加跟踪缩放转场，设置转场参数，自定义转场的持续时间。

跟踪缩放转场是将素材 A 逐渐移远直至消失，以形成远视效果，最终将素材 B 的画面显示出来。最终效果如图 2-21 所示。

图 2-21　转场效果

制作跟踪缩放转场效果的具体操作过程如下。

1）启动 Premiere Pro CS5，新建一个名为"跟踪缩放转场"的项目文件。

2）执行菜单命令"文件"→"导入"，导入本书配套教学素材"项目 2\任务 1\素材"文件夹中的"劳作.jpg"和"日出.jpg"，如图 2-22 所示。

3）将导入的素材添加到"视频 1"轨道上，用鼠标右键单击"视频 1"轨道上的"劳作"，从弹出的快捷菜单中选择"缩放为当前画面大小"菜单项，将素材全屏显示，如图 2-23 所示。

图 2-22　素材

4）用鼠标右键单击"视频 1"轨道上的"日出"，从弹出的快捷菜单中选择"缩放为当前画面大小"菜单项，将素材全屏显示，如图 2-24 所示。

图 2-23　将"劳作"调整到全屏状态　　图 2-24　将"日出"调整到全屏状态

5）在效果窗口中选择"视频转换"→"缩放"→"缩放拖尾"，添加到"视频 1"轨道上的两个素材之间，如图 2-25 所示。

6）单击"播放/停止"按钮，转场效果如图 2-26 所示。

7）在特效控制台窗口中选中"显示实际来源"复选框，如图 2-27 所示。

8）在特效控制台窗口中单击"自定义"按钮，在"缩放拖尾设置"对话框中设置参数，如图 2-28 所示。

9）单击"确定"按钮，单击"播放/停止"按钮，预览转场效果如图 2-29 所示。

10）在特效控制台窗口中选中"反转"复选框，将"持续时间"调整为 5s，如图 2-30 所示。

11）单击"播放/停止"按钮，转场效果如图 2-21 所示。

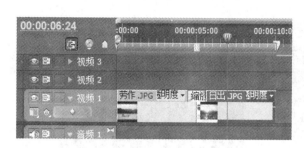

图 2-25 添加"缩放拖尾"转场

图 2-26 转场效果

图 2-27 选中"显示实际来源"复选框

图 2-28 "缩放拖尾设置"对话框

图 2-29 预览转场效果

图 2-30 选中"反转"复选框

实训 3　画轴卷动效果

知识要点：添加擦除转场效果并设置其参数，设置擦除转场持续时间，设置擦除转场方向。

利用擦除转场，通过制作画轴及设置相关参数，可以制作出画轴卷动效果。其最终效果如图 2-31 所示。

图 2-31　最终效果

制作画轴卷动效果的具体操作过程如下。

1）启动 Premiere Pro CS5，新建一个"视频 4"轨道，且名为"画轴卷动"的项目文件。

2）执行菜单命令"文件"→"导入"，导入本书配套教学素材"项目 2\任务 1\素材"文件夹中的"光环.jpg"，如图 2-32 所示。

3）在项目窗口中选择导入的素材，将其添加到"视频 2"轨道上，如图 2-33 所示，用鼠标右键单击添加的素材，从弹出的快捷菜单中选择"缩放为当前画面大小"菜单项，将该素材调整到全屏状态。

 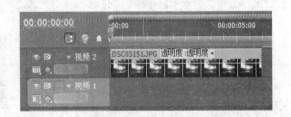

图 2-32　素材　　　　　　　　　　　　　图 2-33　添加素材 2

4）在特效控制台窗口中展开运动属性，取消"等比缩放"复选框，将"缩放宽度"和"缩放高度"分别设置为 85、90。

5）选中添加的素材，执行菜单命令"素材"→"速度/持续时间"，在打开的"素材速度/持续时间"对话框中设置"持续时间"为 12s，单击"确定"按钮，如图 2-34 所示。

图 2-34　调整速度后的素材

6）执行菜单命令"文件"→"新建"→"彩色蒙版"，打开"新建彩色蒙版"对话框，设置如图2-35所示，单击"确定"按钮。

7）打开"颜色拾取"对话框，将颜色设置为白色，如图2-36所示，单击"确定"按钮。

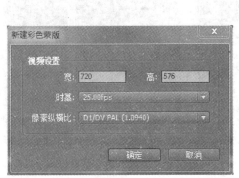

图2-35 "新建彩色蒙版"对话框

图2-36 "颜色拾取"对话框

8）打开"选择名称"对话框，在"选择用于新蒙版的名称"文本框中输入"白色蒙版"，单击"确定"按钮。

9）在项目窗口中将"白色蒙版"添加到"视频1"轨道中，用鼠标右键单击"白色蒙版"，从弹出的快捷菜单中选择"速度/持续时间"对话框。

10）打开"素材速度/持续时间"对话框，设置"持续时间"为12s，单击"确定"按钮，如图2-37所示。

11）选中"白色蒙版"素材，在特效控制台窗口中展开运动属性，取消"等比缩放"复选框，将"缩放宽度"和"缩放高度"分别设置为50、92。

12）按〈Ctrl+T〉组合键，打开"新建字幕"对话框，在该对话框的"名称"文本框中输入"画轴"，如图2-38所示，单击"确定"按钮，进入字幕编辑窗口。

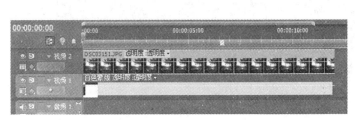

图2-37 加入并调整后的素材

图2-38 "新建字幕"对话框

13）在工具栏中选择"矩形工具"，在字幕编辑窗口的上方绘制一个矩形（系统默认填充白色），如图2-39所示。

14）使用矩形工具在新建的矩形上再绘制一个矩形，填充颜色，填充类型为"实色"，颜色为"黑色"，选中"光泽"复选框，如图2-40所示。

15）在工具栏中选择"椭圆"工具，在矩形的旁边绘制一个椭圆形，填充颜色，填充类型的"色彩"为黑色，外描边的"色彩"为白色，如图 2-41 所示。

图 2-39　绘制的矩形

图 2-40　绘制并填充矩形

图 2-41　绘制并填充椭圆形

16）用鼠标右键单击椭圆形，从弹出的快捷菜单中选择"复制"菜单项，用同样方法，从弹出的快捷菜单中选择"粘贴"菜单项，将复制出一个椭圆形，将其移到矩形的另一边，效果如图 2-42 所示。

17）关闭字幕编辑窗口，返回到 Premiere Pro CS5 的工作界面。

18）在项目窗口中将"画轴"添加到"视频 3"和"视频 4"轨道上，调整其持续时间与"视频 1"轨道上素材的持续时间等长，如图 2-43 所示。

19）选中"视频 3"轨道上的素材，在特效控制台窗口中展开"运动"属性，将当前时间指针移到 0s 的位置，参数设置为默认值，单击"位置"左侧的"切换动画"按钮，添加第 1 个关键帧。

图 2-42 复制并移动椭圆形

20）将当前时间指针移到 12s 的位置，设置参数为（360，820），如图 2-44 所示，添加第 2 个关键帧。

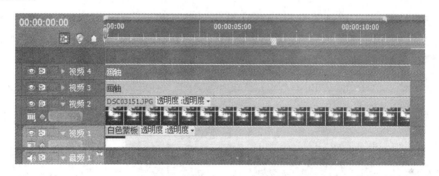

图 2-43 添加素材并调整持续时间

21）在效果窗口中选择"视频转换"→"擦除"选项，将其中的"擦除"转场添加到"视频 1"和"视频 2"轨道的素材上。

22）分别选中添加的转场，在特效控制台窗口中，单击"从北到南"按钮，持续时间设置为 12s，如图 2-45 所示。

23）单击"播放/停止"按钮，效果如图 2-31 所示。

实训 4 画中画效果

知识要点：添加缩放转场效果，设置转场持续时间。

所谓的画中画效果实际上就是在一个背景的画面上叠加一个比背景画面小的画面效果。不论是静态的文件，还是动态的文件，都可以实现画中画的效果。它们可以实现缩放、旋转或者任意方向上的运动等。

两个图像的画中画效果是画中画效果中最为基本的效果，其效果如图 2-46 所示。实现该效果的具体操作步骤如下。

1）启动 Premiere Pro CS5，新建一个名为"画中画效果"的项目文件。

2）执行菜单命令"文件"→"导入"，导入本书配套教学素材"项目 1\任务 2\素材"文件夹中的"练习素材.avi"视频素材。

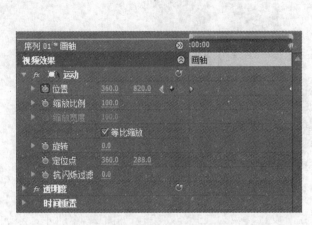

图 2-44　添加第 2 个关键帧

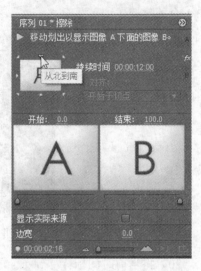

图 2-45　单击"从北到南"按钮

3）在项目窗口双击"练习素材"，将其在源监视器窗口中打开。

4）在源监视器窗口选择入点 10：15 及出点 16：06s，如图 2-47 所示，按住"仅拖动视频"按钮将其拖到时间线的"视频 1"轨道上，与起始位置对齐。

图 2-46　最后的效果

图 2-47　单击"仅拖动视频"按钮

5）在源监视器窗口选择入点 22：09 及出点 28：00s，按住"仅拖动视频"按钮将其拖到时间线的"视频 2"轨道上，与起始位置对齐。

6）在效果窗口中选择"视频切换"→"缩放"→"缩放"，添加到"视频 2"轨道上片段的开始位置。

7）双击图片上的效果部分，在特效控制台窗口中将"持续时间"设置为 5：17，勾选"显示实际来源"复选框，设置"开始"与"结束"参数为 40，"边色"为白色，"边宽"为3，拖动左图上的小圈，将画中画移动到合适的位置，如图 2-48 所示。

8）素材在时间线上的效果如图 2-49 所示。

图 2-48 特效控制台窗口

图 2-49 素材在时间线上的效果

9）保存文件，按〈空格〉键预览，最后的效果如图 2-46 所示。

综合实训

实训目的

通过本实训项目使学生能进一步掌握特技的使用，能在实际项目中运用特技效果制作电子相册。

实训 1 丽江古城

实训情景设置

用在丽江古城拍摄的照片制作一个电视风光片，该项目的要点是新建项目、导入素材、安装插件、片头制作、录音、添加复述性文字、添加音乐、编排素材、制作图像运动效果、添加特技特效、制作片尾字幕及输出影片。

阅读材料：丽江瑞云缭绕、祥气笼罩，鸟儿在蓝天、白云间鸣啭，牛、羊在绿草红花中徜徉，人们在古桥流水边悠闲，阳光照耀着生命的年轮，雪山涧溪洗涤着灵魂的尘埃。在那里，只有聆听，只有感悟，只有凝视人与自然那种相处的和谐，那种柔情的倾诉，那种深深的依恋，把这些统统加在一起，这就是丽江。

操作步骤

1. 新建项目并导入素材

具体操作步骤如下。

1）启动 Premiere Pro CS5，打开"新建项目"对话框，在"名称"文本框中输入文件名，设置文件的保存位置，单击"确定"按钮。

2）打开"新建序列"对话框，在"序列预置"选项卡下选择"有效预置"为"DV-PAL"的"标准 48kHz"选项，在"序列名称"文本框中输入序列名，如图 2-50 所示。

图 2-50　输入序列名称

3）单击"确定"按钮，进入 Premiere Pro CS5 的工作界面。

4）执行菜单命令"文件"→"导入"或按〈Ctrl+I〉组合键，打开"导入"对话框，选择本书配套教学素材"项目 2\高原姑苏\素材"文件夹中的所有素材。

5）单击"打开"按钮，将所选的素材导入到项目窗口的素材库中，如图 2-51 所示。

2. 制作彩条

具体操作步骤如下。

1）执行菜单命令"文件"→"新建"→"彩条"，打开"新建彩条"对话框，在该对话框中选择"时基"为 25，如图 2-52 所示，单击"确定"按钮。新建的"彩条"会自动导入到项目窗口的素材库中。

图 2-51　项目窗口

图 2-52　"新建彩条"对话框

2）在项目窗口中选择"彩条"添加到"视频 1"轨道上，入点位置为 0s，如图 2-53 所示。

3．设计相册片头

具体操作步骤如下。

1）在项目窗口中选择"背景 2"添加到"视频 1"轨道上，入点与"彩条"结束位置对齐。

2）在项目窗口中选择"背景 1"，将其添加到"视频 1"轨道上，入点与"背景 2"结束点对齐，如图 2-54 所示。

图 2-53　添加彩条

图 2-54　添加背景

3）在项目窗口中选择"水车"图片，将其添加到"视频 2"轨道上，起始位置与"背景 2"对齐，长度为 2s。

4）用鼠标右键单击轨道控制区域，从弹出的快捷菜单中选择"添加轨道"菜单项，打开"添加视音轨"对话框，在"视频轨"的添加文本框内输入 1 条视频轨，单击"确定"按钮。

5）在项目窗口分别选择"图片 1"、"图片 2"和"图片 3"，分别将其添加到"视频 2"、"视频 3"和"视频 4"轨道，"图片 1"的起始位置与"水车"的结束位置对齐，长度为 3：11，"图片 2"和"图片 3"的结束位置与"图片 1"的结束位置对齐，长度为 2：23，如图 2-55 所示。

6）在效果窗口中选择"视频切换"→"3D 运动"→"帘式"，添加到"水车"与"图片 1"之间。

7）选择"水车"，在特效控制台窗口展开"运动"，为"缩放比例"参数添加两个关键帧，时间为 4：20 和 5：10，将对应参数分别设置为 0 和 14，为"旋转"参数添加两个关键帧，时间为 4：20 和 5：18，将对应参数分别设置为 0 和 333°，如图 2-56 所示。

8）选择"图片 1"，在特效控制台窗口中展开"运动"，将"缩放比例"和"旋转"分别设置为 8 和-39°，为"位置"参数添加两个关键帧，时间分别为 7：08 和 9：23，对应参数分别设置为（-82.3，648.3）和（569.6，133.6），如图 2-57 所示。

9）在工具箱中选择"钢笔工具"，按〈Ctrl〉键，鼠标在"钢笔工具"图标附近出现加号，分别在"图片 1"的 9：21 和 10：04 位置上单击，加入两个关键帧，放开〈Ctrl〉键，拖曳终止点处的关键帧到最低点位置上。

10）选择"图片 2"，在特效控制台窗口中展开"运动"，将"缩放比例"和"旋转"分别设置为 8 和 39°，为"位置"参数添加两个关键帧，时间分别为 7：08 和 9：23，对应参数分别设置为（817.4，645.7）和（99.9，76），如图 2-58 所示。

图 2-55　添加图片

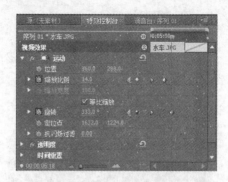

图 2-56　特效控制台窗口

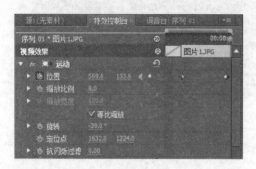

图 2-57　图片 1 的运动参数

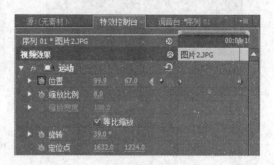

图 2-58　图片 2 的运动参数

11）在工具箱中选择"钢笔工具"，按〈Ctrl〉键，鼠标在"钢笔工具"图标附近出现加号，分别在"图片 2"的 9：21 和 10：04 位置上单击，加入两个关键帧，放开〈Ctrl〉键，拖曳终止点处的关键帧到最低点位置上。

12）选择"图片 3"，在特效控制台窗口中展开"运动"，将"缩放比例"设置为 8，为"位置"参数添加两个关键帧，时间分别为 7：08 和 9：23，对应参数分别设置为（347.5，-99.1）和（347.5，474.9），如图 2-59 所示。

13）在工具箱中选择"钢笔工具"，按〈Ctrl〉键，鼠标在"钢笔工具"图标附近出现加号，分别在"图片 3"9：21 和 10：04 位置上单击，加入两个关键帧，放开〈Ctrl〉键，拖曳终点处的关键帧到最低点位置上。

14）执行菜单命令"字幕"→"新建字幕"→"默认静态字幕"，打开"新建字幕"对话框，设置参数如图 2-60 所示。

15）单击"确定"按钮，进入字幕编辑窗口，在工具栏中选择文本工具，在"字幕工作区"中输入文字"丽江古城"。

16）选择文字"丽江古城"，单击"字体"右侧的下拉按钮，在弹出的下拉列表中选择需要的字体类型 HYTaiJiJ。

17）"字体大小"分别为 100，"字幕样式"选择"方正金质大黑"，设置字体后的文字效果，如图 2-61 所示。

18）关闭字幕编辑窗口，返回 Premiere Pro CS5 的工作界面，创建的字幕文件会自动导入到项目窗口中。

图 2-59　图片 3 的运动参数

图 2-60　"新建字幕"对话框

19）在项目窗口中选择字幕"片头字幕"，将其添加到"视频 2"轨道上，入点位置与"图片 1"结束点对齐，长度为 4∶16。

20）在效果窗口中选择"视频切换"→"3D 运动"→"立方体旋转"，添加到"片头字幕"起始位置上。

21）在效果窗口中选择"视频切换"→"3D 运动"→"旋转"，添加到"片头"结束位置上，如图 2-62 所示。

图 2-61　字幕效果

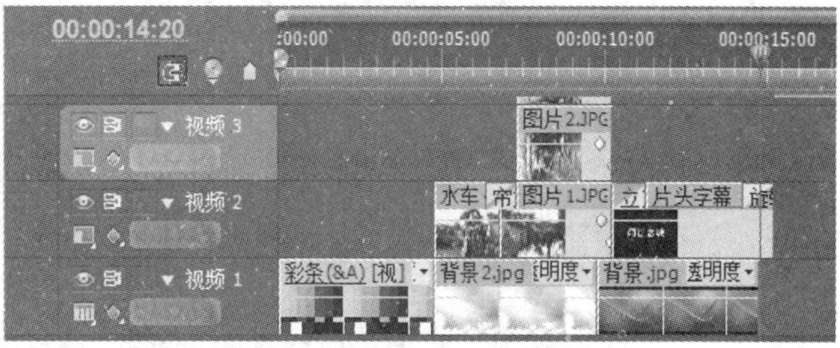

图 2-62　片头字幕位置

22）在效果窗口中选择"视频特效"→"Trapcode"→"Shine"效果添加到"片头字幕"上。在特效控制台窗口中展开"Shine"选项，为"Source Point"参数添加两个关键帧，其时间为 11∶11 和 13∶11，参数为（126.1，289.3）和（596.4，281.4）。为"Ray Length"添加 4 个关键帧，其时间为 11∶07、11∶12、13.11 和 13∶16，参数为 0、6、6 和 0。

23）将"Colorize"→"Base On…"设置为 Lightness，Highlights、Shadows 设置为白色，"Colorize…"设置为 3-Color Gradient，"Transfer Mode"设置为 Overlay，如图 2-63 所示。

4. 录音

在"音频硬件设置"对话框窗口中对轨道录音设定基本参数。如 ASIO，设置音频输入设备。

1）执行菜单命令"编辑"→"首选项"→"音频硬件"，打开"首选项"对话框，如图 2-64 所示。

图 2-63　Shine 参数

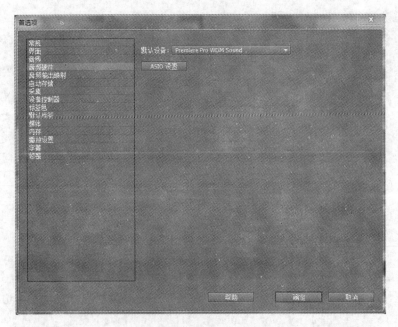

图 2-64　"首选项"对话框

　　2）单击"ASIO 设置"按钮，打开"音频硬件设置"对话框，单击"输入"选项卡，在"启用设备"中选中"传声器"选项，如图 2-65 所示，单击"确定"→"确定"按钮。

　　ASIO：Audio Stream Input Output，该设置取决于计算机中音频硬件和驱动程序的设定，与 Premiere Pro CS5 没有直接关系。

　　3）单击"调音台：序列 01"选项卡，打开调音台窗口，在调音台窗口的录制轨道上选择"激活录制轨"按钮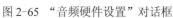，激活录音功能。在按钮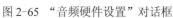上方的小窗口中指定音频硬件，如图 2-66 所示。

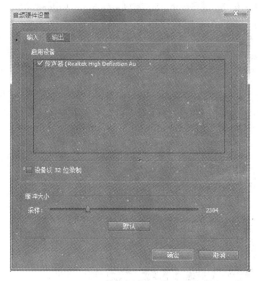

图 2-65 "音频硬件设置"对话框

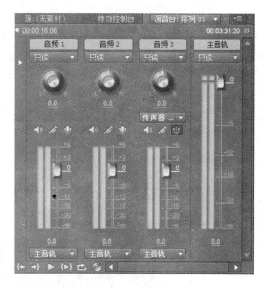

图 2-66 调音台

4）在调音台窗口中单击"录音"按钮 → "播放"按钮 ，开始录音。录音结束单击按钮"停止"。反复录制，直到录完、满意为止。

注：本实训用 Audition 3.0 软件录制配音，录制完后经过处理，混缩存为 mp3 文件。导入到 Premiere Pro CS5 的项目窗口，再拖动到"音频 1"轨道上，起始位置与片头字幕的结束位置对齐，如图 2-67 所示。

图 2-67 插入配音

丽江古城的解说词：具有 800 多年历史的丽江古城，座落在丽江坝子中部，面积约 3.8 平方公里，始建于南宋末年，是元代丽江路宣抚司，明代丽江军民府和清代丽江府驻地。丽江古城选址独特，布局上充分利用山川地形及周围自然环境，北依象山、金虹山，西枕猴子山，东面和南面与开阔坪坝自然相连，既避开了西北寒风，又朝向东南光源，形成坐靠西北，放眼东南的整体格局。发源于城北象山脚下的玉泉河水分三股入城后，又分成无数支流，穿街绕巷，流布全城，形成了"家家门前绕水流，户户屋后垂杨柳"的诗画图。街道不拘于工整而自由分布，主街傍水，小巷临渠，300 多座古石桥与河水、绿树、古巷、古屋相依相映，极具高原水乡古树、小桥、流水、人家的美学意韵，被誉为"东方威尼斯"、"高原姑苏"。丽江充分利用城内涌泉修建的多座"三眼井"，上池饮用，中塘洗菜，下流漂衣，是纳西族先民智慧的象征，是当地民众利用水资源的典范杰作，充分体现人与自然和谐统一。古城心脏四方街明清时已是滇西北商贸枢纽，是茶马古道上的集散中心。

1986 年国务院公布为中国历史文化名城；1997 年 12 月 4 日，被联合国教科文组织正式批准列入《世界遗产名录》清单，成为全国首批受人类共同承担保护责任的世界文化遗产城市；2001 年 10 月，被评为全国文明风景旅游区示范点；2002 年，荣登"中国最令人向往的10 个城市"行列。

5．添加音乐

1）在项目窗口中双击"星空.mp3"，将其插入源监视器窗口，设置入点为 0：21，出点为 11：08，将其拖到"音频 1"轨道上，与片头对齐，在 13：21 处制作一个淡出效果，如图 2-68 所示。

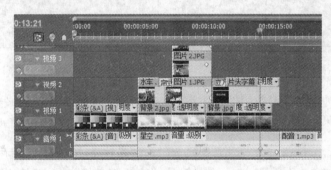

图 2-68　添加片头音乐

2）在源监视器窗口，设置入点为 14：22、出点为 3：30：17，将其拖到"音频 2"轨道上，与片头结束点对齐，并在最后 2s 添加淡出，如图 2-69 所示。

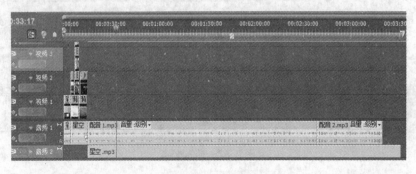

图 2-69　添加音乐

3）降低背景音乐的音量，使背景音乐低于解说词的音量。用鼠标右键单击"音频 2"轨道上的音乐，从弹出的快捷菜单中选择"音频增益"菜单项，打开"音频增益"对话框，调节"设置增益为"-15dB，如图 2-70 所示，单击"确定"按钮。

6．复述性字幕

1）执行菜单命令"字幕"→"新建字幕"→"默认静态字幕"，打开"新建字幕"对话框，在其"名称"中输入"1"，单击"确定"按钮。

2）打开"字幕"对话框，当前默认为英文字体，单击上方水平工具栏中的 Courier ▾ 右边的小三角形，在弹出的快捷菜单中选择"经典粗黑简"。

3）在"字幕属性"中，设置"字体大小"为 35。单击屏幕中左下部位置，将解说稿上的解说词一段一段地复制到其中，删除标点符号。

图 2-70 "音频增益"对话框

4）在"字幕属性"中，设置"描边"为"外侧边"，其"类型"为"边缘"，"大小"为30，"颜色"为"黑色"，如图 2-71 所示。

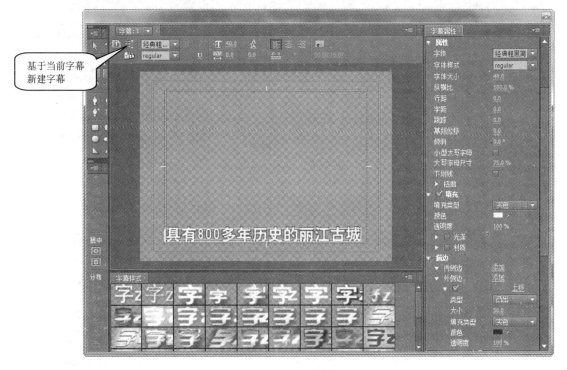

图 2-71 设置字幕属性

5）制作完一段字幕后，单击"基于当前字幕新建字幕"按钮，打开"新建字幕"对话框，在"名称"文本框内输入"2"，单击"确定"按钮。

6）将第 2 段字幕复制并覆盖第 1 段字幕，如图 2-72 所示。重复第 5）～6）步，以此类推，直到解说词制作完成为止。

7）关闭字幕设置窗口，在项目窗口新建一个名为"字幕"的文件夹，将解说词字幕1～46 拖到其中。在时间线窗口中将当前时间指针定位到 15：07 位置。

8）将"1～46"字幕添加到"视频 2"轨道中，使其开始位置与当前时间指针对齐，适当调节字幕的长度与解说词配音语速一致，如图 2-73 所示。

7. 画面编辑

画面与声音要声画对位，声画对位是指声音和画面以同一个纪实内容为中心，在各自独立表现的基础上，又有机地结合起来的表现形式。

图 2-72　字幕设计窗口

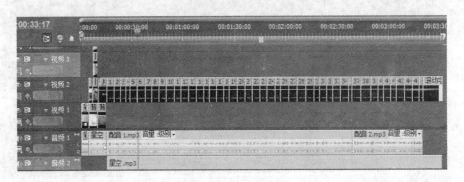

图 2-73　添加字幕

1）在项目窗口中选择"全景"添加到"视频 1"轨道上，入点位置与"背景 1"对齐，设置持续时间为 4：15s。

2）在特效控制台中展开"运动"选项，取消"等比缩放"复选框的勾选，为"缩放高度"、"缩放宽度"参数添加两个关键帧，时间分别为 15：14 和 18：14，对应参数分别设置为（200，200）和（109，100），如图 2-74 所示。

3）在项目窗口中选择"木府 3"添加到"视频 1"轨道上，入点位置与"全景"对齐，将画面调整为满屏，设置其持续时间为 3：24。

4）在效果窗口中选择"视频切换"→"叠化"→"交叉叠化"，添加到"全景"与"木府 3"的中间位置。

5）在项目窗口中选择"雕塑"，添加 4 次到"视频 1"轨道上，入点位置前一画面对齐，设置其持续时间分别为 1：02、1：14、1：13 和 1：16，如图 2-75 所示。

图 2-74　设置全景缩放关键帧

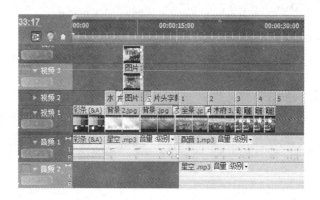

图 2-75　"雕塑"在时间线上的排列

6）在特效控制台窗口中分别设置"雕塑"的"缩放比例"为 100、80、50 和 25，其效果如图 2-76 所示。

图 2-76　设置"雕塑"的"缩放比例"

7）在项目窗口中选择"街道 1"添加到"视频 1"轨道上，入点位置与前一画面对齐，设置其持续时间为 5：16。

8）在特效控制台中展开"运动"选项，为"位置"、"缩放比例"参数添加两个关键帧，时间分别为 29：21 和 33：19，将"位置"参数分别设置为（590.3，404.8）和（272.7，208.4），"缩放比例"参数分别设置为 40、30，如图 2-77 和图 2-78 所示。

9）在项目窗口中选择"街道 2"添加到"视频 1"轨道上，入点位置与前一画面对齐，设置其持续时间为 4：21。

10）在特效控制台中展开"运动"选项，为"位置"、"缩放比例"参数添加两个关键帧，时间分别为 34：20 和 39：08，将"位置"参数分别设置为（-30.3，319.9）和

（442.4，226.9），"缩放比例"参数分别设置为50、30，如图2-79和图2-80所示。

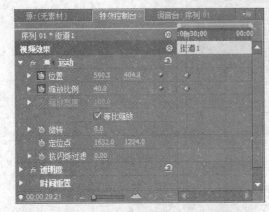

图2-77 设置"街道1"位置与缩放关键帧1

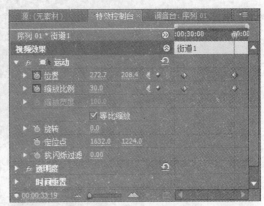

图2-78 设置"街道1"位置与缩放关键帧2

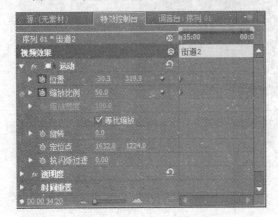

图2-79 设置"街道2"位置与缩放关键帧1

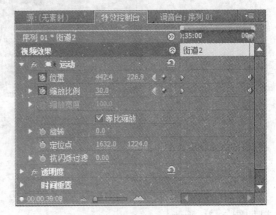

图2-80 设置"街道2"位置与缩放关键帧2

11）在项目窗口中选择"早晨的阳光"添加到"视频1"轨道上，入点位置与前一画面对齐，设置其持续时间为5：00。

12）在特效控制台中展开"运动"选项，为"位置"、"缩放比例"参数添加两个关键帧，时间分别为 39：24 和 44：01，将"位置"参数分别设置为（764.8，1179.9）和（355.2，306.6），"缩放比例"参数分别设置为100、25，如图2-81和图2-82所示。

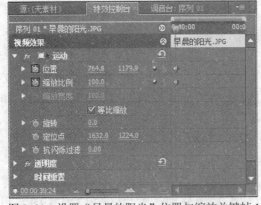

图2-81 设置"早晨的阳光"位置与缩放关键帧1

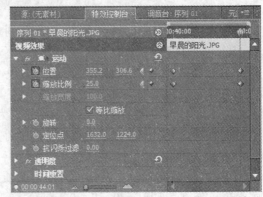

图2-82 设置"早晨的阳光"位置与缩放关键帧2

13）在项目窗口中选择"街道 3"添加到"视频 1"轨道上，入点位置与前一画面对齐，设置其持续时间为 5∶11。

14）在特效控制台中展开"运动"选项，为"位置"、"缩放比例"参数添加两个关键帧，时间分别为 45∶01 和 49∶08，将"位置"参数分别设置为（360，288）和（166.1，625.1），"缩放比例"参数分别设置为 25、100，其效果如图 2-83 所示。

图 2-83 运动效果

15）在项目窗口中选择"小山"添加到"视频 1"轨道上，入点位置与前一画面对齐，设置其持续时间为 4∶14。

16）在特效控制台中展开"运动"选项，为"位置"、"缩放比例"参数添加两个关键帧，时间分别为 50∶08 和 53∶20，将"位置"参数分别设置为（1130.9，861.3）和（357.6，285.3），"缩放比例"参数分别设置为 100、25。

17）在项目窗口中选择"花店"添加到"视频 1"轨道上，入点位置与前一画面对齐，设置其持续时间为 5∶00。

18）在特效控制台中展开"运动"选项，为"位置"参数添加两个关键帧，时间分别为 54∶23 和 59∶09，将"位置"参数分别设置为（311.5，357）和（730.9，-19.9），"缩放比例"参数分别设置为 50。

19）在项目窗口中选择"幽雅气息"添加到"视频 1"轨道上，入点位置与前一画面对齐，设置其持续时间为 5∶00。

20）在特效控制台中展开"运动"选项，为"位置"、"缩放比例"参数添加两个关键帧，时间分别为 1∶00∶06 和 1∶03∶15，将"位置"参数分别设置为（360，288）和（-318.8，-200.4），"缩放比例"参数分别设置为 24、67。

21）在项目窗口中选择"街道 4"添加到"视频 1"轨道上，入点位置与前一画面对齐，设置其持续时间为 6∶13。

22）在特效控制台中展开"运动"选项，为"位置"、"缩放比例"参数添加两个关键帧，时间分别为 1∶05∶07 和 1∶08∶12，将"位置"参数分别设置为（808.5，1217）和（360，296），"缩放比例"参数分别设置为 100、24。

23）在项目窗口中选择"古城水车"添加到"视频 1"轨道上，入点位置与前一画面对齐，设置其持续时间为 6∶02。

24）在特效控制台中展开"运动"选项，为"位置"、"缩放比例"参数添加两个关键帧，时间分别为 1：11：01 和 1：15：23，将"位置"参数分别设置为（417.5，330.5）和（360，296），"缩放比例"参数分别设置为 44、24。

25）在项目窗口中选择"水车"添加到"视频 1"轨道上，入点位置与前一画面对齐，设置其持续时间为 2：21。

26）在特效控制台中展开"运动"选项，将"缩放比例"参数设置为 24。

27）在效果窗口中选择"视频切换"→"3D 运动"→"旋转"，添加到"古城水车"与"水车"的中间位置。

28）在项目窗口中选择"古城小溪"添加到"视频 1"轨道上，入点位置与前一画面对齐，设置其持续时间为 3：15。

29）在特效控制台中展开"运动"选项，将"缩放比例"参数设置为 24。

30）在效果窗口中选择"视频切换"→"卷页"→"卷走"，添加到"水车"与"古城小溪"的中间位置。

31）在项目窗口中选择"水流"添加到"视频 1"轨道上，入点位置与前一画面对齐，设置其持续时间为 4：10。

32）在特效控制台中展开"运动"选项，为"位置"、"缩放比例"参数添加两个关键帧，时间分别为 1：24：09 和 1：26：21，将"位置"参数分别设置为（52.1，649.0）和（352.7，280），"缩放比例"参数分别设置为 95、25。

33）在效果窗口中选择"视频切换"→"擦除"→"插入"，添加到"古城小溪"与"水流"的中间位置。

34）在项目窗口中选择"垂杨柳"添加到"视频 1"轨道上，入点位置与前一画面对齐，设置其持续时间为 3：14。

35）在特效控制台中展开"运动"选项，将"缩放比例"参数设置为 24。

36）在效果窗口中选择"视频切换"→"滑动"→"拆分"，添加到"水流"与"垂杨柳"的中间位置。

37）在项目窗口中选择"街道 5"添加到"视频 1"轨道上，入点位置与前一画面对齐，设置其持续时间为 5：00。

38）在特效控制台中展开"运动"选项，为"位置"、"缩放比例"参数添加两个关键帧，时间分别为 1：32：12 和 1：35：07，将"位置"参数分别设置为（360，288）和（360，277.4），"缩放比例"参数分别设置为 100、26。

39）在项目窗口中选择"小巷"添加到"视频 1"轨道上，入点位置与前一画面对齐，设置其持续时间为 1：16。

40）在特效控制台中展开"运动"选项，将"缩放比例"参数设置为 25。

41）在效果窗口中选择"视频切换"→"卷页"→"翻页"，添加到"街道 5"与"小巷"的中间位置。

42）在项目窗口中选择"小巷 1"添加到"视频 1"轨道上，入点位置与前一画面对齐，设置其持续时间为 1：23。

43）在特效控制台中展开"运动"选项，将"缩放比例"参数设置为 25。

44）在项目窗口中选择"小桥"添加到"视频 1"轨道上，入点位置与前一画面对齐，设置其持续时间为 4：18。

45）在特效控制台中展开"运动"选项，为"位置"、"缩放比例"参数添加两个关键帧，时间分别为 1∶40∶11 和 1∶43∶07，将"位置"参数分别设置为（461.9，-71）和（360，285.3），"缩放比例"参数分别设置为 100、24。

46）在项目窗口中选择"小溪"添加到"视频 1"轨道上，入点位置与前一画面对齐，设置其持续时间为 4∶04。

47）在特效控制台中展开"运动"选项，为"位置"、"缩放比例"参数添加两个关键帧，时间分别为 1∶45∶08 和 1∶47∶22，将"位置"参数分别设置为（364.8，-102.2）和（343，301.3），"缩放比例"参数分别设置为 91、25。

48）在项目窗口中选择"小桥 1"添加到"视频 1"轨道上，入点位置与前一画面对齐，设置其持续时间为 4∶15。

49）在特效控制台中展开"运动"选项，为"位置"、"缩放比例"参数添加两个关键帧，时间分别为 1∶49∶21 和 1∶52∶15，将"位置"参数分别设置为（329.1，175.1）和（357.6，288），"缩放比例"参数分别设置为 88、25。

50）在项目窗口中选择"小溪 2"添加到"视频 1"轨道上，入点位置与前一画面对齐，设置其持续时间为 3∶07。

51）在特效控制台中展开"运动"选项，为"位置"、"缩放比例"参数添加两个关键帧，时间分别为 1∶54∶09 和 1∶56∶08，将"位置"参数分别设置为（360，288）和（630.4，545.4），"缩放比例"参数分别设置为 25、99。

52）在效果窗口中选择"视频切换"→"伸展"→"伸展"，将其拖到"小桥 1"与"小溪 2"的中间位置。

53）在项目窗口中选择"满城尽是黄金甲"添加到"视频 1"轨道上，入点位置与前一画面对齐，设置其持续时间为 5∶0。

54）在特效控制台中展开"运动"选项，将"缩放比例"参数设置为 102。

55）在项目窗口中选择"三眼井 1"添加到"视频 1"轨道上，入点位置与前一画面对齐，设置其持续时间为 4∶16。

56）在特效控制台中展开"运动"选项，为"位置"、"缩放比例"参数添加两个关键帧，时间分别为 2∶02∶18 和 2∶05∶15，将"缩放比例"参数分别设置为 200、102。

57）在效果窗口中选择"视频切换"→"3D 运动"→"旋转"，添加到"满城尽是黄金甲"与"三眼井 1"的中间位置。

58）在项目窗口中选择"三眼井"添加到"视频 1"轨道上，入点位置与前一画面对齐，设置其持续时间为 6∶15。

59）在特效控制台中展开"运动"选项，为"位置"参数添加两个关键帧，时间分别为 2∶07∶11 和 2∶10∶19，将"位置"参数分别设置为（360，511）和（364.8，46.5），"缩放比例"参数设置为 200，如图 2-84 和图 2-85 所示。

60）在效果窗口中选择"视频切换"→"3D 运动"→"翻转"，添加到"三眼井 1"与"三眼井"的中间，其运动效果如图 2-86 所示。

61）在项目窗口中选择"三眼井 2"添加到"视频 1"轨道上，入点位置与前一画面对齐，设置其持续时间为 5∶00。

62）在特效控制台中展开"运动"选项，去掉"等比缩放"前复选框的勾选，为"位置"、"缩放高度"和"缩放宽度"参数添加两个关键帧，时间分别为2：13：19和2：17：10，将"位置"参数分别设置为（360，288）和（550，89），"缩放高度"参数分别设置为100、200，"缩放宽度"分别设置为105、210。

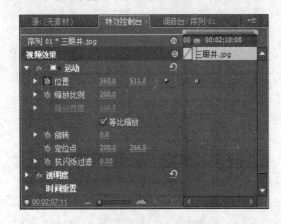 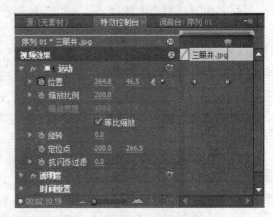

图 2-84 "三眼井"运动选项设置1　　　　　图 2-85 "三眼井"运动选项设置2

图 2-86 "三眼井"运动效果

63）在项目窗口中选择"丽江图片 1"添加到"视频 1"轨道上，入点位置与前一画面对齐，设置其持续时间为 5：00。

64）在特效控制台中展开"运动"选项，去掉"等比缩放"前复选框的勾选，将"缩放高度"和"缩放宽度"参数分别设置为 172、160。

65）在效果窗口中选择"视频切换"→"擦除"→"风车"，添加到"三眼井 2"与"丽江图片 1"的中间位置。

66）在项目窗口中选择"小溪 1"添加到"视频 1"轨道上，入点位置与前一画面对齐，设置其持续时间为 3：22。

67）在特效控制台中展开"运动"选项，将"缩放比例"参数设置为 25。

68）在效果窗口中选择"视频切换"→"擦除"→"螺旋框"，添加到"丽江图片 1"与"小溪 1"的中间位置。

69）在项目窗口中选择"四方街"添加到"视频 1"轨道上，入点位置与前一画面对齐，设置其持续时间为 3：07。

70）在特效控制台中展开"运动"选项，将"缩放比例"参数设置为136。

71）在效果窗口中选择"视频切换"→"滑动"→"滑动"，添加到"小溪 1"与"四方街"的中间位置。

72）在项目窗口中选择"四方街 1"添加到"视频 1"轨道上，入点位置与前一画面对齐，设置其持续时间为 5：00。

73）在特效控制台中展开"运动"选项，为"位置"、"缩放比例"参数添加两个关键帧，时间分别为 2：31：06 和 2：34：12，将"位置"参数分别设置为（370，15）和（353，293），"缩放比例"参数分别设置为 100、25。

74）在效果窗口中选择"视频切换"→"滑动"→"带状滑动"，添加到"四方街"与"四方街 1"的中间位置。

75）在项目窗口中选择"四方街 2"添加到"视频 1"轨道上，入点位置与前一画面对齐，设置其持续时间为 3：08。

76）在特效控制台中展开"运动"选项，为"缩放比例"参数添加两个关键帧，时间分别为 2：35：22 和 2：37：24，将"缩放比例"参数分别设置为 25、100。

77）在项目窗口中选择"雕塑 1"添加到"视频 1"轨道上，入点位置与前一画面对齐，设置其持续时间为 6：23。

78）在特效控制台中展开"运动"选项，为"位置"、"缩放比例"参数添加两个关键帧，时间分别为 2：39：18 和 2：44：05，将"位置"参数分别设置为（413.3，301.3）和（362.4，301.3），"缩放比例"参数分别设置为 53、25。

79）在项目窗口中选择"街道 6"添加到"视频 1"轨道上，入点位置与前一画面对齐，设置其持续时间为 5：00。

80）在特效控制台中展开"运动"选项，为"位置"、"缩放比例"参数添加两个关键帧，时间分别为 2：46：00 和 2：49：19，将"位置"参数分别设置为（246.1，357）和（360，298.6），"缩放比例"参数分别设置为 100、25。

81）在项目窗口中选择"瓦猫"添加到"视频 1"轨道上，入点位置与前一画面对齐，设置其持续时间为 3：05。

82）在特效控制台中展开"运动"选项，将"缩放比例"参数设置为25。

83）在效果窗口中选择"视频切换"→"滑动"→"中心合并"，添加到"街道 6"与"瓦猫"的中间位置。其效果如图 2-87 所示。

84）在项目窗口中选择"瓦猴"添加到"视频 1"轨道上，入点位置与前一画面对齐，设置其持续时间为 2：16。

85）在特效控制台中展开"运动"选项，将"缩放比例"参数设置为25。

86）在效果窗口中选择"视频切换"→"滑动"→"带状滑动"，添加到"瓦猫"与"瓦猴"的中间位置。其效果如图 2-88 所示。

87）在项目窗口中选择"木府 1"添加到"视频 1"轨道上，入点位置与前一画面对齐，设置其持续时间为 4：17。

88）在特效控制台中展开"运动"选项，去掉"等比缩放"前复选框的勾选，将"缩放高度"、"缩放比例"参数分别设置为137、127。

89）在效果窗口中选择"视频切换"→"缩放"→"缩放"，添加到"瓦猴"与"木府

1"的中间位置。

图 2-87 "中心合并"效果　　　　　　　　图 2-88 "带状滑动"效果

90）在项目窗口中选择"木府 2"添加到"视频 1"轨道上，入点位置与前一画面对齐，设置其持续时间为 3∶08。

91）在特效控制台中展开"运动"选项，去掉"等比缩放"前复选框的勾选，将"缩放高度"、"缩放比例"参数分别设置为 152、132。

92）在效果窗口中选择"视频切换"→"缩放"→"缩放拖尾"，添加到"木府 1"与"木府 2"的中间位置。

93）在项目窗口中选择"牌坊"，添加 4 次到"视频 1"轨道上，入点位置与前一画面对齐，设置其持续时间分别为 1∶20、1∶17、1∶18 和 1∶20。

94）在特效控制台窗口中展开"运动"选项，分别设置"牌坊"的"缩放比例"为 94、75、50 和 25。

95）在项目窗口中选择"街道 7"添加到"视频 1"轨道上，入点位置与前一画面对齐，设置其持续时间为 8∶07。

96）在特效控制台中展开"运动"选项，为"位置"、"缩放比例"参数添加两个关键帧，时间分别为 3∶11∶19 和 3∶16∶07，将"位置"参数分别设置为（-428，936）和（372，304），"缩放比例"参数分别设置为 100、25，如图 2-89 和图 2-90 所示。

图 2-89 "街道 7"运动选项设置 1　　　　　　图 2-90 "街道 7"运动选项设置 2

97）素材片段在时间线上的位置如图 2-91 所示。

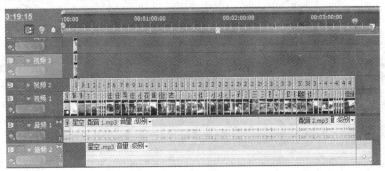

图 2-91　素材在时间线上的位置

8. 片尾的制作

1）在项目窗口中选择"肉石"添加到"视频 1"轨道上，入点位置与前一画面对齐，设置其持续时间为 4∶10。

2）在特效控制台窗口中展开"运动"选项，设置"肉石"的"缩放比例"为 25。

3）在效果窗口中选择"视频切换"→"擦除"→"双侧平推门"，添加到"街道 7"与"肉石"的中间位置。

4）在项目窗口中选择"城门"添加到"视频 1"轨道上，入点位置与前一画面对齐，设置其持续时间为 3∶03。

5）在特效控制台窗口中展开"运动"选项，设置"城门"的"缩放比例"为 25。

6）在项目窗口中选择"城门"添加到"视频 1"轨道上，入点位置与前一画面对齐，设置其持续时间为 3∶03。

7）在特效控制台窗口中展开"运动"选项，设置"城门"的"缩放比例"为 25。

8）在项目窗口中选择"木府 4"添加到"视频 1"轨道上，入点位置与前一画面对齐，设置其持续时间为 4∶14。

9）在特效控制台窗口中展开"运动"选项，去掉"等比缩放"前复选框的勾选，将"缩放高度"、"缩放比例"参数分别设置为 142、129。

10）执行菜单命令"字幕"→"新建字幕"→"默认滚动字幕"，在"新建字幕"对话框中输入字幕名称，单击"确定"按钮，打开字幕窗口，自动设置为纵向滚动字幕。

11）使用文字工具输入演职人员名单，插入赞助商的标志，输入其他相关内容，"字体"选择"FZXingKai-S04S"，字号为 45。

12）在"字幕属性"中，单击"描边"→"外侧边"→"添加"，"大小"设置为 25，如图 2-92 所示。

13）输入完演职人员名单后，按〈Enter〉键，拖动垂直滑块，将文字上移出屏为止。单击字幕设计窗口合适的位置，输入单位名称及日期，字号为 54，其余设置同上，如图 2-93 所示。

14）单击字幕窗口上方的"滚动/游动选项" ▦ 按钮，打开"滚动/游动选项"对话框。在对话框中勾选"开始于屏幕外"，使字幕从屏幕外滚动进入。设置完毕后，单击"确定"按钮即可，如图 2-94 所示。

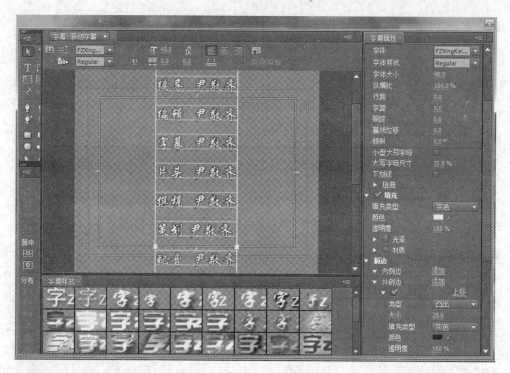

图 2-92 字幕属性的设置

图 2-93 制作单位及日期

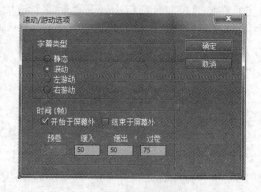

图 2-94 "滚动/游动选项"对话框

15）关闭字幕设置窗口，将当前时间指针定位到 3：19：17 位置，拖动"片尾"到时间线窗口"视频 2"轨道上的相应位置，使其开始位置与当前时间指针对齐，持续时间设置为12：00，如图 2-95 所示。

9. 输出

具体操作步骤如下。

1）执行菜单命令"文件"→"导出"→"媒体"，打开"导出设置"对话框。

2）在右侧的"导出设置"中单击"格式"下拉列表框，选择"MPEG2"选项，"预设"为"PAL DV 高品质"。

3）单击"输出名称"后面的链接，打开"另存为"对话框，在对话框中设置保存的名称和位置，单击"保存"按钮，如图 2-96 所示，单击"导出"按钮。

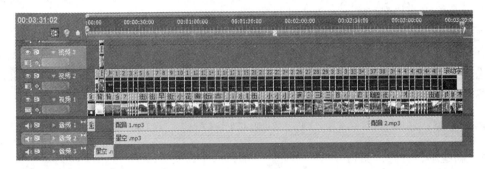

图 2-95　片尾的位置

图 2-96　输出设置

4）打开"编码 序列 01"对话框，开始输出，如图 2-97 所示。

实训 2　高原明珠——泸沽湖

实训情景设置

应用特效、特技、运动及抠像制作图片的电子相册，制作过程包括：新建项目，导入素材，制作图像运动效

图 2-97　编码输出

果，三维运动类及划像类等转场的运用，叠加的运用，制作标题字幕，添加标题字幕特效，添加音乐及输出影片。

阅读材料：泸沽湖古称为鲁窟海子，又名左所海，俗称为亮海，位于四川省凉山彝族自治州盐源县与云南省丽江市宁蒗彝族自治县之间。湖面海拔约 2690.75 米，面积约 48.45 平方公里。湖边的居民主要为摩梭人，也有部分纳西族人。摩梭人至今仍然保留着母系氏族婚姻制度。

操作步骤

1．新建项目并导入素材

制作风景电子相册，准备素材最重要，首先创建一个新的项目文件，将准备好的素材按照各自类别输入到项目窗口中，以便后面操作时使用。

1）启动 Premiere Pro CS5，打开"新建项目"对话框，在"名称"文本框中输入文件名，设置文件的保存位置，如图 2-98 所示，单击"确定"按钮。

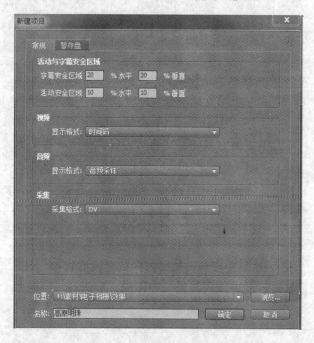

图 2-98 "新建项目"对话框

2）打开"新建序列"对话框，在"序列预置"选项卡下选择"有效预置"为"DV-PAL"的"标准 48kHz"选项，在"序列名称"文本框中输入序列名，如图 2-99 所示。

3）单击"确定"按钮，进入 Premiere Pro CS5 的工作界面。

4）在项目窗口中创建 4 个文件夹，分别为"图片"、"照片"、"音乐"和"字幕"，如图 2-100 所示。

5）用鼠标右键单击"音乐"文件夹，从弹出的快捷菜单命令中选择"导入"菜单项，打开"导入"对话框，选择本书配套教学素材"项目 2\泸沽湖\素材\音乐"文件夹中的"午后的旅行.mp3"音乐文件，如图 2-101 所示，单击"打开"按钮，输入文件。

图 2-99 "新建序列"对话框

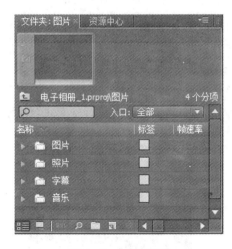

图 2-100 项目窗口

图 2-101 导入音乐素材

6）使用同样的方法将"图片"和"照片"文件夹中的资源文件也导入到相应的文件夹中。

2．准备字幕标题和视频背景

制作电子相册的视频内容，包括准备背景音乐，利用字幕制作标题文字，利用图片制作视频背景等。

1）双击项目窗口"音乐"文件夹中的"午后的旅行.mp3"音乐文件，在源监视器窗口中分别将音频的入点和出点设置为 2：00 和 1：50：24，将音频片段添加到时间线窗口的"音频 1"轨道中，并在前 2s 和后 2s 处添加淡入和淡出。

2）在屏幕中添加一个红色背景。执行菜单命令"文件"→"新建"→"彩色蒙版"，打开"新建彩色蒙版"对话框，设置"时基"为 25，单击"确定"按钮。

3）打开"颜色拾取"对话框，将颜色设置为大红色 RGB（255，32，32），如图 2-102 所示，单击"确定"按钮。打开"选择名称"对话框，在文本框中输入"红色背景"，单击"确定"按钮。在项目窗口中将"红色背景"添加到"视频 1"轨道中，与开始位置对齐。

4）将项目窗口"照片"文件夹中的"山水"添加到"视频 2"轨道中，同样将起始位置与视频开始位置对齐，如图 2-103 所示。

图 2-102　设置颜色

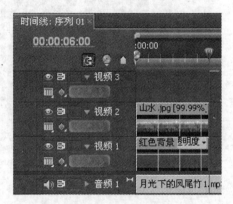

图 2-103　添加图片

5）当前图片大小为 700×438 像素，这比当前制作的 DV 视频尺寸 720×576 像素要小。在节目监视器窗口中选择图片对象，将鼠标指针移动到右下角的控制手柄上，拖动鼠标，调整图片大小，使之允满整个屏幕，如图 2-104 所示。

6）在效果窗口中选择"视频切换效果"→"叠化"→"附加叠化"，添加到"山水"的开始位置。在特效控制台窗口中，将"持续时间"调整为 2s，图像在红色背景上逐渐显示，最终覆盖红色背景，如图 2-105 所示。

图 2-104　调整图片大小

图 2-105　附加叠化

7）添加标题字幕。执行菜单命令"字幕"→"新建字幕"→"默认静态字幕"，在弹出的"新建字幕"对话框中，输入字幕名称"标题"，单击"确定"按钮。

8）在屏幕上部位置单击，输入"高原明珠"，选择"高原明珠"，单击上方水平工具栏中 Courier ▼ 右边的小三角形，在弹出的快捷菜单中选择"经典特黑简"，在"字幕样式"中，选择"汉仪凌波"样式。将当前字幕文字的"字体尺寸"设置为 56，"行距"、"字距"和"倾斜"分别设置为 22、11 和 22°，以得到倾斜的文字效果，如图 2-106 所示。

9）确认当前选择的是 ⊤ 工具，在当前文字下方再创建一个文字对象，输入文字"泸沽湖"。在"字幕样式"中，选择"方正金质大黑" 字 样式。字体设置为 FZZhongYi-M055，字体大小为 70，字距为 11，倾斜为-14°，如图 2-107 所示。

图 2-106　文字倾斜效果　　　　　　　图 2-107　设置文字参数后的效果

10）关闭字幕设置窗口，将时间线窗口中的当前播放指针定位到 2s 位置，也就是"视频 2"轨道中"附加叠化"转场完毕的时间。

11）将"标题"字幕添加到"视频 3"轨道中，使其开始位置与当前播放指针对齐，如图 2-108 所示。将播放指针定位到 5s 的位置，将当前字幕缩短至与播放指针对齐，如图 2-109 所示。

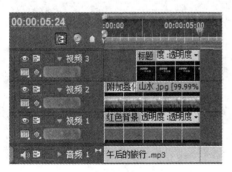
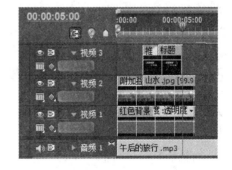

图 2-108　添加字幕　　　　　　　　　图 2-109　缩短字幕持续时间

12）在效果窗口中选择"视频切换"→"滑动"→"推"，添加到"标题"字幕的开始位置。

13）将项目窗口中"图片"文件夹中的"背景 1"添加到"视频 3"轨道中，与前面的字幕末端对齐。

14）在效果窗口中选择"视频切换"→"擦除"→"随机擦除"，添加到当前的图片与字幕之间，如图 2-110 所示。

15）在效果窗口中选择"视频特效"→"调整"→"基本信号控制"，添加到"背景1"上。

16）用鼠标右键单击"背景 1"，从弹出的快捷菜单中选择"速度/持续时间"菜单项，打开"素材速度/持续时间"对话框，将"持续时间"调整为 1∶44∶00，单击"确定"按钮。

17）将播放指针定位到 10∶21 的位置，在特效控制台窗口中单击"基本信号控制"下的"色相"左侧的按钮◎，开启关键帧状态，自动添加一个关键帧，参数设置为 300°，如图 2-111 所示。

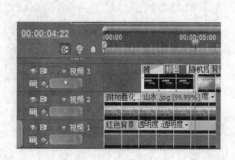

图 2-110　添加"随机擦除"转场特效

图 2-111　添加关键帧

18）将播放指针定位到 30∶02 的位置，"色相"参数设置为 0。由于"色调"参数的变化，在两个关键帧之间，图片会由红褐色经过粉色、蓝色而最终过渡到图片原本的绿色。将播放指针定位到 1∶48∶23 的位置，"色相"参数设置为-320°，如图 2-112所示。

3. 利用"颜色键"特效使照片与背景融合

利用"颜色键"特效将照片与背景融合在一起，形成虚边的自然过渡融合效果。

1）将播放指针定位到 6∶20 的位置，将项目窗口"照片"文件夹中的"彩云之南"添加到"视频 4"轨道中，与播放指针对齐，将照片缩小到与屏幕大小一致。

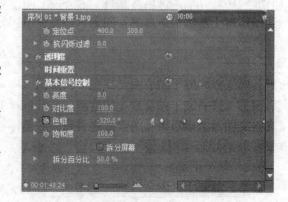

图 2-112　设置色相参数

2）用鼠标右键单击"彩云之南"，从弹出的快捷菜单中选择"速度/持续时间"菜单项，打开"素材速度/持续时间"对话框，将"持续时间"调整为 1∶42∶05，单击"确定"按钮。

3）选择照片"彩云之南"，在特效控制台窗口中为"比例"参数添加两个关键帧，时间分别为 6：20 和 9：05，对应的"比例"参数分别为 0 和 120，如图 2-113 所示。

4）在效果窗口中选择"视频特效"→"键"→"颜色键"，添加到"彩云之南"上。

5）在特效控制台窗口中展开"颜色键"参数，将"主要颜色"设置为黑色 RGB（0，0，0）。将"薄化边缘"设置为-5，"羽化边缘"设置为 50。为"颜色宽容度"参数添加两个关键帧，时间位置为 10：21、12：04 和 13：14，对应的"色彩宽容度"参数为 0、100 和 13，如图 2-114 所示。

图 2-113　设置比例参数　　　　　图 2-114　设置颜色键设置

6）为"位置"参数添加两个关键帧，时间分别为 12：04 和 14：10，"位置"参数分别设置为（360，288）和（550，288），使照片水平向屏幕右侧移动，如图 2-115 所示。

图 2-115　照片水平移动

7）将项目窗口中"图片"文件夹中的"雪花 3"添加到"视频 7"轨道中，将之与"视频 4"轨道中的照片的起始位置对齐，如图 2-116 所示。将播放指针定位到 28：04 的位置，延长"雪花 3"图片的长度，与播放指针对齐。

8）选择图片"雪花 3"，在特效控制台窗口中为位置参数添加两个关键帧，时间分别为 6：20 和 28：09，对应参数分别设置为（109，544）和（659，136），动画效果如图 2-117 所示，雪花图片由屏幕左下方移动到右上方。

9）分别为"缩放比例"、"旋转"参数添加两个关键帧，时间分别为 6：20 和 28：09，对应"缩放比例"参数分别设置为 10 和 50，图片由小逐渐变大。"旋转"参数分别设置为 0 和 2 圈，图像旋转起来。

图 2-116　添加图片

图 2-117　图片移动的动画效果

10）为"透明度"参数添加 4 个关键帧，时间分别为 6：20、8：24、24：10 和 28：09，对应参数分别设置为 0、100%、100%和 0，这样图片在开始和结束位置就会产生淡入和淡出的效果。

11）在效果窗口中选择"视频特效"→"键"→"色度键"，添加到"雪花 3"上。在特效控制台窗口中展开"色度键"参数，将"颜色"设置为黑色，"相似性"为 4。

12）将播放指针定位到 8：00 的位置，将"雪花 3"图片复制并粘贴到"视频 8"轨道中，并与播放指针对齐，如图 2-118 所示。

13）将项目窗口中的"图片"文件夹中的"花瓣-光晕 03"添加到"视频 11"轨道中，将之与"视频 8"轨道中图片的起始位置对齐。选择图片"花瓣-光晕 03"，在特效控制窗口中将"缩放比例"参数调整为 45。

14）为"位置"参数在开始和结束位置各添加一个关键帧，将坐标参数分别设置为（91，-50）和（91，300）。为"旋转"参数在开始和结束位置也同样各添加一个关键帧，将参数分别设置为 0 和 2×300°，这样花瓣图形就会边旋转边下落。为"透明度"参数添加 3 个关键帧，时间分别为 10：05、12：24 和 13：24，对应参数分别设置为 100%、50%和 0，如图 2-119 所示。花瓣图片下落并逐渐消失。

15）将项目窗口"图片"文件夹中的"花瓣 02"添加到"视频 12"轨道中，起始位置在 10：09，持续时间为默认的 6s。

16）在特效控制台窗口中将"比例"参数调整为 45。

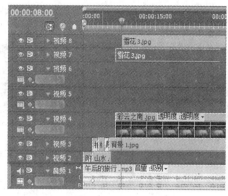

图 2-118　复制图片　　　　　　　　图 2-119　设置运动参数

17）为"位置"参数添加两个关键帧，时间分别为 10：09 和 16：08，对应参数分别设置为（500，-50）和（500，300）。

18）为"旋转"参数添加两个关键帧，时间分别为 10：09 和 16：08，对应参数分别设置为 0 和 2×300°。为"透明度"参数添加 3 个关键帧，时间分别为 12：24、15：08 和 16：08，对应参数分别设置为 100%、50%和 0。花瓣图片下落并逐渐消失。

19）将项目窗口"图片"文件夹中的"花瓣 01"添加到"视频 10"轨道中，起始位置在 12：00，持续时间为默认的 6s。

20）在特效控制台窗口中将"缩放比例"参数调整为 45。

21）为"位置"参数添加两个关键帧，时间分别为 12：00 和 17：24，对应参数分别设置为（200，-50）和（200，300）。为"旋转"参数添加两个关键帧，时间分别为 12：00 和 17：24，对应参数分别设置为 0 和 2×300°。为"透明度"参数添加 3 个关键帧，时间分别为 14：05、16：24 和 17：24，对应参数分别设置为 100%、50%和 0。花瓣图片下落并逐渐消失。

22）将项目窗口"图片"文件夹中的"花瓣 03"添加到"视频 11"轨道中，与前面的图形结束位置对齐。

23）在特效控制台窗口中将"缩放比例"参数调整为 45。

24）为"位置"参数添加两个关键帧，时间分别为 14：00 和 19：24，对应参数分别设置为（600，-50）和（600，300）。为"旋转"参数添加两个关键帧，时间分别为 14：00 和 19：24，对应参数设置为 0 和 2×300°。为"透明度"参数添加 3 个关键帧，时间分别为 16：05、18：09 和 19：24，对应参数分别设置为 100%、50%和 0。花瓣图片下落并逐渐消失。当前时间线窗口中的设置如图 2-120 所示。

4．添加泸沽湖照片

添加泸沽湖照片，分别为各个照片设置运动动画，添加视频特效，使照片之间自然过渡叠加。

1）将播放指针定位到 16：12 的位置，将项目窗口"照片"文件夹的"束光"添加到"视频 6"轨道中并与播放指针对齐，如图 2-121 所示。

2）选择图片"束光"，在"项目"窗口中分别为"位置"、"缩放比例"、"旋转"参数添加 4 个关键帧，具体设置如表 2-1 所示。

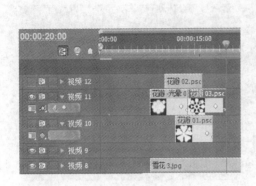

图 2-120　当前"时间线"窗口中的设置

图 2-121　添加照片 1

表 2-1　照片关键帧参数设置

关键帧时间参数	16：12	17：18	21：01	22：10
位置	（153，191）	（360，288）	（360，288）	（153，191）
缩放比例	11	80	95	10
旋转	1×0.0°	0°	0°	1×0.0°

3）激活"视频 12"轨道，将该轨道内的"花瓣 02"在本轨道内进行复制，与前面的图片对齐。激活"视频 10"轨道，将该轨道内的"花瓣 01"在本轨道内进行复制，与前面的图片对齐。激活"视频 11"轨道，将该轨道内的"花瓣 03"在本轨道内进行复制，与前面的图片对齐。

4）将"视频 11"轨道内前一段图片缩短至与"视频 10"轨道内两段图片分界处对齐，然后将本轨道内新复制的图片向左侧移动，与前方调整了长度的图片末端对齐。将"视频 8"轨道中的"雪花 3"图片复制到"视频 9"轨道中，与上方"视频 10"轨道中的图片分界位置对齐。使用同样的方法在"视频 11"中复制"花瓣 03"图片，与前面的图片对齐。

5）为了增加视频画面上的随机变化效果，将"视频 10"中的图片复制到"视频 12"轨道中，而将"视频 12"轨道中的图片复制到"视频 10"轨道中，如图 2-122 所示。

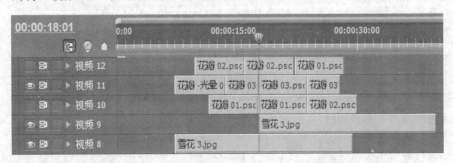

图 2-122　交换复制图片

6）将项目窗口"照片"文件夹中的"眺望"添加到"视频 5"轨道中，使其开始位置与"视频 6"轨道中的图片末端对齐。

7）选择图片"眺望"，在特效控制台窗口中将"缩放比例"参数设置为 40。

8）为"位置"参数添加 4 个关键帧，时间分别为 22：12、23：23、27：15 和 28：11，对应的坐标参数分别为（-180，186）、（400，186）、（500，186）和（900，186）。

9）将项目窗口"照片"文件夹中的"思"添加到"视频6"轨道中，使其开始位置与前面的图片末端对齐，如图2-123所示。

图2-123　添加照片2

10）选择图片"思"，在特效控制台窗口中将"比例"参数设置为40。

11）为"位置"参数添加4个关键帧，时间分别为22：12、23：23、27：15和28：11，对应的坐标参数分别为（900，400）、（350，400）、（250，400）和（-180，400），照片在屏幕上水平运动的动画效果如图2-124所示。分别激活"视频7"和"视频8"轨道，将其中的"雪花3"图片向后复制并对齐。

图2-124　照片水平移动动画效果

12）将"视频11"轨道中的"花瓣03"在本通道内进行复制，将前一段图片末端调整到28：00，将新复制的图片向左侧对齐。在"视频10"轨道中复制前面的"花瓣01"图片，将开始位置定位在32：00。在"视频12"轨道中复制前面的"花瓣02"图片，将开始位置定位在30：09，如图2-125所示。

13）将项目窗口"照片"文件夹中的"早晨"添加到"视频6"轨道中，使其开始位置与前面的图片末端对齐。用鼠标右键单击当前图片，从弹出的快捷菜单中勾选"缩放为当前画面大小"，使图片与画幅匹配（以后的照片与画幅匹配都可以这样操作）。

14）在效果窗口中选择"视频特效"→"变换"→"水平翻转"，添加到"早晨"图片上，使照片水平翻转。

15）为"位置"参数添加4个关键帧，时间分别为28：12、30：02、33：02和34：12，对应坐标参数分别为（360，850）、（360，288）、（360，288）和（360，850）。

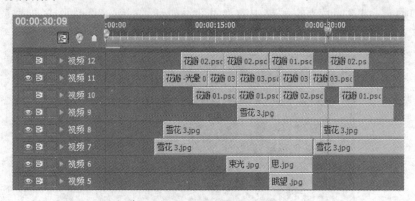

图 2-125　复制图片 1

16）在效果窗口中选择"视频特效"→"键"→"颜色键"，添加到当前图片上。

17）在特效控制台窗口中为"颜色键"参数添加两个关键帧，时间分别为 28：12 和 30：02，"主要颜色"由白色调整为蓝色 RGB（88，137，194），以使照片中的蓝色部分镂空。为"颜色宽容度"参数添加两个关键帧，时间分别为 30：02 和 31：16，将对应参数分别设置为 0 和 80。

18）为"羽化边缘"参数添加两个关键帧，时间同样分别为 30：02 和 31：16，将对应参数分别设置为 5 和 80。两关键帧对应照片效果如图 2-126 所示。

图 2-126　两关键帧对应的照片效果

19）将项目窗口"照片"文件夹中的"韵"添加到"视频 6"轨道中，使其开始位置与前面的图片末端对齐。

20）在效果窗口中选择"视频切换"→"3D 运动"→"摆入"，添加到当前图片上与前面图片的连接处，保持默认参数，如图 2-127 所示。

21）在效果窗口中选择"视频切换"→"滑动"→"多重旋转"，添加到当前图片的末端。

22）激活"视频 11"轨道，将该轨道中后两个图片序列同时选择，在后方复制 3 次，将"视频 9"、"视频 10"、"视频 12"轨道中的图片都在本轨道内向后复制。将"视频 10""花瓣 01"图片复制到"视频 12"中，将"视频 12""花瓣 02"图片复制到"视频 10"中，交换复制结果如图 2-128 所示。

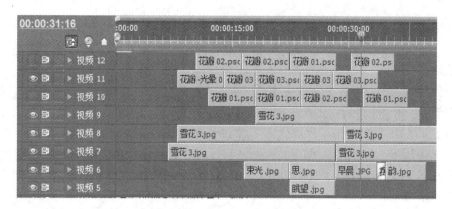

图 2-127　添加"摆入"视频特效

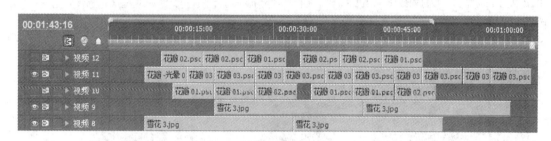

图 2-128　交换复制

23）将项目窗口"照片"文件夹中的"湖面"添加到"视频 6"轨道中，使其开始位置与前面的图片末端对齐。

24）在效果窗口中选择"视频切换"→"滑动"→"多重旋转"，添加到"湖面"图片的开始位置。

25）在效果窗口中选择"视频切换"→"滑动"→"斜插滑动"，添加到"湖面"图片的末端。

26）激活"视频 12"轨道，将播放指针定位到 50∶09 的位置，选择该轨中前面的"花瓣 02"，向播放指针位置复制两次。激活"视频 10"轨道，将播放指针定位到 52∶00 的位置，选择该轨中前面的"花瓣 01"，向播放指针位置复制两次，如图 2-129 所示。

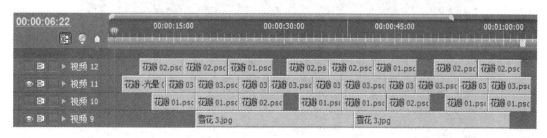

图 2-129　复制图片 2

27）将"视频 7"、"视频 8"和"视频 9"轨道中的"雪花 3"图片继续向后复制 3 次，将它们的结束位置全部缩短到 1∶50∶20 位置。

28）将项目窗口"照片"文件夹中的"静享"添加到"视频 6"轨道中，使其开始位置与前面的图片末端对齐。

29）在效果窗口中选择"视频切换"→"滑动"→"推"，添加到"静享"照片的开始位置和末端。

30）将项目窗口"照片"文件夹中的"山水间"添加到"视频 5"轨道中，使其开始位置与"视频 6"轨道中最后一张照片末端对齐。选择图片"山水间"，在特效控制台窗口中将"缩放比例"参数调整为 40，将"位置"参数设置为（496，193），如图 2-130 所示，效果如图 2-131 所示。

31）在效果窗口中选择"视频切换"→"滑动"→"滑动"，添加到"山水间"照片的开始位置和末端。

32）选择图片上的开始位置特效部分，在特效控制台窗口中部分选中"反转"复选框，如图 2-132 所示。选择图片上的结束位置特效部分，同样在特效控制台窗口中部分选中"反转"复选框。

图 2-130　调整图片的位置和大小　　　图 2-131　调整后的效果　　　图 2-132　选中"反转"复选框

33）将项目窗口"照片"文件夹中的"净"添加到"视频 6"轨道中，与前面的图片末端对齐，如图 2-133 所示。选择照片"净"，在特效控制台窗口中将"缩放比例"参数调整为 40，将"位置"参数设置为（242，389）。

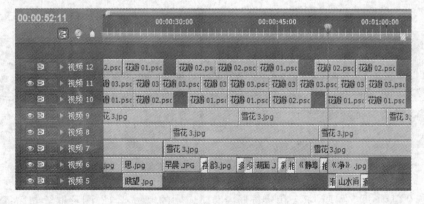

图 2-133　添加照片

34）在效果窗口中选择"视频切换"→"滑动"→"滑动"，添加到"婚纱样片 08"图片的开始位置和末端，默认其参数，如图2-134所示。

图2-134　添加"滑动"转场特效

35）将项目窗口"照片"文件夹中的"环抱"添加到"视频5"轨道中，与前面的图片末端对齐。调整照片大小，使照片充满整个屏幕。

36）在效果窗口中选择"视频切换"→"卷页"→"中心剥落"，添加到当前图片的开始位置，如图2-135所示。

图2-135　添加"中心剥落"转场特效

37）将播放指针定位到1：03：06的位置，将项目窗口"照片"文件夹中的"飞翔"添加到"视频6"轨道中，与播放指针对齐。

38）在效果窗口中选择"视频切换"→"滑动"→"滑动带条"，添加到当前图片的开始位置和末端，如图2-136所示。

图2-136　添加"滑动带条"转场特效

39）激活"视频11"轨道，将当前倒数第2较短的一段图片向后复制，将该轨道第1个图片"花瓣-光晕03"向后复制。

40）激活"视频12"轨道，按住〈Shift〉键，同时选择后3张图片，将之向后复制两次。激活"视频10"轨道，同样将后3张图片向后复制两次，如图2-137所示。

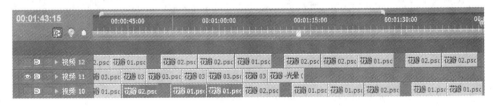

图2-137　复制图片3

41）选择"视频3"轨道中的"背景1"，再次添加5个关键帧，时间分别为30：09、36：00、1：00：09、1：32：24和1：48：28，设置对应的参数分别为-100°、-100°、-1×-140.0°、-220°和-111°。这样背景图像在整个视频播放期间的颜色变化将更为丰富。

42）将项目窗口"照片"文件夹中的"一榭春池"添加到"视频5"轨道中，与"视频

6"轨道中最后一张图片末端对齐。

43）在效果窗口中选择"视频切换"→"3D 运动"→"旋转"，添加到当前图片的开始位置。选择"视频切换"→"3D 运动"→"筋斗过渡"，添加到当前图片的结束位置，如图2-138 所示。

图 2-138　添加"筋斗过渡"转场特效

44）激活"视频 11"轨道，按照如图 2-139 所示，将前面两张向后复制。

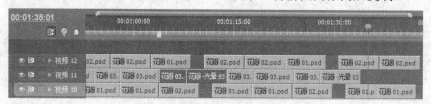

图 2-139　复制图片 4

45）将项目窗口"照片"文件夹中的"一棹春风"添加到"视频 6"轨道中，与"视频 5"轨道中最后一张照片末端对齐。选择照片"一棹春风"，在特效控制台窗口中为"位置"和"缩放比例"参数各添加 4 个关键帧，具体参数设置如表 2-2 所示。

表 2-2　关键帧参数设置

关键帧 时间参数	1：15：05	1：16：09	1：19：22	1：21：04
位置	(20，20)	(360，288)	(360，288)	(720，576)
缩放比例（高、宽）	10、12	100、120	100、120	10、12

46）激活"视频 11"轨道，按住〈Shift〉键，同时选择两张图片，将之向后复制，如图 2-140 所示。

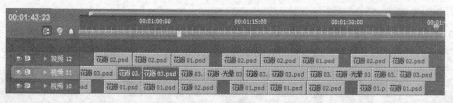

图 2-140　复制图片 5

47）按照如图 2-141 所示，按住〈Shift〉键的同时选择 3 个轨道中的图片，复制后激活"视频 10"轨道，粘贴复制的图片，与前面的图片末端对齐。

图 2-141　复制图片 6

48）将项目窗口"照片"文件夹中的"点缀"添加到"视频 5"轨道中，与"视频 6"轨道中最后一张图片末端对齐。选择照片"点缀"，在特效控制台窗口中为"位置"和"缩放比例"参数各添加 4 个关键帧，具体参数设置如表 2-3 所示。

表 2-3　关键帧参数设置

时间参数	关键帧 1：21：06	1：22：00	1：25：23	1：27：05
位置	（720，20）	（360，288）	（360，288）	（0，576）
缩放比例	10、12	100、120	100、120	1、12

49）将项目窗口"照片"文件夹中的"里格寨子"添加到"视频 5"轨道中，与前面图片的末端对齐。

50）在效果窗口中选择"视频切换"→"划像"→"星形划像"，添加到当前照片的开始位置，如图 2-142 所示。

5. 设计片尾字幕

利用一幅定格的照片并配合字幕文字，烘托出这个电子相册视频主题，表达美好祝愿，其中对照片要使用"颜色键"这个视频特效使之与背景融合。

1）将项目窗口"照片"文件夹中的"泸沽旭日"添加到"视频 5 轨道中，与前面图片的末端对齐。

2）将图片"泸沽旭日"的末端向后拖动，使之与"视频 4"中图片末端对齐，延长图片持续时间。

3）在效果窗口中选择"视频切换"→"擦除"→"时钟擦除"，添加到当前图片与前面图片的连接处，如图 2-143 所示。在效果窗口中选择"视频特效"→"键"→"颜色键"，添加到"泸沽旭日"上。

图 2-142　"星形划像"转场特效效果

图 2-143　添加"时钟擦除"转场特效

4）在特效控制台窗口中展开"颜色键"参数，为"主要颜色"参数添加两个关键帧，时间分别为 1：35：24 和 1：39：00，对应的"主要颜色"参数 RGB 为白色和（15，21，49），将"薄化边缘"设置为-5。

5）为"颜色宽容度"参数添加两个关键帧，时间分别为 1：35：24 和 1：37：09，对应的"颜色宽容度"参数分别为 0 和 50。为"羽化边缘"参数添加两个关键帧，时间同样分别为 1：35：24 和 1：37：09，对应的"薄化边缘"参数分别为 5 和 80，如图 2-144 所示。

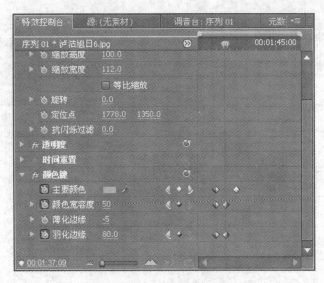

图 2-144 "颜色键"参数

6）执行菜单命令"字幕"→"新建字幕"→"默认静态字幕"，在弹出的"新建字幕"对话框中输入字幕名称"片尾"，单击"确定"按钮。

7）选择对话框左侧工具栏中的垂直文本按钮 T，在屏幕的左侧位置单击，输入文字"东方第一奇景，滇西北的一片净土"，将文字设置为中文的 HYTaiJiJ 和 HYLingXinJ。将当前字幕文字的"行距"和"字距"分别设置为 10 和 15，调整文字的行距和字距效果。分别选择其中各个文字，调整"字体尺寸"参数，各文字的尺寸设置如表 2-4 所示。在"字幕样式"中，选择"方正金质大黑"样式，如图 2-145 所示。

表 2-4 字幕中各个文字的尺寸设置

文字	滇	西	北	的	一	片	净	土	东	方	第	一	奇	景
字号	53	30	45	40	40	35	38	45	50	50	50	50	45	60

8）关闭字幕设置窗口，将时间线窗口中的播放指针定位到 01：38：13 的位置。

9）将新建的字幕添加到"视频 6"轨道中，使其开始位置与播放指针对，使其结束位置与"视频 5"轨道中的图片末端对齐。

10）在特效控制台窗口中展开"运动"选项，为"位置"参数添加两个关键帧，时间分别为 01：38：13 和 1：40：21，对应的参数分别为（82，288）和（360，288）。

11）单击"视频 6"轨道左边的"折叠/展开轨道"按钮▷，展开"视频 6"轨道，在工具箱中选择"钢笔工具"，按〈Ctrl〉键，鼠标在"钢笔工具"图标附近出现加号，在 1：46：22 和 1：48：22 的位置上单击，加入两个关键帧。

12）放开〈Ctrl〉键，拖终点的关键帧到最低点位置上，这样素材就出现了淡出的效果。

13）电子视频制作部分全部完成，此时，时间线的窗口设置如图 2-146 所示。

6．影片输出

影片输出的步骤如下：

1）执行菜单命令"文件"→"导出"→"媒体"，打开"导出设置"对话框。

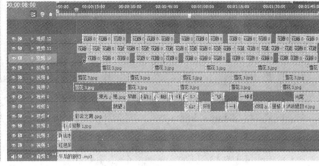

图 2-145　选择字幕样式　　　　　　　　　图 2-146　最终的"时间线"窗口设置

2）在右侧的"导出设置"中单击"格式"下拉列表框，选择"MPEG2"选项。

3）单击"输出名称"后面的链接，打开"另存为"对话框，在对话框中设置保存的名称和位置，单击"保存"按钮。

4）单击"预设"下拉列表框，选择"PAL DV 高品质"选项，如图 2-147 所示，单击"导出"按钮。

5）打开"编码序列 01"对话框，开始输出，如图 2-148 所示。

图 2-147　"导出设置"对话框　　　　　　　图 2-148　"编码序列 01"对话框

项目小结

体会与评价：完成这个任务后得到什么结论？有什么体会？完成任务评价表，如表 2-5 所示。

表2-5　任务评价表

项　目	内　　容	评价标准	得　分	结　论	体　会
1	丽江古城	5			
2	高原明珠——泸沽湖	5			
	总评				

课后拓展练习 2

学生自己动手拍摄照片，制作一个电子相册，要求写策划稿、制作片头、片尾、配解说词、添加字幕及音乐。

习题 2

1. 填空题

1）要使用两个相邻素材产生百叶窗转场效果，可添加_____转场。

2）_____转场类型表现了前一个视频剪辑融化消失，后一个视频剪辑同时出现的效果。

3）映射（Map）转场类型是使用影像_____作为影像图进行转场的。

2. 选择题

1）卷页项中共包括_____个卷页转场。

　　A. 6　　　　　　　B. 7　　　　　　　C. 5　　　　　　　D. 8

2）滑动转场类型采用像_____转场常用的方式那样进行过渡。

　　A. 幻灯片　　　　　B. 十字形　　　　　C. 矩形　　　　　D. X 形

3）按_____键拖动滑块可以使开始和结束滑块以相同的数值变化。

　　A.〈Alt〉　　　　　B.〈Shift〉　　　　C.〈Ctrl〉　　　　D.〈Tab〉

3. 问答题

1）如何将转场应用到时间线窗口的素材上？

2）在特效控制台窗口如何进行操作调整转场？

项目 3 电视栏目剧的编辑

项目导读

近年来，以重庆电视台播出的国内第一部真正意义上的栏目剧《雾都夜话》为代表的一系列电视栏目剧成为电视节目中的一大亮点，在保持较高收视率的同时引起了广泛的社会影响。栏目剧的出现，拓宽了中国电视节目的形态领域，改变了中国电视传统的话语方式。

《雾都夜话》问世至今已有十几年，然而关于电视栏目剧概念的标准阐释，至今在业界仍没有形成共识。《雾都夜话》的制片人曾在 2004 年国际情景剧研讨会上首次提出"电视栏目剧"的概念，即从内容上看，"它不是情景剧，不是喜剧，它是正剧"；从形式上看，具有"相对固定的时间、固定的长度，以栏目的形式加以发布"，更具体地说，栏目剧是以电视栏目的形式存在，具有统一的片头、主持人及由演员演绎的故事情节的电视节目形态。"栏目化"、"故事化"、"生活化"、"参与性"是它的基本要素，正是这几个因素使电视栏目剧得以蓬勃发展。栏目剧是以电视栏目的形式进行生产和播出的，有固定的制作班子、固定的节目样式和播出时间，制作周期短、成本低。可以说，栏目剧以栏目形式走向繁荣，占据了有利的时机。

技能目标

能使用特效修饰、修补图像，弥补图像的不足，使用键控进行抠像，完成栏目剧片头制作及栏目剧编辑。

知识目标

熟悉特效的分类。

掌握特效的施加、参数的设置及动画的创建。

学会正确使用特效。

学会使用特效创建动画。

学会常用键的使用。

依托项目

在电视栏目剧中，有各种各样方式的栏目剧出现在电视屏幕上，常常使观众耳目一新，产生激情。我们把电视栏目剧片头制作及栏目剧编辑当做一个任务。

项目解析

作为一个电视栏目剧，应该首先出现的是光彩夺目的背景及片名，为了使片头有动感、不呆板，需要将其做成动画，然后添加一些动态或光效，最后是栏目剧的编辑。我们可以将电视栏目剧分成几个子任务来处理，第一个任务是施加效果，第二个任务是视频合成，第三个任务是综合实训。

任务 3.1　施加效果

 问题的情景及实现

Premiere Pro CS5 包含了大量音频和视频效果，可以在项目中施加给素材片段，以增强其视觉上或音频的特性。还可以通过关键帧控制效果属性，从而产生动画。

3.1.1　效果施加方法

每个素材片段都包含一些基本属性，视频素材片段或静态图片素材片段包含位置、比例、旋转和定位点这几个运动属性以及不透明度属性，音频素材片段包含音量属性，影片素材片段包含以上视频素材片段和音频素材片段所具有的所有基本属性，这些基本属性被称为固定效果，是素材片段固有的基本属性，无法删除或施加。

除了素材片段的固定效果属性，还可以为素材片段施加基础效果。Premiere Pro CS5 中包含了大量的效果插件，甚至还支持使用 After Effects 和 Photoshop 中的效果及滤镜插件。在效果窗口中，展开"视频效果"文件夹或"音频效果"文件夹中的子文件夹，将其中的效果拖放到所需素材片段上，即可为其施加基础效果。

固定效果和基础效果都可以在特效控制台窗口进行调节设置。除此之外，还可以通过音频混合器窗口为音频轨道施加基于轨道的音频效果，可以在其中对效果属性进行调节。每个音频轨道最多支持 5 个基于轨道的音频效果。

要对多个素材片段的音频效果进行统一调节，既可以先将包含这些素材片段的序列进行嵌套，再为其施加音频效果，也可以为包含这几个素材片段的音频轨道施加基于轨道的音频效果。

1．使用效果窗口进行效果管理

基础效果以列表的方式存储于效果窗口中，按照两个主要类别存储于视频效果和音频效果两个文件夹中。在每个文件夹中，又按照不同分类，包含很多嵌套的子文件夹。在窗口上方的🔍后面输入效果名称或关键词，可以对所需效果进行搜索定位。可以添加新的文件夹，将使用频率比较高的效果放在其中。执行菜单命令"窗口"→"效果"，可以打开效果窗口，如图 3-1 所示。

在效果窗口的底端，单击"新建自定义文件夹"按钮🗂，可以在窗口中新建一个效果文件夹，可以通过双击将其激活，进行重命名。可以将常用效果拖放进来，生成一个效果复制的列表，方便调用。当不需要某自定义文件夹时，可以将其选中，单击效果窗口的底端的"删除自定义分项"按钮🗑，进行删除。

2．使用特效控制台窗口设置效果

当为素材片段施加了效果后，特效控制台窗口中会显示当前所选素材片段施加的所有效果。每个素材片段都包含固定效果：动作和不透明度效果在视频效果部分，而音量效果在音频效果部分。此外，还显示施加的基础效果，执行菜单命令"编辑"→"剪切/复制/粘贴/清

除"，可以对选中的效果在素材片段间进行剪切、复制、粘贴及清除的操作，其对应的快捷键分别为〈Ctrl+X〉、〈Ctrl+C〉、〈Ctrl+V〉和〈Delete〉。执行菜单命令"窗口"→"效果控制"，可以打开特效控制台窗口，如图3-2所示。

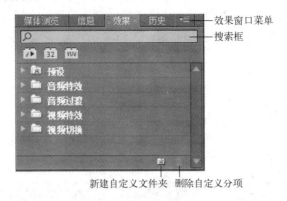

图 3-1　效果窗口

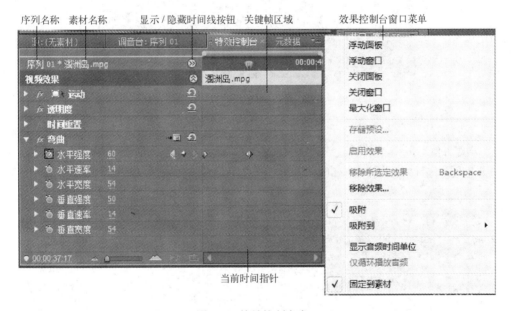

图 3-2　特效控制台窗口

特效控制台窗口包含了一个时间线、当前时间指针、缩放控制和一个类似时间线窗口中的导航区域。当在时间线窗口中选中一个素材片段时，特效控制台窗口会自动调整缩放级别，以使素材片段的长度与特效控制台窗口中的时间线区域相匹配。当使用关键帧为效果属性施加动画时，可以单击属性名称左边的三角形标记，展开其数值和速率图表，以对关键帧进行精细调整。还可以通过更改关键帧的插值方式，调节数值的变化速率。

当觉得设置的效果参数不符合需求，需要重新设置时，可以单击效果名称右侧的"重置"按钮，将效果参数还原为默认数值。当觉得设置的效果参数比较满意，并且希望保存设置时，先选中此效果，在特效控制台窗口的弹出式菜单中选择"保存预置"，打开"保存预置"对话框，在其中输入效果名称和相关描述，选择施加方式种类。设置完毕，单击"确定"按钮，此效果设置便被保存到效果窗口中的"预置"文件夹中，作为预置效果，可以随时调用。

3. 创建效果动画实践

Premiere Pro 中包含了大量的效果，可以通过为素材片段施加效果，使用关键帧控制效果属性的方式，制作丰富的效果动画。本节将通过制作"放大"、"裁剪"、"马赛克"、"圆形"和"边角固定"等效果，讲解应用效果并为效果设置动画的基本方法。

（1）放大效果

1）导入本书配套教学素材"项目 1\任务 2\素材"文件夹中的"练习素材"，在项目窗口中将素材添加到源监视器窗口中，选择 5s 的片段，按住"仅拖动视频"按钮，拖动到时间线窗口的"视频 1"轨道上，使其起始位置与 0 对齐。

2）在效果窗口中选择"视频特效"→"扭曲"→"放大"，添加到"视频 1"轨道的素材片段上，如图 3-3 所示。

图 3-3　添加扭曲特效

3）在特效控制台窗口中展开"放大"特效，单击其"放大率"和"大小"参数名称左边的"切换动画"按钮，激活"放大率"参数的关键帧功能，同时记录第 1 个关键帧。

4）将时间指针移动到 3∶00，更改"放大率"和"大小"参数的数值分别为 300 和 150，自动生成另一个关键帧，如图 3-4 所示。

图 3-4　更改"放大率"参数

5）单击"播放"按钮，预览效果。

（2）裁剪效果

成行地除去素材边缘的像素，以背景色填充替换。在特效控制台窗口中可以通过拖动滑块进行 4 个方向的设置，预览输出结果。

1）从"练习素材"中选择一段片段 11：04~15：03 添加到"视频 1"轨道中，在效果窗口中选择"视频特效"→"变换"→"裁剪"特效，添加到"视频 1"轨道上。

2）将当前时间指针拖动到 2：00 处，在特效控制台窗口中展开"裁剪"参数，为"顶部"和"底部"参数添加关键帧。

3）将当前时间指针拖动到 2：05 处，将"顶部"和"底部"参数设置为 50。

4）将当前时间指针拖动到 2：10 处，将"顶部"和"底部"参数设置为 0。

5）单击"播放"按钮，预览效果，如图 3-5 所示。

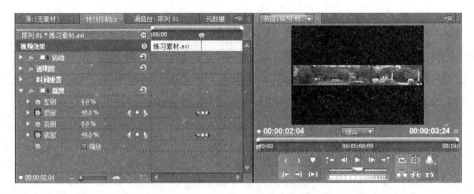

图 3-5　预览效果

（3）马赛克效果

使用固态颜色的长方形对素材画面进行填充，生成马赛克效果。

在新闻报道中，有时候为了保护被采访者，将被采访者的面貌用马赛克隐藏起来，其操作如下：

1）用鼠标右键单击项目窗口，从弹出的快捷菜单中选择"导入"菜单项，打开"导入"对话框，选择本书配套教学素材"项目 1\任务 2\素材"文件夹中的"练习素材"，单击"打开"按钮。

2）将"练习素材"拖到源监视器，设置入点为 33：10，出点为 36：21，将其拖到"视频 1"和"视频 2"轨道上，与起始位置对齐，如图 3-6 所示。

3）在效果窗口中选择"视频特效"→"风格化"→"马赛克"，添加到"视频 2"轨道的素材上。

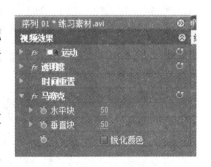

图 3-6　添加素材

4）在特效控制台窗口中展开"马赛克"特效，将"水平块"和"垂直块"参数调节为 50，如图 3-7 所示。

5）在效果窗口中选择"视频特效"→"键控"→"4 点无用信号遮罩"，添加到"视频 2"轨道的"练习素材"上。

6）在特效控制台窗口中选择"4 点无用信号遮罩"特效，在节目监视器中调节"4 点无用信号遮罩"4 个点的位置，使遮罩正好覆盖人的脸为止，添加关键帧，如图 3-8 所示。

7）按〈Page Down〉和〈←〉键，将播放指针移动到片段的末端，在节目监视器中调节

"4 点无用信号遮罩" 4 个点的位置，使遮罩正好覆盖人的脸为止，如图 3-9 所示。

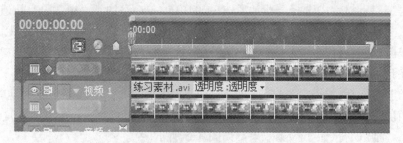

图 3-7　调节"马赛克"参数

图 3-8　调节起始端"4 点无用信号遮罩" 4 个点的位置

图 3-9　调节末端"4 点无用信号遮罩" 4 个点的位置

（4）圆形效果

创建一个自定义的圆形或圆环，操作步骤如下：

1）从"练习素材"中选择两段片段 33：10～36：21 和 00：00~3：17 分别添加到"视

频 2"、"视频 1" 轨道中，在效果窗口中选择"视频特效"→"生成"→"圆形"，添加到"视频 2"轨道上。

2）在特效控制台窗口中展开"圆形"参数，单击"混合模式"下拉列表，选择"模板 Alpha"，为"居中"参数添加两个关键帧，时间为 0 和 3∶17，对应的参数为（216，247）和（191，228）。"半径"设置为 75，"羽化外部"设置为 20，如图 3-10 所示。

图 3-10　圆形效果

（5）边角固定效果

通过改变画面 4 个边角的位置，对画面进行变形。使用此效果可以对画面进行伸展、收缩、倾斜或扭曲等变化效果。

1）从"练习素材"中选择两段片段 33∶10~36∶21 和 00∶00~3∶17 分别添加到"视频 2"、"视频 1"轨道中，在效果窗口中选择"视频特效"→"扭曲"→"边角固定"，添加到"视频 2"轨道上。

2）在特效控制台窗口中展开"边角固定"特效，为"右上"和"右下"参数添加两个关键帧，时间分别为 0 和 1∶00，对应的参数分别为默认值和［（323，109）、（323，471）］，效果如图 3-11 所示。

图 3-11　边角固定效果

3.1.2 实训项目

实训 1：水墨画效果

知识要点：添加并设置 Gamma 校正特效，添加并设置"查找边缘"特效。

利用 Gamma 校正特效和色边特效，通过设置相关参数，可以制作出水墨画效果。

制作水墨画效果具体操作过程如下：

1）启动 Premiere Pro CS5，新建一个名为"自制水墨画"的项目文件。

2）执行菜单命令"文件"→"导入"，导入本书配套教学素材"项目 1\任务 2\素材"文件夹中的"练习素材"。拖动项目窗口中的"练习素材"到源监视器窗口。

3）从源监视器窗口中剪辑 3 段素材（00：00～4：00, 10：15～14：14, 29：12～33：11），将其添加到"视频 1"轨道上，如图 3-12 所示。

4）在效果窗口中选择"视频效果"→"图像控制"→"灰度系数（Gamma）校正"，添加到"视频 1"轨道的第 1 段视频上，此时该素材上方会出现一条红色的直线。

5）选中添加了特效的素材，在特效控制台窗口中展开"灰度系数（Gamma）校正"特效，将灰度系数（Gamma）参数设置为 5，如图 3-13 所示。

图 3-12　添加素材

图 3-13　设置"Gamma 修正"选项

6）在效果窗口中选择"视频效果"→"风格化"→"查找边缘"，添加到"视频 1"轨道上的第 1 段视频上，在特效控制台窗口中展开"查找边缘"特效，将"与原始图像混合"参数设置为 10%，如图 3-14 所示。

7）同样方法，将"查找边缘"特效添加到"视频 1"轨道的第 2 段视频上，在特效控制台窗口中展开"查找边缘"参数，将"与原始图像混合"参数设置为 20%，如图 3-15 所示。

图 3-14　设置"查找边缘"选项 1

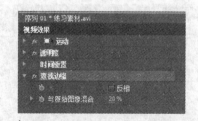

图 3-15　设置"查找边缘"选项 2

8）同样方法，将"查找边缘"特效将其添加到"视频 1"轨道的第 3 段视频上，在特效控制台窗口中展开"查找边缘"特效，将当前时间指针移到 8：01 的位置，参数设置为默认值，单击第 2 个选项左侧的"切换动画"按钮，添加第 1 个关键帧，如图 3-16 所示。

9）将当前时间指针移到 10：00 的位置，将"与原始素材"参数设置为 20%，如图 3-17

所示，添加第 2 个关键帧。

图 3-16　添加第 1 个关键帧

图 3-17　添加第 2 个关键帧

单击"播放/停止"按钮，效果如图 3-18 所示。

实训 2：水中倒影效果

知识要点：设置"位置"参数，添加垂直翻转特效并设置其参数，添加波浪特效并设置其参数。

利用垂直翻转特效和波浪特效可以制作出水中倒影效果。制作水中倒影效果的具体操作过程如下：

1）启动 Premiere Pro CS5，新建一个名为"水中倒影"的项目文件。

2）执行菜单命令"文件"→"导入"，导入本书配套教学素材"项目 3\特效\素材"文件夹中的"图 01.jpg"，如图 3-19 所示。

图 3-18　最终效果

图 3-19　素材

3）在项目窗口中选中导入的素材，将其添加到"视频 2"轨道上，如图 3-20 所示。

4）选中"视频 2"轨道上的素材，用鼠标右键单击此素材，从弹出的快捷菜单中选择"缩放为当前画面大小"菜单项，在特效控制台窗口中展开"运动"选项，设置参数如图 3-21 所示，调整其位置。

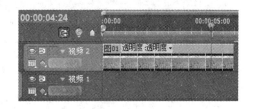

图 3-20　添加素材

5）在项目窗口同样选择此素材，将其添加到"视频 1"轨道上，用鼠标右键单击此素材，从弹出的快捷菜单中选择"缩放为当前画面大小"菜单项，在特效控制台窗口中展开"运动"选项，设置参数如图 3-22 所示，调整其位置。

6）在效果窗口中选择"视频特效"→"变换"→"垂直翻转"，添加到"视频 1"轨道的素材上，此时"视频 1"轨道上的素材已经垂直翻转，如图 3-23 所示。

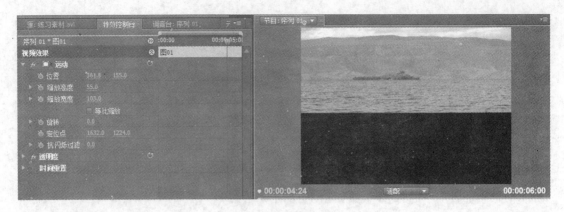

图 3-21 调整位置

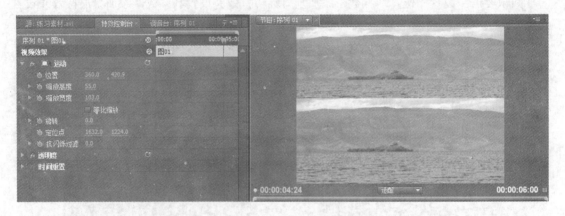

图 3-22 调整位置

7）在效果窗口中选择"视频特效"→"扭曲"→"波形弯曲"，添加到"视频 1"轨道的素材上，此时"视频 1"轨道上的素材已经具有了波浪效果，如图 3-24 所示。

图 3-23 垂直翻转特效

图 3-24 波浪特效

8）将当前时间指针移到 0s 的位置，在特效控制台窗口中展开"波形弯曲"特效，单击各选项左侧的"切换动画"按钮，添加第 1 组关键帧，如图 3-25 所示。

9）将时间线移到 2 秒的位置，设置"波形类型"为噪波，"波形高度"为 15，"波形宽度"为 50，"波形速度"为 1，"固定"为全部边缘，如图 3-26 所示，添加第 2 组关键帧。

图 3-25　添加第 1 组关键帧　　　　　　　　　图 3-26　添加第 2 组关键帧

10）将时间线移到 4 秒的位置，设置"波形类型"为圆形，"波形高度"为 10，"波形速度"为 2，"固定"为左侧边缘，如图 3-27 所示，添加第 3 组关键帧。

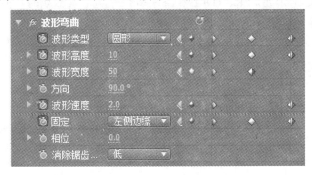

图 3-27　添加第 3 组关键帧

11）单击"播放/停止"按钮，效果如图 3-28 所示。

图 3-28　最终效果

任务 3.2　视频合成

 问题的情景及实现

合成分为两种方式，即叠加和抠像，Premiere Pro CS5 提供了多种方式进行键控特效。不同的键控方式适用于不同的素材。当使用一种模式不能实现完美的抠像效果时，可以尝试其他抠像方式，还可以对抠像过程进行动画处理。

3.2.1 合成概述

要进行叠加合成，一般情况下，至少需要在上下两轨道上安置素材，上面轨道的素材为抠像层，下面轨道的素材为背景层。这样，在为对象设置抠像特效后，可以叠加在背景层上。选择叠加素材后，在效果窗口中，选择"视频特效"→"键"选项，可以找到 Premiere Pro CS5 所提供的抠像特效。

作为一款功能强大的视频编辑软件，Premiere Pro CS5 还提供了基于轨道的合成功能，可以通过各种轨道透明方式，进行画面的叠加合成。

1．透明的基本原理

要从多层图像创建合成，其中的一个或多个图像必须包含透明，透明信息储存在其 Alpha 通道中。Alpha 通道是和 R、G、B 3 条通道并行的 1 条独立的 8 位或 16 位的通道，决定素材片段的透明区域和透明程度。

如果素材片段本身的 Alpha 通道不能满足需求，则可以使用蒙版（Mask）、遮罩（Matte）或抠像（Keying）的方法来创建透明区域。

- 蒙版（Mask）：开放或闭合的路径，由闭合路径组成的遮罩可以决定素材片段的透明区域，以此来更改其 Alpha 通道。
- 遮罩（Matte）：一个素材片段的某条通道决定这个素材片段或其他素材片段的透明区域。当一个素材片段的某条通道与所需透明区域相吻合时，可以将这个素材片段作为遮罩使用。
- 抠像（Keying）：以图像中的某种颜色或亮度值定义透明区域，当像素与定义的抠像颜色或亮度值相符时变为透明。可以使用抠像移除统一的背景色，例如蓝屏抠像。

通过导入带有 Alpha 通道的素材，使用蒙版、遮罩或抠像的方法创建或更改层的 Alpha 通道都可以创建透明。

2．视频合成的基本原理

时间线窗口中的每个视频轨道都包含一个 Alpha 通道，以存储透明信息。除添加了视频、静止图片和字幕等内容的部分外，所有的视频轨道都是完全透明的，序列中总是优先显示处于上方的轨道。当轨道中的素材片段含有透明时，将根据透明范围和透明程度显示其下方的轨道。通过含有不同透明信息的素材片段的轨道叠加，而形成合成图像。字幕和 Logo 就是通过这个原理产生透明的镂空，从而透出影片背景。

由于产生透明的方式不同，在进行合成时，应该遵循以下规则：

1）如果要对整个素材片段施加统一的透明度，可以在特效控制台窗口中设置其不透明度属性。

2）导入带有 Alpha 通道的素材是最有效率的定义透明区域的方式。因为透明信息已经包含在文件中了，Premiere Pro CS5 会在序列中自动显示其透明。

3）如果素材本身不包含 Alpha 通道，则必须对要进行透明的处理的素材片段手动施加透明。可以通过调节素材片段的不透明度（Opacity）或施加特效的方式施加透明。

4）After Effects、Photoshop 和 Illustrator 等软件可以在保存特定文件格式的时候，一并保存其 Alpha 通道。

Premiere Pro CS5 中的轨道合成与 After Effects 中层的合成基本类似，对于一些简单的合成工作，也可以在 Premiere Pro CS5 中进行。

3．调节素材的不透明度

默认状态下，素材片段的不透明度为 100%，完全不透明。可以通过调节其不透明度，将不透明度调到 100%以下，透出下面轨道上的素材片段。如果其下面没有轨道，或轨道的相应位置没有素材片段，则透出黑色背景。当不透明度为 0 时，素材完全透明。

在特效控制台窗口，展开"透明度"属性，可以通过输入新的数值，更改不透明度，如图 3-29 所示。也可以在时间线窗口使用"钢笔工具"拖曳数值线，更改素材片段的不透明度，如图 3-30 所示。

注：无论在特效控制台窗口或时间线窗口，都是以素材片段为单位调节不透明度。通过为不透明度的变化设置动画，可以创建时隐时现的效果或淡入淡出的转场效果。

图 3-29　更改透明度

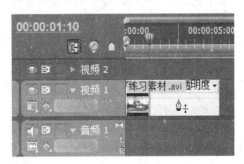

图 3-30　使用钢笔工具

淡出与淡入的制作：

1）在时间线窗口中导入两个片段，将其放置在"视频 1"轨道上，如图 3-31 所示。

2）在工具箱中选择"钢笔工具"，按〈Ctrl〉键，鼠标在"钢笔工具"图标附近出现加号，在淡出及淡入的位置上单击，加入 4 个关键帧。

3）放开〈Ctrl〉键，拖起前片段终点和后片段始点的关键帧到最低点位置上，这样素材就出现了淡入的效果，如图 3-32 所示。

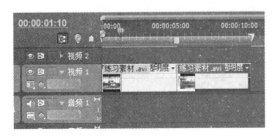

图 3-31　导入片段

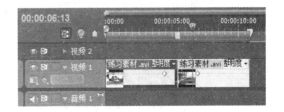

图 3-32　淡出、淡入效果

3.2.2　使用抠像

使用抠像可以根据素材片段的颜色或亮度等信息定义透明区域，经常使用基于颜色的抠像移除统一的背景色。由于人的身体中很少含有蓝色和绿色，因此在前期拍摄时经常会使用蓝色或绿色的幕布作为背景，后期制作时将其抠除。

1. 使用色度键

使用各种类型的抠像效果可以针对各种情况进行抠像合成处理。本节将通过使用色度键（Chroma Key），对带有绿色背景的素材片段进行抠像，使其与背景合成。

"色度键"抠像特效可以设定素材片段中的哪个颜色区域变为透明。对于背景色不是十分规范的单色镜头场景十分有效。在特效控制台窗口中可以对色度键抠像属性进行设置，如图 3-33 所示。

图 3-33　色度键

- 颜色（Color）：在视频中选择设置透明颜色。

  单击色块可以在调出的拾色器中选择颜色；而使用吸管工具，可以在屏幕中选择任意颜色。

- 相似性（Similarity）：设置目标颜色透明区域的大小。数值越高，区域越宽泛，反之越狭小。

- 混合（Blend）：将进行抠像的素材片段与其下方的素材画面混合。数值越高，混合程度越高。

- 阈值（Threshold）：控制抠出颜色区域阴影的数量。数值越高，阴影数量越多。

- 屏蔽度（Cutoff）：描述阴影的明暗。向右拖曳滑块，使阴影变暗。

- 平滑（Smoothing）：设置透明区域和不透明区域之间变化的平滑程度。选择"高"则产生比较柔和的过渡效果，而使用"低"则产生比较生硬的过渡效果，选择"无"不产生平滑过渡，利于保护主题边缘。

- 仅遮罩（Mask Only）：勾选后只显示素材片段的 Alpha 通道。黑色部分指示透明区域，白色部分指示不透明区域，而灰色部分指示半透明的过渡区域。

色度键的应用如下。

1）导入带有颜色背景的素材，将本书配套教学素材"项目 3\视频合成\素材"文件夹中的"图像 5.jpg"，添加到"视频 2"轨道上，如图 3-34 所示，将素材"练习素材"添加到"视频 1"轨道上，与"图像 5"对齐，如图 3-35 所示。

图 3-34　抠像素材

图 3-35　拖曳色度键

2）在效果窗口中选择"视频特效"→"键"→"色度键"，拖放到时间线窗口中的素材片段"图像 5"上。

3）在特效控制台窗口中，展开"色度键"特效，单击"颜色"属性后面的吸管图标，在节目监视器窗口中单击要移除的颜色背景上，选中背景色，如图 3-36 所示。应尽量选择背景中面积比较大的颜色。

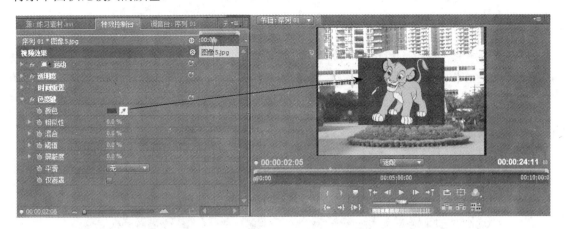

图 3-36　拖放吸管图标

4）调节各项参数，直到将背景色完全抠除，完成所需的合成效果，如图 3-37 所示。

图 3-37　调整参数

基于颜色的抠像经常被用来移除背景，而基于亮度的抠像则可以增加纹理或产生一些特殊效果，使用时应该注意区别。

2. 使用颜色键

颜色键（Color Key）抠像特效可以将与指定抠像颜色相近的颜色抠出来，此特效可以修正层的 Alpha 通道。在特效控制台窗口中可以对"颜色键"抠像属性进行设置，如图 3-38 所示。

● 主要颜色（Color）：在视频中选择设置透明颜色。单击色块可以在调出的拾色器中选择颜色；而使用吸管工具，可以在屏幕中选择任意颜色。

● 颜色宽容度（Color Tolerance）：设置目标颜色透明区域的大小。数值越低，抠像区域与指定的抠像颜色越接近，而数值越高，则越宽泛。

● 薄化边缘（Edge Thin）：调节抠像区域的边缘宽度。数值越高，则透明区域越大，反之亦然。

- 羽化边缘（Edge Feather）：设置抠像区域边缘羽化。数值越高，边缘过渡越柔和，反之亦然。

3. 使用 RGB 差异键

RGB 差异键（RGB Difference Key）其实就是一个简化版的"色度键"抠像特效。可以选择目标透明颜色区域，但却无法混合图像或以灰度的方式调节透明，适用于灯光布景比较明亮，且不包含阴影的镜头场景。在特效控制台窗口中可以对"RGB 差异键"抠像属性进行设置，如图 3-39 所示。

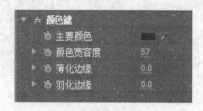

图 3-38　颜色键　　　　　　　　　　　图 3-39　RGB 差异键

- 颜色（Color）：在视频中选择设置透明颜色。单击色块可以在打开的"颜色拾取"对话框中选择颜色；而使用吸管工具，可以在屏幕中选择任意颜色。
- 相似性（Similarity）：设置目标颜色透明区域的大小。数值越高，区域越宽泛，反之越狭小。
- 平滑（Smoothing）：设置透明区域和不透明区域之间变化的平滑程度。选择"高"则产生比较柔和的过渡特效，而使用"低"则产生比较生硬的过渡特效，选择"无"不产生平滑过渡，利于保护主题边缘。
- 仅蒙版（Mask Only）：勾选后只显示素材片段的 Alpha 通道。黑色部分指示透明区域，白色部分指示不透明区域，而灰色部分指示半透明的过渡区域。
- 投影（Drop Shadow）：在源素材画面的右下方，偏移 4 个像素的位置添加一个 50% 灰度的阴影。这个选项对于字幕等简单图形十分有用。

4. 使用蓝屏键

蓝屏键（Blue Screen Key）抠像特效是以蓝色创建透明区域。由于人的身体中很少含有蓝色，因此在前期拍摄时经常会使用蓝色的幕布作为背景。使用这种抠像特效，可以去除专用的蓝色背景的颜色。

- 阈值（Threshold）：设置由素材画面中的蓝色决定的透明区域的级别。向左拖曳滑块，增加透明区域。
- 屏蔽度（Cutoff）：设置由"阈值"属性参数所产生的不透明区域的不透明度。向右拖曳滑块，增加其不透明度。

蓝屏键的应用如下：

1）双击项目窗口中的空白处，打开"导入"对话框，选择本书配套光盘"项目 3\视频合成\素材\girl"文件夹内的"girl0001.tga"，勾选对话框下方的"序列图片"复选框，单击"打开"按钮，将序列素材导入项目窗口，将其添加到"视频 2"轨道上。

2）按〈Ctrl+I〉组合键，导入本书配套光盘"项目 3\视频合成\素材"文件夹内的"云层滚动.m2v"，将其添加到"视频 1"轨道上，与序列素材对齐。

3）在效果窗口中选择"视频特效"→"键"→"蓝屏键"，拖放到时间线窗口中的序列素材上。

4）在特效控制台窗口中，展开"蓝屏键"特效，其参数设置如图 3-40 所示。

5）调节各项参数，直到将背景色完全抠除，完成合成前后的效果如图 3-41 所示。

图 3-40 "蓝屏键"参数设置

图 3-41 去除专用的蓝色背景

5. 使用非红色键

非红色键抠像（Non Red Key）特效可以从蓝色或绿色背景创建透明区域。这种抠像特效与蓝色键很相似，而且还可以对素材片段进行混合。除此之外，此抠像特效可以减少不透明区域的毛边。当蓝屏键不能产生满意的特效时，可以使用无红色键。在特效控制台窗口中可以对无红色键抠像属性进行设置，如图 3-42 所示。

● 去边（Deranging）：从素材片段不透明区域的边缘移除剩余蓝色或绿色的屏幕颜色。选择"无"则不启用此项功能，而绿和蓝两个选项则分别针对绿色或蓝色背景素材。

6. 使用亮度键

亮度键抠像（Luma Key）特效可以抠出素材画面的暗部，而保留比较亮的区域。此抠像特效可以将画面中比较暗的区域除去，从而进行合成。在特效控制台窗口中可以对亮度键抠像属性进行设置，如图 3-43 所示。

图 3-42 无红色键

图 3-43 亮度键

使用亮度键抠像特效还可以抠出画面中的亮部区域，将"阈值"属性设置为一个低数值，而将"屏蔽度"设置为一个高数值即可。

3.2.3 使用蒙版

蒙版（Matte）是一幅静止图像，以决定素材片段中施加某种特效的区域。使用蒙版抠像可以创建复杂的合成效果。

1. 使用图像遮罩键创建图像蒙版

图像遮罩键（Image Matte Key）遮罩特效可以以遮罩图像的 Alpha 通道或亮度信息决定透明区域。为了得到最好的特效，应该使用灰度图作为遮罩图像，除非想要改变素材画面的颜色。遮罩图像中的任意颜色会从素材画面中移除同等级别的颜色。图像遮罩键的应用如下。

（1）制作遮罩

1）启动 Photoshop，执行菜单命令"文件"→"新建"，打开"新建"对话框，设置宽度×高度为"720×576"，分辨率为"72"，颜色模式为"RGB 颜色"，背景内容为"透明"，如图 3-44 所示。单击"确定"按钮。

2）执行菜单命令"编辑"→"填充"，打开"填充"对话框，在"使用"下拉菜单中选择"前景色（黑色）"，如图 3-45 所示，单击"确定"按钮。

3）在工具栏中选择"椭圆框选工具"，在图像窗口画一个椭圆，椭圆的位置与要输出的人物或物体的位置相同。

4）用鼠标右键单击虚框边缘，从弹出的快捷菜单中选择"羽化"菜单项，打开"羽化选区"对话框，在"羽化半径"文本输入框中输入 20，使要输出图像的边缘柔和，如图 3-46 所示，单击"确定"按钮。

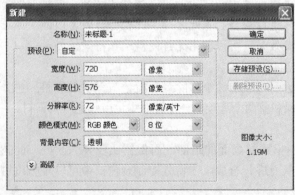

图 3-44　"新建"对话框

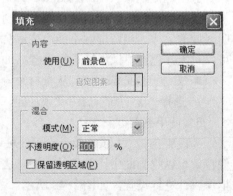

图 3-45　"填充"对话框

5）执行菜单命令"编辑"→"填充"，打开"填充"对话框，在"使用"下拉菜单中选择"背景色（白色）"，单击"确定"按钮。最后的遮罩图像如图 3-47 所示，保存为"遮罩.jpg"文件，退出 Photoshop。

图 3-46　"羽化选区"对话框

（2）图像遮罩

1）在 Premiere Pro CS5 中，将作为背景的素材片段本书配套教学素材"项目 3\视频合成\素材"文件夹中的"云层滚动"（5s）放置到时间线窗口的"视频1"轨道中。

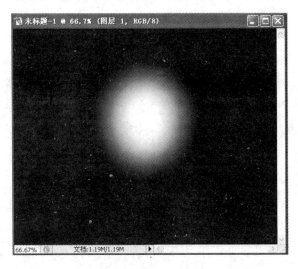

图 3-47　遮罩图像

2）将要施加遮罩的有人物的素材片段"练习素材"（5s）放置在背景素材上方的"视频2"轨道中，素材之间要对齐。

3）在效果窗口中选择"视频特效"→"键"→"图像遮罩键"，拖放到时间线窗口"视频2"轨道中的素材片段上，如图3-48所示。

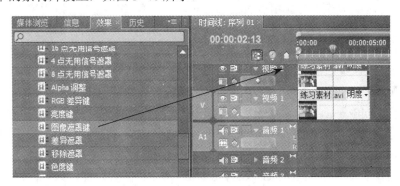

图 3-48　拖曳图像遮罩键

4）在特效控制台窗口中，展开"图像遮罩键"特效设置，单击"设置"按钮，在打开的"选择遮罩图像"对话框中选择一个作为遮罩的图像文件。

图 3-49　"图像遮罩键"特效设置

5）在特效控制台窗口中，设置图像遮罩键特效的"合成使用"属性。选择"Alpha 遮罩"，使用遮罩图像的 Alpha 通道作为合成素材的遮罩；而选择"遮罩 Luma"，则使用遮罩图像的亮度信息作为合成素材的遮罩。本例选择"遮罩 Luma",如图 3-49 所示,以完成所需效果。

图像遮罩键遮罩效果如图 3-50 所示。勾选"反转"属性可以翻转遮罩。

图 3-50　图像遮罩键遮罩效果

2. 使用差异遮罩键

差异遮罩键遮罩（Difference Matte Key）特效可以通过对比指定的静止图像和素材片段,除去素材片段中与静止图像相对应的部分区域。这种遮罩特效可以用来去除静态背景,替换以其他的静态或动态的背景画面,可以通过输出未包含动态主体的静态场景中的一帧作为遮罩。为了取得最好的效果,摄像机应静止不动。在特效控制台窗口中选择完遮罩图像后,可以对差异遮罩键遮罩属性进行设置。

● 查看（View）：指定在合成图像窗口中显示的图像视图。
● 差异层（Difference Layer）：用于键控比较的静止背景。
● 如果层大小不同（If Layer Size Differ）：如果对比层的尺寸与当前层不同,对其进行相应处理,可使其居中显示或进行拉伸处理。
● 匹配宽容度（Matching Tolerance）：控制透明颜色的容差度,该数值用于比较两层间的颜色匹配程度。较低的数值产生透明较少,较高的数值产生透明较多。
● 匹配柔化（Matching Softness）：调节透明区域与不透明区域的柔和度。
● 差异前模糊（Blur Before Difference）：通过比较前对两个层做细微的模糊清除图像的杂点,取值范围 0~1000。

应用差异遮罩键的方法如下。

1）导入本书配套教学素材"项目 3\视频合成\素材"文件夹内的"laola61"、"云层滚动"和"laola62"素材,将素材"云层滚动"添加到"视频 1"轨道上,将素材"laola61"添加到其上方的"视频 2"轨道上,将素材"laola62"添加到"视频 3"轨道上,如图 3-51所示。

2）用鼠标右键分别单击"视频 2"、"视频 3"轨道上的片段,从弹出的快捷菜单中选择"缩放为当前画面大小"菜单项,使其全屏显示。

3）保证用于比较轨道的素材不可见（将"视频3"轨道上的 ◉ 关闭）。

4）在效果窗口中选择"视频特效"→"键"→"差异遮罩"，拖放到时间线窗口中的素材片段"laola61"上。

5）在特效控制台窗口中，展开"差异遮罩"特效，在"差异图层"选择"视频3"，如图3-52所示。

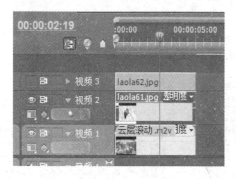

图3-51　素材在时间线上的排列

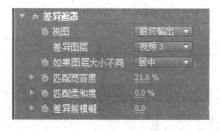

图3-52　差异遮罩键

6）拖动"匹配宽容度"滑块调整宽容程度，直到效果基本满意。拖动"匹配柔化"及"差异前模糊"滑块，对比较粗糙的边缘进行柔化和模糊，效果如图3-53所示。

3. 使用轨道遮罩键

轨道遮罩键遮罩（Track Matte Key）特效可以使用一个文件作为遮罩，在合成素材上创建透明区域，从而显示部分背景素材，以进行合成。这种遮罩特效需要两个素材片段和一个轨道上的素材片段作为遮罩。遮罩中的白色区域决定合成图像的不透明区域；遮罩中的黑色区域决定合成图像的透明区域；而遮罩中的灰色区域则决定合成图像的半透明过渡区域。

图3-53　合成效果

一个遮罩如果包含了动画，则被称为动态遮罩。这种遮罩通常由动态视频素材或施加了动画效果的静态图片组成。

背景素材、合成素材和轨道遮罩应该按照从下至上的顺序在轨道中进行排列，且之间要包含重叠部分。在特效控制台窗口中选择完遮罩图像轨道后，可以对轨道遮罩键遮罩属性进行设置。设置参数和方法与图像遮罩键遮罩特效基本相同。

● 遮罩（Matte）：设置要作为遮罩的素材所在轨道。

● 合成方式（Composite Using）：选择遮罩的具体来源。选择"Alpha遮罩"，使用遮罩图像的Alpha通道作为合成素材的遮罩；而选择"Luma遮罩"，则使用遮罩图像的亮度信息作为合成素材的遮罩。

● 反向（Reverse）：翻转遮罩。

应用轨道遮罩键的方法如下。

1）导入本书配套教学素材"项目 3\视频合成\素材"文件夹下的"云层滚动"、"圆遮罩"和"项目 1\任务 2\素材"文件夹下的"练习素材"，将"云层滚动"背景片段和有人物的"练习素材"片段分别加入到"视频 1"和"视频 2"轨道，再将"圆遮罩"拖放到"视频 3"轨道上，如图 3-54 所示。

2）在效果窗口中选择"视频特效"→"键"→"轨道遮罩键"，拖放到时间线窗口"视频 2"轨道中的素材片段上。

3）在特效控制台窗口中，展开"轨道遮罩键"特效，在"遮罩"中选择"视频 3"，"合成方式"中选择"Luma 遮罩"，如图 3-55 所示。

图 3-54　轨道遮罩图 　　　　　　　　　　　　　　　　　　　　图 3-55　轨道遮罩键

4）在特效控制台窗口中，展开"运动"特效，选择"视频 2"轨道，按〈PageUp〉键，将播放指针移到片段的起始位置，单击"位置"前面的"切换动画"按钮加入关键帧，将输出的图像移到最左边（-159，288），按〈PageDown〉键，再按左方向键〈←〉，播放指针移到片段的结束位置，将输出的图像移到最左边（800，288），如图 3-56 所示。

5）按空格键开始播放，输出的图像从左向右移动，如图 3-57 所示。

图 3-56　运动属性 　　　　　　　　　　　　　　　　　　　图 3-57　最后效果

4. 使用移除遮罩

在使用轨道遮罩键的基础上，移除遮罩特效可以使原来的遮罩区域扩大或减小，在效果窗口中选择"视频特效"→"键"选项，将"移除遮罩"拖到上例的"视频 2"轨道上，可在特效控制台窗口中对移除遮罩键遮罩属性进行设置，如图 3-58 所示。

● 遮罩类型：设置遮罩的类型，选择"白色"，可使输出的图像周围加入一圈黑边，如图 3-59 所示。选择"黑色"，可使输出的图像周围加入一圈白边。

图 3-58　移除遮罩　　　　　　　　　　　　　　　图 3-59　输出的图像范围缩小

5．使用无用信号遮罩创建多边形遮罩

"无用信号遮罩"（Garbage Matte）特效可以通过创建一个多边形遮罩作为遮罩，以决定合成素材上的显示区域。使用抠像可以将不需要的颜色抠除，透出背景画面。但是当场景中含有一些抠像无法抠除的元素（如路灯），如图 3-60 所示，则可以使用"遮罩扫除"特效设置遮罩将其去除。

图 3-60　抠像素材

"无用信号遮罩"特效按照控制点数量的不同，分为 4 点无用信号遮罩、8 点无用信号遮罩和 16 点无用信号遮罩，分别对应 4、8 和 16 个控制点。控制点越多，创建的遮罩形状越复杂。

无用信号遮罩操作如下：

1）导入本书配套教学素材"项目 3\视频合成\素材"文件夹内的"7-5.tif"和"云层滚动"，在时间线窗口中部署好素材后，在效果窗口中选择"视频特效"→"键"→"8 点无用信号遮罩"，拖放到时间线窗口中要设置遮罩的素材片段上，如图 3-61 所示。

2）在特效控制台窗口中，展开"8 点无用信号遮罩"特效设置，可以在其中通过设置坐标数值，设置控制点的位置。还可以在特效控制台窗口中选中此效果，则在节目监视器窗口中出现相应数目的控制点，用鼠标拖动控制点，使不需要的元素在控制点连成的区域以外，将其隐藏起来，如图 3-62 所示。

图 3-61　拖曳遮罩键

图 3-62　8 点遮罩扫除属性及鼠标拖动控制点

3）设置完"无用信号遮罩"特效后，再对素材片段进行抠像，如色度键，则可以将素材片段与背景真实地合成，如图 3-63 所示。

图 3-63　最后效果

综合实训

实训目的

通过本实训项目使学生能进一步掌握特效的应用，能在实际项目中运用特效制作电视片头及栏目剧的编辑。

实训 1　婚恋片头

实训情景设置

通过一个婚恋片头的制作来学习如何用简单的形式表现一个有独特风格的主题。片头是一种具有高度概括性的短片，结婚的喜庆要在短短的十几秒钟内表现出来，应该说这类片头对制作人员的专业素养有很高的要求。一个好的电视片头，不一定使用很高超的制作技巧，唯一的目的就是清晰地表现出电视片的主要特点，吸引观众观看。

本实训操作过程将分为 9 个步骤，分别为导入素材、调整背景的色彩、导入字幕与鞭炮、为"喜"字添加辉光粒子特效、导入其他素材、创建字幕、添加字幕及运动效果、调整效果、添加音乐及影片输出。

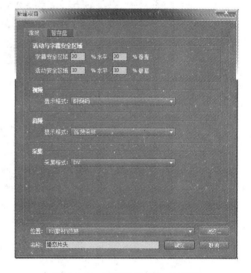

图 3-64　"新建项目"对话框

操作步骤

1. 导入背景素材

1）启动 Premiere Pro CS5，打开"新建项目"对话框，在"名称"文本框中输入文件名，设置文件的保存位置，如图 3-64 所示，单击"确定"按钮。

2）打开"新建序列"对话框，在"序列预置"选项卡下选择"有效预置"为"DV-PAL"的"标准 48kHz"选项，在"序列名称"文本框中输入序列名，如图 3-65 所示。

3）单击"确定"按钮，进入 Premiere Pro CS5 的工作界面。

4）双击项目窗口的空白处，打开"导入"对话框，选择本书配套教学素材"项目 3\婚恋片头\素材"文件夹下的"红色背景.m2v"、"戒指.m2v"和"龙凤背景.avi"，单击"打开"按钮。

5）在项目窗口选择并拖动"红色背景"到时间线窗口中的"视频 1"轨道中，用鼠标右键单击当前的片段，从弹出的快捷菜单中选择"速度/持续时间"菜单项，打开"速度/持续时间"对话框，在"持续时间"文本框中输入 800（即 8s），单击"确定"按钮。

6）在项目窗口中将"戒指"添加到"视频 1"轨道中并与红色背景的末端对齐，将当前时间指针定位在 22：05 的位置上，将鼠标放到素材的边缘，单击并向左拖动到当前时间指针的位置，制作 1：07 的淡出效果，如图 3-66 所示。

图 3-65 "新建序列"对话框

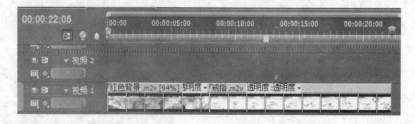

图 3-66 拖动片段

7）将当前时间指针定位在 20：21 的位置上，在项目窗口中将"龙凤背景"添加到"视频 2"轨道中，使其起始点与当前时间指针对齐，并制作 1s 的淡入效果，如图 3-67 所示。

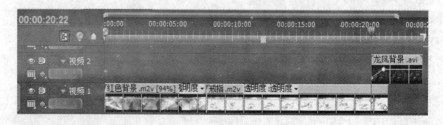

图 3-67 添加片段

2. 调整背景的色彩

由于制作的是喜庆的片头，背景素材的颜色要调整得喜庆一些，所以要对背景素材的颜色进行调整。

1）在效果窗口中选择"视频特效"→"图像控制"→"颜色平衡（RGB）"，添加到"红色背景"片段上。

2）在特效控制台窗口中展开"颜色平衡（RGB）"特效，设置红色、绿色和蓝色的值分别为170、95和0，此时"节目"窗口中的颜色变为了红色，如图3-68所示。

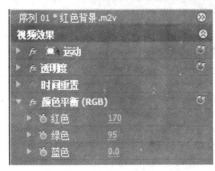

图3-68 "颜色平衡（RGB）"参数"红色"

3）用同样的方法将其中的"颜色平衡（RGB）"特效添加到"戒指"片段上。

4）在特效控制台窗口中展开"颜色平衡（RGB）"特效，设置红、绿和蓝的值分别为173、101和64，此时节目窗口中的颜色变为了金黄色，如图3-69所示。

图3-69 "颜色平衡"参数"金黄色"

3．导入字幕与鞭炮

导入字幕与鞭炮步骤如下。

1）双击项目窗口中的空白处，打开"导入"对话框，选择本书配套教学素材"项目 3\婚恋片头\素材\鞭炮"文件夹中的"彩色鞭炮 0001.tga"文件，勾选对话框下方的"序列图片"复选框，单击"打开"按钮，将序列素材导入项目窗口。

2）在项目窗口中将"彩色鞭炮 0001"添加到"时间线"窗口中的"视频 3"轨道中，与起始位置对齐，将画面放大到与屏幕一样大小，效果如图3-70所示。

3）双击项目窗口中的空白处，打开"导入"对话框，选择本书配套教学素材"项目 3\婚恋片头\素材\喜字序列"文件夹中的"喜字 0000.tga"文件，勾选对话框下方的"序列图片"复选框，单击"打开"按钮，将序列素材导入项目窗口。

4）在项目窗口中将"喜字 0000"添加到时间线窗口中的"视频 2"轨道中，与"视频 3"轨道中的鞭炮素材的末端对齐，将画面放大到与屏幕一样大小，如图3-71所示。

图 3-70　添加彩色鞭炮

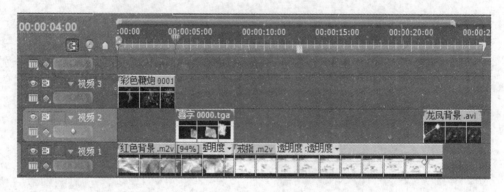

图 3-71　添加喜字

4. 为"喜"字添加辉光粒子效果

为"喜"字添加辉光粒子效果步骤如下。

1）执行菜单命令"序列"→"添加轨道"，打开"添加视音轨"对话框，在"视频轨"选项组中的"添加"文本框中输入 3，其他参数都设置为 0，单击"确定"按钮，在"时间线"窗口中加入"视频 4"、"视频 5"及"视频 6"轨道。

2）双击项目窗口中的空白处，打开"导入"对话框，选择本书配套教学素材"项目 3\婚恋片头\素材\辉光序列"文件夹内的"辉光 0001.tga"，勾选对话框下方的"序列图片"复选框，单击"打开"按钮，将序列素材导入项目窗口。

3）在项目窗口中将"辉光"添加到时间线窗口中的"视频 4"轨道中，与"视频 3"轨道中的鞭炮素材的末端对齐，将画面放大到与屏幕一样大小，如图 3-72 所示。

5. 导入其他素材

导入其他素材步骤如下。

1）双击项目窗口中的空白处，打开"导入"对话框，按住〈Ctrl〉键，选择本书配套教学素材"项目 3\婚恋片头\素材"文件夹内的"灯笼.avi"、"花瓣雨.avi"和"飘动的心.avi"文件，单击"打开"按钮，将序列素材导入项目窗口中。

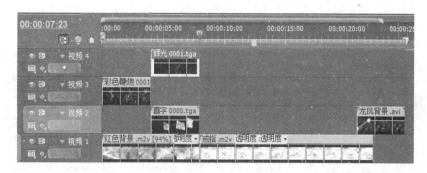

图 3-72　添加辉光

2）在项目窗口中将"灯笼"添加到时间线窗口中的"视频 3"轨道中，将起始点调整到 6∶17 的位置上，如图 3-73 所示。

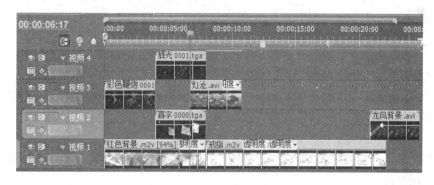

图 3-73　添加灯笼

3）在项目窗口中将"花瓣雨"添加到时间线窗口中的"视频 3"轨道中，与"灯笼"的末端对齐。将当前时间指针定位在 21∶14 位置上，将"花瓣雨"片段的末端与当前时间指针对齐，如图 3-74 所示。

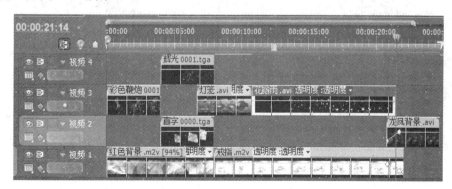

图 3-74　添加花瓣雨

4）在项目窗口中将"飘动的心"添加到"时间线"窗口中的"视频 3"轨道中，与"花瓣雨"的末端对齐，如图 3-75 所示。

5）在效果窗口中选择"视频特效"→"键"→"亮度键"，添加到"花瓣雨"片段上。黑色背景被去除。同样，再将此特效应用到"飘动的心"片段上，两段片段会直接产生抠像叠加特效。

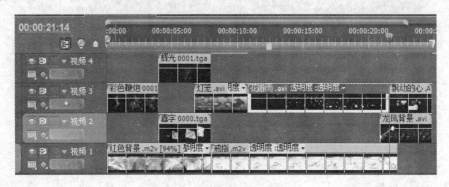

图 3-75　添加飘动的心

6. 创建字幕

创建字幕操作如下。

1）执行菜单命令"字幕"→"新建字幕"→"默认静态字幕"，打开"新建字幕"对话框，在"名称"的文本框中输入文字"喜结连理"，单击"确定"按钮。

2）打开字幕设计窗口，在工具面板中选择"文本工具"，单击字幕设计窗口并输入文字"喜结连理"（位置偏上），字体设置为 FZShuTi-S05S，在"字幕样式"中选择"方正隶变金属"字体，"字体大小"为 76，如图 3-76 所示。

3）单击"基于当前字幕新建字幕"按钮，打开"新建字幕"对话框，在"名称"文本框内输入"花好月圆"，单击"确定"按钮。

4）删除"喜结连理"字幕，在其下方输入"花好月圆"，字体为 HYLingXinJ，字号为 76。

5）在"字幕样式"中，选择"方正金质大黑"样式，如图 3-77 所示。

图 3-76　制作"喜结连理"

图 3-77　制作"花好月圆"

6）单击"基于当前字幕新建字幕"按钮，打开"新建字幕"对话框，在"名称"文本框内输入"比翼双飞"，单击"确定"按钮。

7）删除"花好月圆"字幕，在其中间输入"比翼双飞"，字体为 FZShuiZhu-M08S，字号为 65，如图 3-78 所示。

8）单击"基于当前字幕新建字幕"按钮，打开"新建字幕"对话框，在"名称"文本框内输入"结婚纪念",单击"确定"按钮。

9）删除"比翼双飞"字幕，在其中间输入"结婚纪念"和"JIE HUN JI NIAN"，字体为"经典粗黑简"和"SimHei"，字号为90和43，如图3-79所示。

图3-78 制作"比翼双飞"   图3-79 制作"结婚纪念"

10）到这里完成了字幕制作，关闭字幕窗口。

7．添加字幕及运动效果

添加字幕及运动效果操作如下。

1）在项目窗口中将"喜结连理"字幕添加到时间线窗口中的"视频4"轨道中，起点调整为11：18位置上，终点调整到20：05位置上。

2）将"花好月圆"字幕添加到时间线窗口中的"视频5"轨道中，起点调整为10：18位置上，终点调整到19：13位置上。

3）将"比翼双飞"字幕添加到时间线窗口中的"视频6"轨道中，起点调整为12：05位置上，终点调整到20：19位置上。

4）将"结婚纪念"字幕拖动到时间线窗口中的"视频5"轨道中，起点调整为20：06位置上，终点调整到24：21位置上，如图3-80所示。

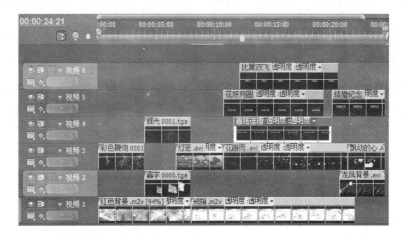

图3-80 添加片段

5）选择"视频4"轨道中的"喜结连理"字幕，在特效控制台窗口中展开"运动"参数，为"位置"参数添加两个关键帧，时间分别为 11：18 和 20：05，将对应的坐标参数分别设置为（-230，288）和（952，288），如图 3-81 所示。

6）选择"视频 5"轨道中的"花好月圆"字幕，在特效控制台窗口中展开"运动"参数，为"位置"参数添加两个关键帧，时间位置为 10：18 和 19：13，将对应的坐标参数设置为（952，360）和（-230，360），如图 3-82 所示。

 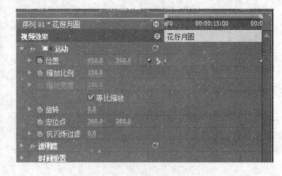

图 3-81　"喜结连理"运动参数设置　　　　　　图 3-82　"花好月圆"运动参数设置

7）选择"视频 6"轨道中的"比翼双飞"字幕，在特效控制台窗口中展开"运动"参数，为"位置"参数添加两个关键帧，时间分别为 12：05 和 20：19，将对应的坐标参数分别设置为（780，360）和（195，360），将"透明度"参数调整为 56，这样字幕之间会产生空间感，如图 3-83 所示。

8）选择"视频 5"轨道中的"结婚纪念"字幕，在特效控制台窗口中展开"运动"参数，为"位置"参数添加两个关键帧，时间分别为 20：06 和 21：01，将对应的坐标参数分别设置为（360，-35）和（360，300），如图 3-84 所示。

 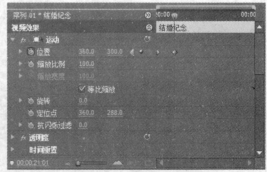

图 3-83　"比翼双飞"运动参数设置　　　　　　图 3-84　"结婚纪念"运动参数设置

9）在效果窗口中选择"视频特效"→"Trapcode"→"Shine"，添加到"视频 5"轨道的"结婚纪念"字幕上。

10）在特效控制台窗口中展开"Shine"特效，为"Source Point"参数添加两个关键帧，其时间分别为 21：10 和 23：18，对应参数分别为（130，226）和（650，226）。为"Ray Length"添加 4 个关键帧，其时间分别为 21：01、21：10、23：19 和 24：01，对应参数分别为 0、4、4 和 0。

11）将"Colorize"→"Base On..."设置为 Alpha,"Colorize..."设置为 None,"Transfer Mode"设置为 Overlay,如图 3-85 所示。

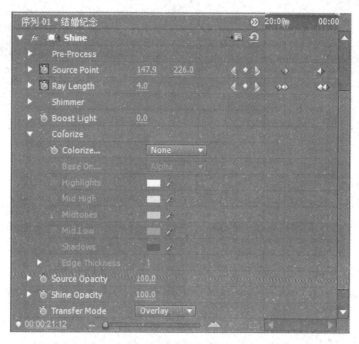

图 3-85　发光参数

8. 调整效果

调整效果步骤如下。

1）单击"视频 3"轨道控制窗口上的扩展标志 ▷,将轨道展开,在工具箱中选择"钢笔工具" ,按〈Ctrl〉键,鼠标在"钢笔工具"图标附近出现加号,在"灯笼"的 6:17、7:17 和 9:20、10:20 位置上单击,加入关键帧。

2）放开〈Ctrl〉键,拖起、终点处的关键帧到最低点位置上,这样素材就出现了淡入、淡出的效果,如图 3-86 所示。

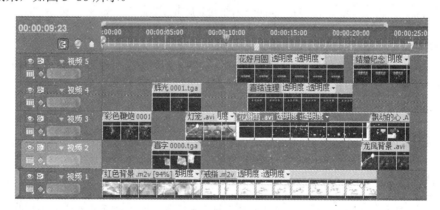

图 3-86　加入淡入淡出

3）用同样的方法为"花瓣雨"加入淡出效果,如图 3-87 所示。

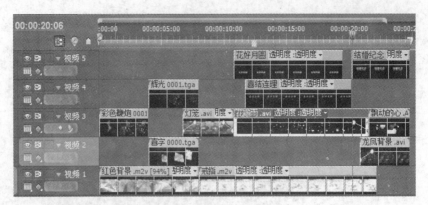

图 3-87 "花瓣雨"加入淡出

9．添加音乐及影片输出

添加音乐及影片输出步骤如下。

1）双击项目窗口中的空白处，打开"导入"对话框，选择本书配套教学素材"项目 3\婚恋片头\素材"文件夹中的"背景音乐"，单击"打开"按钮，将音乐素材导入项目窗口中。将其拖动到时间线窗口中的"音频 1"轨道中，将音频的终止点拖动到与"龙凤背景"终止点的位置上。

2）用上面的方法为音乐加入淡出效果，如图 3-88 所示。

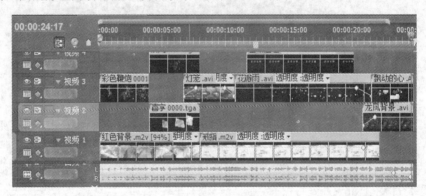

图 3-88　音乐加入淡出效果

3）调整工作区域，使其完全覆盖视频轨道上的素材，以便于后面的影片输出。

4）执行菜单命令"文件"→"导出"→"媒体"，在打开"导出设置"对话框中，把文件命名为"婚恋片头.avi"，如图 3-89 所示，单击"导出"按钮开始输出，如图 3-90 所示。到这里片头的制作完成了。

实训 2　影视频道

📃 实训情景设置

镜头四周由不断变化的画面环绕着，"影视频道" 4 个金属字在镜头的中间闪光出现。这一特殊效果的制作，使用了 Premiere Pro CS5 的多种功能，充分发挥了空间的想象力。

本实例操作过程将分为 8 个步骤，分别为使用 Photoshop 软件制作遮罩、导入素材并设置片断持续时间、设置素材从上向下的移动效果、设置素材中间的黑色矩形区域并加入凹进效果、制作素材的横向滚动效果、将横向滚动的素材和上下移动的素材进行合成、加入字幕、调整工作区域并进行输出。

图 3-89 "导出设置"对话框   图 3-90 编码序列 01

操作步骤

1. 使用 Photoshop 软件制作遮罩

使用 Photoshop 软件制作遮罩步骤如下。

1）打开 Photoshop 软件，执行菜单命令"文件"→"打开"，打开"打开"对话框，选择本书配套教学素材"项目 3\影视频道\素材"文件夹中的"图片 1.jpg"，单击"确定"按钮。

2）在工具箱中选择▢（范围选取工具），把图片中前景的中间部分全部选择，如图 3-91所示。

3）执行菜单命令"选择"→"羽化"，打开"羽化选区"对话框，设置"羽化半径"为3 像素，单击"确定"按钮退出，如图 3-92 所示。

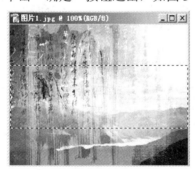 

图 3-91 选择范围   图 3-92 "羽化选区"对话框

4）执行菜单命令"编辑"→"填充"，打开"填充"对话框，选择使用"前景色"填充，单击"确定"按钮退出，如图 3-93 所示。画面的湖面区域已经填充了黑色，效果如图 3-94 所示。

5）执行菜单命令"选择"→"反选"，把图像中的选择区域进行反向选择，从而选中除黑色区域以外的其他区域，如图 3-95 所示。

6）执行菜单命令"选择"→"羽化"，打开"羽化选区"对话框，设置"羽化半径"为3 像素，单击"确定"按钮。

7）执行菜单命令"编辑"→"填充"，打开"填充"对话框，选择使用"背景色"填充，单击"确定"按钮。图片应被黑色和白色所填充，原图中间的矩形部分为黑色，其他部分为白色，如图 3-96 所示。

图 3-93 "填充"对话框

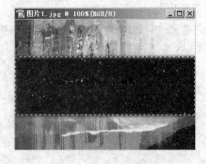

图 3-94 填充效果

图 3-95 反向选择

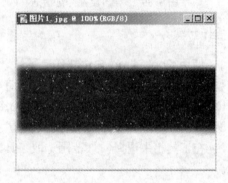

图 3-96 填充效果

8）执行菜单命令"文件"→"另存为"，将文件命名为"蒙版.jpg"并进行保存。

2. 导入素材并设置片断持续时间

1）进入 Premiere Pro CS5 主界面，执行菜单命令"文件"→"导入"，打开"导入"对话框，导入本书配套教学素材"项目 3\影视频道\素材"文件夹内的所有文件，如图 3-97 所示。

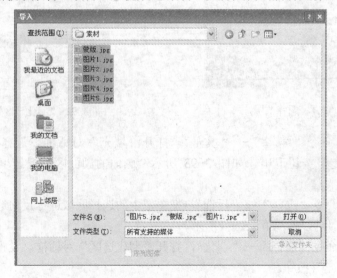

图 3-97 "导入"对话框

2）执行菜单命令"序列"→"添加轨道"，打开"添加视音轨"对话框，在"视频轨"中输入2，添加2条视频轨道，如图3-98所示，单击"确定"按钮。

3）用鼠标右键单击项目窗口的"图片1"，从弹出的快捷菜单中选择"速度/持续时间"，打开"素材速度/持续时间"对话框，设置"持续时间"为3：00，单击"确定"按钮，如图3-99所示。

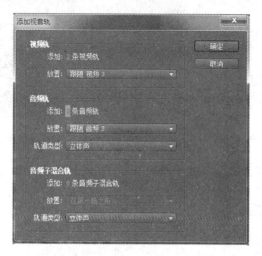

图3-98　加入视频轨道

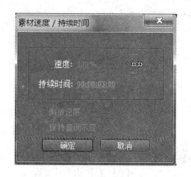

图3-99　"素材速度/持续时间"对话框

4）重复步骤3），将项目窗口的"图片2"、"图片3"、"图片4"和"图片5"的"持续时间"都设为3：00。

3. 设置素材从上向下的移动效果

1）将项目窗口中的"图片1"添加到"视频1"轨道中，使起始位置与0对齐，如图3-100所示。

2）将鼠标右键单击当前的图片，从弹出的快捷菜单中选择"缩放为当前画面大小"菜单项，将当前片段放大到与当前画幅适配，如图3-101所示。

图3-100　添加图片1

图3-101　画幅适配

3）选择"图片1"，在特效控制台窗口中展开"运动"参数，为"位置"添加两个关键帧，时间分别为0s和3：00，对应的参数分别为（360，-285）和（360，850），如图3-102所示。

4）拖动鼠标在时间线上预览，发现素材从上向下的移动效果已经做出来了，如图 3-103 所示。

图 3-102 位置参数设置

图 3-103 合成效果

5）在项目窗口中将"图片 2"拖入"视频 2"轨道，将其起始时间设置为 1：12，重复步骤 2），将当前片段放大到与当前画幅适配。

6）在项目窗口中将"图片 3"拖入"视频 3"轨道，将其起始时间设置为 3：00，按上述方法将当前片段放大到与当前画幅适配。

7）在项目窗口中将"图片 4"拖入"视频 4"轨道，将其起始时间设置为 4：12，按上述方法将当前片段放大到与当前画幅适配。

8）在项目窗口中将"图片 5"拖入"视频 5"轨道，将其起始时间设置为 6：00，按上述方法将当前片段放大到与当前画幅适配，如图 3-104 所示。

9）在时间线窗口中，选择"视频 1"轨道上"图片 1"，按〈Ctrl+C〉组合键，用鼠标右键分别单击"图片 2"、"图片 3"、"图片 4"和"图片 5"，从弹出的快捷菜单中选择"粘贴属性"菜单项，粘贴运动属性，如图 3-105 所示。

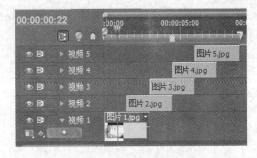

图 3-104 添加图片

10）拖动鼠标在时间线上预览，发现几段素材从上向下的移动效果已经衔接起来了，如图 3-106 所示。

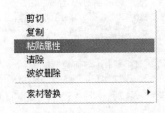

图 3-105 粘贴属性

图 3-106 合成效果

4．设置素材中间的黑色矩形区域并加入凹进效果

设置素材中间的黑色矩形区域并加入凹进效果，操作步骤如下。

1）执行菜单命令"文件"→"新建"→"序列"，打开"新建序列"对话框，在"序列名称"文本框内输入名称"素材的上下滚动"，如图3-107所示，单击"确定"按钮。

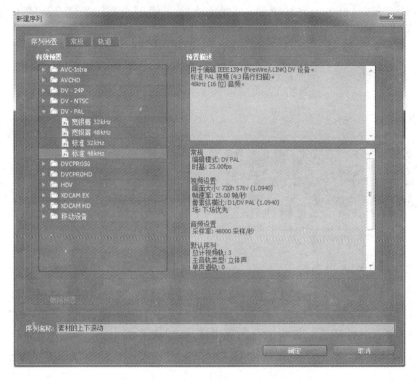

图3-107　"新建序列"对话框

2）在项目窗口中将"序列01"添加到"视频1"轨道中，如图3-108所示。

3）在项目窗口中将"蒙版"添加到"视频2"轨道中，利用工具把"蒙版"的持续时间长度调整为与"视频1"轨道中"素材的上下滚动"的持续时间一致，将"蒙版"放大到与当前画幅适配，如图3-109所示。

图3-108　添加序列01

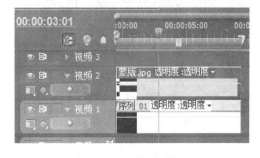

图3-109　时间线设置

4）在效果窗口中选择"视频特效"→"键"→"轨道遮罩键"，添加到"视频1"轨道的"序列01"片段上。

5）在特效控制台窗口中展开"轨道遮罩键"特效，将"遮罩"设置为"视频 2"，"合成方式"为"Luma 遮罩"，如图 3-110 所示。

6）在效果窗口中选择"视频特效"→"扭曲"→"镜头失真"，添加到"视频 1"轨道的片段上。

7）在特效控制台窗口上展开"镜头失真"特效，设置"弯度"的参数值为-40，其他参数使用默认值，如图 3-111 所示。

8）拖动鼠标在时间线上预览，发现镜头中影片的中间部分有一个黑色矩形区域，此区域为横向滚动的素材区域，在黑色区域以后滚动的素材应有一种向内凹进的效果，如图 3-112 所示。

图 3-110　轨道遮罩键

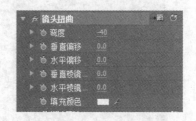

图 3-111　镜头失真

5．制作素材的横向滚动效果

制作素材的横向滚动效果操作步骤如下。

1）执行菜单命令"文件"→"新建"→"序列"，打开"新建序列"对话框，在"序列名称"文本框内输入名称"素材的从右至左平移"，单击"确定"按钮。

2）将项目窗口中的"图片 1"添加到"视频 1"轨道中，使起始位置与 0 对齐。

3）选择"图片 1"，在特效控制台窗口中展开"运动"参数，为"位置"添加两个关键帧，时间分别为 0s 和 3：00，对应的参数分别为（850，288）和（-126，288），"缩放比例"参数设置为 85，如图 3-113 所示。

图 3-112　合成效果

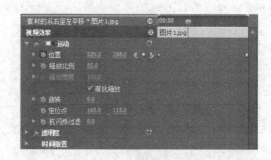

图 3-113　设置运动参数

4）在项目窗口中的"图片 2"添加到"视频 2"轨道中，将其起始位置设置为 1：10。在项目窗口中"图片 3"添加到"视频 3"轨道中，将其起始位置设置为 3：00。在项目窗口中"图片 4"添加到"视频 4"轨道中，将其起始位置设置为 4：10。在项目窗口中"图片 5"添加到"视频 5"轨道中，将其起始位置设置为 6：00，如图 3-114 所示。

5）在时间线窗口中，选择"视频 1"轨道上"图片 1"，按〈Ctrl+C〉组合键，用鼠标右键分别单击"图片 2"、"图片 3"、"图片 4"和"图片 5"，从弹出的快捷菜单中选择"粘贴属性"菜单项，粘贴运动属性。

6）拖动鼠标在时间线上预览，发现镜头中的素材的运动是连续的从右向左的平移运动，如图 3-115 所示。

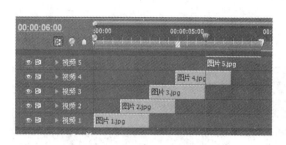

图 3-114　添加图片 5

图 3-115　合成效果

6. 将横向滚动的素材和上下移动的素材进行合成

1）执行菜单命令"文件"→"新建"→"序列"，打开"新建序列"对话框，在"序列名称"文本框内输入名称"循环底"，单击"确定"按钮。

2）在项目窗口中将"素材的上下滚动"添加到"视频 1"轨道中，使其起始位置与 0对齐。在项目窗口中将"素材的从右至左平移"拖动到"视频 2"轨道中，使其起始位置与0 对齐，如图 3-116 所示。

3）拖动鼠标在时间线上预览，合成效果如图 3-117 所示，一段素材从上向下滚动，屏幕中间的黑色矩形部分是素材的从右至左的平移运动。

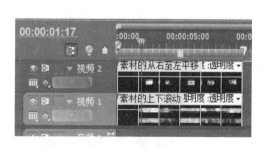

图 3-116　添加序列素材

图 3-117　合成效果

7. 加入字幕

1）执行菜单命令"文件"→"新建"→"序列"，打开"新建序列"对话框，在"序列名称"文本框内输入名称"序列 05"，单击"确定"按钮。

2）在项目窗口中将"循环底"添加到"视频 1"轨道中，使其起始位置与 0 对齐。

3）按〈Ctrl+T〉组合键，打开"新建字幕"对话框，在"名称"的文本框内输入字幕名称"标题"，"时基"为 25，单击"确定"按钮。

4）打开字幕设计窗口，字体设置为"经典行楷简"，字体大小为 100，选择"文字工具"  并单击字幕设计窗口，输入文字"影视频道"，在"字幕样式"中选择"方正金质大黑"。

5）利用"水平居中" 和"垂直居中" 工具，将字幕居中，如图 3-118 所示。

6）关闭字幕窗口，在项目窗口将"标题"添加到"视频 2"轨道中，使其起始位置与 1：15 对齐，如图 3-119 所示。

图 3-118　字幕设计　　　　　　　　　　　　图 3-119　时间线设置

7）在时间线上，使用 （选取工具）选择"视频 1"轨道上的"循环底"，执行菜单命令"素材"→"重命名"，打开"重命名素材"对话框，在"素材名"文本框内输入"最终循环底"，如图 3-120 所示，单击"确定"按钮。

8）在时间线窗口，使用 （剃刀工具）沿"视频 2"轨道上的"标题"素材的前边缘将"视频 1"轨道上的"最终循环底"片段剪开，把剪开后多出的素材删除。

9）将视频轨道的片段与位置 0 对齐。

10）在效果窗口中选择"视频切换效果"→"擦除"→"擦除"，添加到"视频 2"轨道的"标题"字幕上。

11）在特效控制台窗口中展开"擦除"特技，将"持续时间"设置为 4：00，如图 3-121 所示。

图 3-120　"重命名素材"对话框

图 3-121　设置擦除参数

12）在效果窗口中选择"视频特效"→"Trapcode"→"Shine"添加到"视频 2"轨道的"标题"字幕上。

13）在特效控制台窗口中展开"Shine"特效，为"Source Point"参数添加两个关键帧，其时间分别为 0：16 和 4：00，对应参数分别为（95，288）和（632，288）。为"Ray Lenght"添加两个关键帧，其时间分别为 4：00 和 4：12，对应参数分别为 4 和 0。

14）将"Colorize"→"Base On…"设置为 Alpha，"Colorize"设置为 None，"Transfer Mode"设置为 Overlay，如图 3-122 所示。

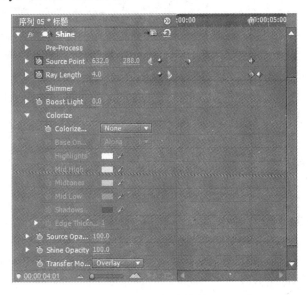

图 3-122　Shine 特效

15）拖动鼠标在时间线上预览，合成效果如图 3-123 所示，在上下左右穿梭的素材的前面，"影视频道"4 个金字闪耀着金色的光芒。

8. 调整工作区域并进行输出

调整工作区域并进行输出，操作步骤如下。

1）剪辑一段音频添加到"音频 1"轨道上，调整工作区域，使其完全覆盖视频轨道上的素材，以便于后面的影片输出，如图 3-124 所示。

图 3-123　合成效果

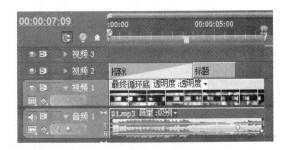

图 3-124　工作区域

2）执行菜单命令"文件"→"导出"→"媒体"，在打开的"导出设置"对话框中，"格式"设置为"Microsoft AVI"，"预设"为"PAL DV"，将文件命名为"影视频道片头．avi"，单击"导出"按钮，开始输出。到这里片头的制作完成了。

实训3　电视栏目剧片段的编辑

《贫困生柳红》剧本片段　　　　　　　　陈静

校园路上　夜

空旷的马路上，路灯昏黄，树影晃动，柳红提着大包小包的行李，艰难地走着。她有些胆怯地前后左右看了看，马路上空无一人，柳红稍微加快了脚步。突然一声女人的尖叫。（紧张的音乐）一个人影快速地从柳红身边跑过，柳红手中的包被撞掉在地上，柳红正在俯身去捡，身后突然冲出一个女孩子，女孩子被地上的包绊倒，摔在地上。柳红疑惑地看着她。女孩焦急地看着前方，挣扎着想爬起来。

女孩：（慌乱地）小偷，小偷！快！我的手机！

柳红：（赶紧去扶女孩）……

女孩挣扎着起来，顾不得手边的行李就要冲出去，柳红追上她，硬是把她拉住，要把行李递给她。

柳红：同学，东西掉落了……

女孩焦急地看着前方，小偷快速地跑，马上要不见影了，柳红仍然拉着她，要把行李给她。她无奈地挣扎着，眼看着小偷的身影没入黑夜里，女孩挫败的，气得直跺脚。她用力甩开柳红的手，恶狠狠地瞪着她。

女孩：你要做啥子？我手机遭抢了，你拉倒我做啥子？

柳红被吼得愣住了，疑惑地、怯怯地看着女孩。女孩狠狠瞪了柳红一眼，气愤地抢过行李往前走。

女孩：（抱怨的）飞机晚点，手机遭抢，还遇到个神经病……

女孩又怨愤地瞪了柳红一眼，泄愤地拍了拍身上的灰，扭头走了。

柳红怯怯地看着女孩的背影，又看了看小偷跑走的方向，内心很愧疚。

女生寝室　夜

门被大力推开，按开关的声音，房里大亮，空旷的四人间学生寝室呈现在眼前。之前被抢手机的女孩周婷提着行李走进来。她打量了一下四周的环境，选了一张桌子，放下行李，打开行李箱收拾东西。突然，门边悄悄弹出一只手抓住门框，周婷感觉不对劲，疑惑地回头看，看见一个人影快速地缩回门后。周婷吓一跳，怯怯地向门口走去。周婷站在门内仔细听了听，不敢走出去。

周婷：（怯怯的）哪个？

没回应，周婷想了想，鼓足勇气走出去，看见柳红提着行李低头站在门边。

周婷：（疑惑的，生气的）是你？你跟踪我？

柳红：（低头，支支吾吾）我，我……你住那里？

周婷上下去打量柳红，柳红一身乡土打扮，衣服有些旧了，行李包也旧旧的、脏脏的，周婷皱眉看着她。

　　周婷：（手叉腰）是！难道……你也住那里？

　　柳红：（看了看她，点头）嗯，你好，我叫柳红……

　　周婷有些惊讶，表情稍缓和，她又打量着柳红，想了想让到一边，让柳红进门。柳红提着行李，怯怯地走进寝室。

　　周婷：你哪个也半夜到？

　　柳红：（支支吾吾）火车到得晚，不晓得怎么坐车，转了几趟才找到。

　　周婷：（看了看床位）好像还有一个同学没来……

　　柳红：（观察周婷）你……你的手机真的遭抢了？是不是该报警啊？

　　周婷：（冷哼一声）算了，人早就跑了，到哪里去找嘛，再换个新的咯……

　　柳红：（愧疚的）对不起，都是因为我……

　　周婷：（挥挥手，打断她）算了，没什么。

　　周婷转身继续收拾行李，不再看柳红，柳红无奈地看了看她。

实训情景设置

　　电视栏目剧制作首先是剧本的创作，其次是素材的拍摄，最后是编辑。编辑过程包括片头的制作、视频、音频素材的剪辑、加入音乐和台词字幕及输出影片等过程。

　　本实例操作过程分为导入素材、片头制作、正片制作、片尾制作、加入音乐、输出mpg2 文件。

操作步骤

1．导入素材

具体操作步骤如下。

1）启动 Premiere Pro CS5，打开"新建项目"对话框，在"名称"文本框中输入文件名，设置文件的保存位置，如图 3-125 所示，单击"确定"按钮。

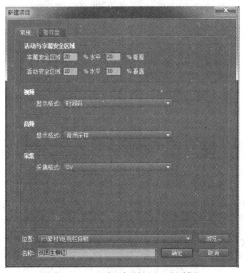

图 3-125 "新建项目"对话框

2）打开"新建序列"对话框，在"序列预置"选项卡下选择"有效预置"模式为"DV-PAL"的"标准 48kHz"选项，在"序列名称"文本框中输入序列名，如图 3-126 所示。

图 3-126 "新建序列"对话框

3）单击"确定"按钮，进入 Premiere Pro CS5 的工作界面。

4）单击项目窗口下的"新建文件夹"按钮，新建两个文件夹，分别取名为"视频"和"音频"，如图 3-127 所示。

图 3-127 项目窗口

5）分别选择"视频"和"音频"文件夹，按〈Ctrl+I〉组合键，打开"导入"对话框，在该对话框中选择本书配套教学素材"项目 3\电视栏目剧\素材\视频、音频"文件夹中的视频及音频素材，如图 3-128 所示。

图 3-128 "导入"对话框

6）单击"打开"按钮，将所选的素材导入到项目窗口中。

7）在项目窗口分别双击"0～6"视频素材，将其在源监视器窗口中打开。

2．片头制作

1）在源监视器窗口选择视频"0"，按住"仅拖动视频"按钮，将电视栏目剧《雾都夜话》片头拖到时间线的"视频 1"轨道上，与起始位置对齐。

2）从项目窗口的"音频"文件夹中选择"雾都夜话片头音乐"拖到"音频 1"轨道上，如图 3-129 所示。

3）在源监视器窗口中选择"1.mpg"素材，确定入点为 8：14，出点为 25：13，将其拖到时间线窗口，并与前一片段的末尾对齐。

4）执行菜单命令"字幕"→"新建字幕"→"默认静态字幕"，打开"新建字幕"对话框，在"名称"文本框内输入"标题 1"，"时基"设置为 25，单击"确定"按钮。

5）在屏幕上位置单击，输入"贫困生柳红"5 个字。

6）当前默认为英文字体，单击上方水平工具栏中的 经典行... 的小三角形，在弹出的快捷菜单中选择"经典行楷简"。

7）在"字幕样式"中，选择"方正金质大黑"样式，如图 3-130 所示。

8）单击"基于当前字幕新建字幕"按钮，打开"新建字幕"对话框，在"名称"文本框内输入"标题 2"，单击"确定"按钮。

9）在"字幕样式"中，选择"黑体"样式，如图 3-131 所示。

图 3-129 加入片头

图 3-130 输入文字

10）单击"基于当前字幕新建字幕"按钮，打开"新建字幕"对话框，在"名称"文本框内输入"标题3"，单击"确定"按钮。

11）删除"贫困生柳红"字幕，并在其下方输入"Pin kun sheng liu hong"，字体为"Arial"。

12）在"字幕样式"中，选择"方正金质大黑"样式，如图 3-132 所示。

图 3-131 改变文字样式

图 3-132 拼音字幕位置

13）单击"基于当前字幕新建字幕"按钮，打开"新建字幕"对话框，在"名称"文本框内输入"遮罩01"，单击"确定"按钮。

14）在屏幕上绘制一个白色倾斜矩形，将拼音字幕删除，如图 3-133 所示。

15）关闭字幕设置窗口，在时间线窗口中将当前时间指针定位到 43：03 位置。

16）将"标题01"字幕添加到"视频2"轨道中，使其开始位置与当前时间指针对齐，长度为 10s。

17）将"标题02"字幕添加到"视频3"轨道中，使其开始位置与当前时间指针对齐。

18）将"标题03"字幕添加到"视频3"轨道中，使其开始位置与"标题2"末尾对齐。

19）用鼠标右键单击"视频3"轨道处，从弹出的快捷菜单中选择"添加轨道"菜单项，打开"添加视音轨"对话框，设置添加 1 条视频轨道，如图 3-134 所示，单击"确定"按钮。

20）在时间线窗口中将当前时间指针定位到 45：00 位置。将"遮罩"添加到"视频4"轨道上，使其开始位置与当前时间指针对齐，结束位置与"标题2"的结束位置对齐，如图 3-135 所示。

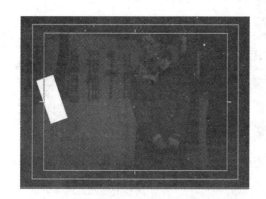

图 3-133　遮罩

图 3-134　"添加视音轨"对话框

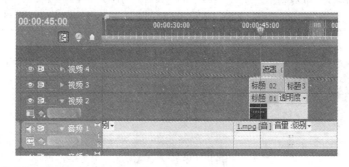

图 3-135　添加遮罩

21）在效果窗口中选择"视频切换"→"擦除"→"擦除"，添加到"标题 1"字幕的起始位置。

22）双击"擦除"特技，在特效控制台窗口展开"擦除"特技选项，设置"持续时间"为 2s，如图 3-136 所示，使标题逐步显现。

23）选择"视频 4"轨道上的"遮罩"，在特效控制台窗口展开"运动"选项，将当前时间指针定位到 45：00 位置，单击"位置"左边的"切换动画"按钮，加入关键帧。

24）将当前时间指针定位到 49：00 位置，选择"运动"选项，在节目监视器窗口将"遮罩"拖到字幕的右边，如图 3-137 所示。

25）在效果窗口中选择"视频特效"→"键"→"轨道遮罩键"，添加到"标题 2"字幕上。

26）在特效控制台窗口展开"轨道遮罩键"特效，设置"遮罩"为"视频 4"，合成方式为"Luma 遮罩"，如图 3-138 所示。

27）在效果窗口中选择"视频切换"→"滑动"→"滑动"，添加到"标题 3"字幕的起始位置。

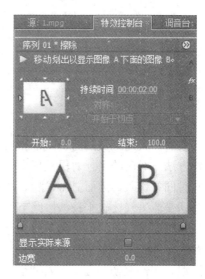

图 3-136　设置"持续时间"

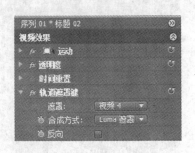

图 3-137　将"遮罩"拖到字幕的右边　　　　　　　　图 3-138　轨道遮罩键

28）双击"滑动"特技，在特效控制台窗口展开"滑动"特技，设置"持续时间"为 2s，"滑动方向"为从南到北，如图 3-139 所示，使标题从下逐步滑出。时间线窗口如图 3-140 所示。

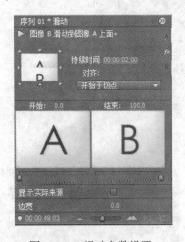

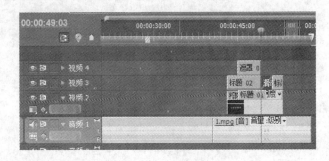

图 3-139　滑动参数设置　　　　　　　　　　图 3-140　片段的排列

3. 正片制作

对于人物对白的剪辑，根据对白内容和戏剧动作的不同，可以有平行剪辑和交错剪辑两种方法。对白的平行剪辑是指上一个镜头对白和画面同时同位切出或下一个镜头对白和画面同时同位切入，因而显得平稳、严肃而庄重，但稍嫌呆板，应用于人物空间距离较大、人物对话交流语气比较平稳、情绪节奏比较缓慢的对白剪辑。对白的交错剪辑是指上一个镜头对白和画面不同时同位切出，或下一个镜头对白和画面不同时同位切入，而将上一个镜头里的对白延续到下一个镜头人物动作上来，从而加强上下镜头的呼应，使人物的对话显得生动、活泼、明快流畅。应用于人物空间距离较小、人物对话情绪交流紧密、语言节奏较快的对白剪辑。

1）执行菜单命令"文件"→"新建"→"序列"，打开"新建序列"对话框，在"序列名称"中输入序列名称，选择视音频轨道，单击"确定"按钮。

2）将当前时间指针定位到 0 的位置，将"项目"窗口中的"序列 01"添加到"视频 1"

轨道中，使起始位置与当前时间指针对齐，如图 3-141 所示。

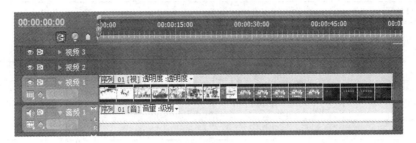

图 3-141 添加"序列 01"

3）在源监视器窗口中按照电视画面编辑技巧，依次设置素材的入出点，添加到时间线的"视频 1"轨道中，与前一片段对齐，具体设置如表 3-1 所示，在"视频 1"轨道的位置。

表 3-1 设置视频片段

视频片段序号	素材来源	入点	出点
片段 1	6.mpg	02：01	04：22
片段 2	1.mpg	31：11	34：24
片段 3	6.mpg	06：18	07：14
片段 4	1.mpg	36：02	38：00
片段 5	1.mpg	45：12	48：09
片段 6	1.mpg	49：09	53：15
片段 7	1.mpg	54：23	59：13
片段 8	1.mpg	1：49：15	1：55：03
片段 9	1.mpg	2：10：20	2：12：14
片段 10	4.mpg	6：05	18：10
片段 11	5.mpg	11：03	18：14
片段 12	4.mpg	25：23	44：21
片段 13	2.mpg	51：15	1：19：01
片段 14	3.mpg	00：24	03：08
片段 15	2.mpg	1：25：01	1：27：06
片段 16	2.mpg	3：02：03	3：04：21
片段 17	2.mpg	1：48：07	1：50：01
片段 18	2.mpg	3：59：06	4：02：00
片段 19	2.mpg	3：10：00	3：13：05
片段 20	2.mpg	4：05：02	4：11：08
片段 21	2.mpg	3：21：02	3：24：15
片段 22	2.mpg	4：52：05	4：54：19
片段 23	2.mpg	5：18：11	5：22：15
片段 24	2.mpg	6：43：08	6：49：13

视频片段序号	素材来源	入　　　点	出　　　点
片段 25	2.mpg	5：55：12	6：00：08
片段 26	2.mpg	6：54：09	6：55：14
片段 27	2.mpg	6：05：21	6：07：21
片段 28	2.mpg	6：57：10	7：01：04
片段 29	2.mpg	7：01：04	7：03：18
片段 30	2.mpg	6：15：06	6：17：07
片段 31	2.mpg	7：06：20	7：12：17

4）选择片段 12，在特效控制台窗口中展开"透明度"参数，为"透明度"参数添加两个关键帧，时间位置为 2：01：20 和 2：03：21，对应的参数设置为 100 和 0，加入淡出效果。

5）选择片段 13，在特效控制台窗口中展开"透明度"参数，为"透明度"参数添加两个关键帧，时间位置为 2：04：07 和 2：05：21，对应的参数设置为 0 和 100，加入淡入效果，如图 3-142 所示。

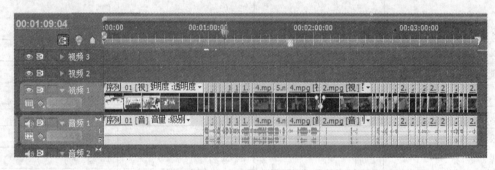

图 3-142　添加多个片段

6）为影片添加台词字幕。执行菜单命令"字幕"→"新建字幕"→"默认静态字幕"，打开"新建字幕"对话框，在其"名称"中输入"字幕 1"，单击"确定"按钮。

7）打开"字幕"对话框，当前默认为英文字体，单击上方水平工具栏中的 Courier ▼ 的小三角形，在弹出的快捷菜单中选择"经典粗黑简"。

8）在"字幕属性"中，设置"字体大小"为 25。单击屏幕中左下部位置，在字幕安全框内左对齐，根据演员台词按普通话文字将台词一段一段地输入到其中，不要标点符号。本例解说词如下：

"喂，小心一点。""快，帮我抓住他，抢东西了，站住，站住。""喂，同学，东西掉了。""站住，站住，站住。""站住，站住，抢东西了，快，站住。""喂，东西掉了。""站住，站住，我的包包，站住，不要跑""站住，站住，等等，我的包包、手机。你的包包""你的包包掉了""哎呀，哎，你要干什么。你的包包""我的包包被抢了，你抓住我干什么？""我的手机、钱包全部都在那里面。""飞机晚点，手机被抢，还遇到个神经病。""哪个？是你，你跟踪我吗？""你住这里？是的，你也住这里？""嗯，我叫柳红。""你怎么半夜到？""火车到得晚，转了几趟才找到。""好像还有一个同学没来。嗯，你的手机真的被抢了？""那你报警了吗？算了，人早就跑了，到哪里去找嘛？""只有再买个新的了。对不起，都是因为我。""算了，算了，没关系。"

9）在"字幕属性"中，设置"描边"选择为"外侧边"，其"类型"为"边缘"，"大小"为30，"色彩"为"黑色"，如图3-143所示。

10）制作完一段字幕后，单击"基于当前字幕新建字幕"按钮，打开"新建字幕"对话框，在"名称"文本框内输入"字幕2"，单击"确定"按钮。

11）将第2段字幕复制并覆盖第1段字幕，如图3-144所示。重复第10）～11）步，以此类推，直到第1部分解说词制作完成为止。

图3-143 输入文字

图3-144 覆盖第1段字幕

12）关闭字幕设置窗口，在项目窗口新建一个名为"字幕"的文件夹，将"字幕1"～"字幕23"拖到其中。将"字幕"文件夹添加到"视频2"轨道上，适当调节字幕的长度、位置且与声音同步即可，如图3-145所示。

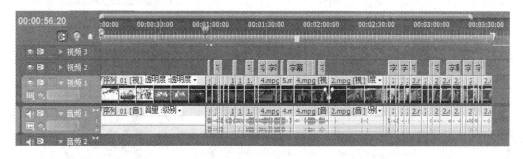
图3-145 添加字幕

13）执行菜单命令"文件"→"保存"，保存项目文件，正片的制作完成。

4．片尾制作

片尾制作操作步骤如下。

1）执行菜单命令"字幕"→"新建字幕"→"默认滚动字幕"，在"新建字幕"对话框中输入字幕名称，单击"确定"按钮，打开字幕窗口，自动设置为纵向滚动字幕。

2）使用文字工具输入演职人员名单，插入赞助商的标志，输入其他相关内容，"字体"选择"经典粗宋简"，字号为45。

3）在"字幕属性"中，设置"描边"选择为"外侧边"，其"类型"为"边缘"，"大小"为35，"色彩"为"黑色"，如图3-146所示。

4）输入完演职人员名单后，按〈Enter〉健，拖动垂直滑块，将文字上移出屏幕为止。单击字幕设计窗口合适的位置，输入单位名称及日期，字号为 41，其余同上，如图 3-147 所示。

图 3-146 输入演职人员名单

图 3-147 输入单位名称及日期

5）执行菜单命令"字幕"→"滚动/游动选项"或单击字幕窗口上方的"滚动/游动选项" 按钮，打开"滚动/游动选项"对话框。在对话框中勾选"开始于屏幕外"，使字幕从屏幕外滚动进入。设置完毕后，单击"确定"按钮即可，如图 3-148 所示。

6）关闭字幕设置窗口，将当前时间指针定位到 3：33：11 位置，拖放"片尾"到时间线窗口"视频2"轨道上的相应位置，使其开始位置与当前时间指针对齐，持续时间设置为 12s。

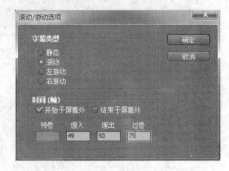

图 3-148 滚动字幕设置

7）将画面的最后一帧输出为单帧。将时间线拖动到需要输出帧的位置处，如图 3-149 所示。

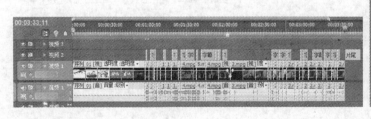

图 3-149 单帧位置及画面

8）执行菜单命令"文件"→"导出"→"媒体"，打开"导出设置"对话框，在"格式"下拉列表中选择"Targa"，"预置"下拉列表中选择"PAL Targa"，设置好"输出名称"选项，如图 3-150 所示。单击"确定"按钮。

9）打开"输出单帧"对话框，如图 3-151 所示，在"文件名"文本框内输入文件名后，单击"保存"按钮，导出单帧文件。

图 3-150 "导出设置"对话框　　　　　　图 3-151 "输出单帧"对话框

10）将单帧文件导入到项目窗口，将其拖到"视频 1"轨道上，与"片尾"对齐，如图 3-152 所示。

5. 加入音乐

1）在项目窗口将"003.mp3"拖到源监视器窗口，在 23：06 设置入点，1：02：14 设置为出点。

2）将当前时间指针定位在 54：09 位置，选择"音频 2"轨道，单击素材源监视器窗口的"覆盖"按钮，加入片头音乐。

图 3-152　单帧的位置

3）单击"音频 2"轨道左边的"折叠/展开轨道"按钮，展开"音频 2"轨道，在工具箱中选择"钢笔工具"，按〈Ctrl〉键，鼠标在"钢笔工具"图标附近出现加号，在 54：09、56：09、1：31：17 和 1：33：17 的位置上单击，加入 4 个关键帧。

4）放开〈Ctrl〉键，拖起、始点的关键帧到最低点位置上，这样素材就出现了淡入淡出的效果。

5）在项目窗口将"01.mp3"拖到源监视器窗口，在 45：15 设置入点，1：00：01 设置为出点。

6）将当前时间指针定位在 3：31：07 位置，单击源监视器窗口的"覆盖"按钮，添加片尾音乐，如图 3-153 所示。

6. 输出 mpg2 文件

1）执行菜单命令"文件"→"导出"→"媒体"，打开"导出设置"对话框。

2）在右侧的"导出设置"中单击"格式"下拉列表框，选择"MPEG2"选项。

3）单击"输出名称"后面的链接，打开"另存为"对话框，在对话框中设置保存的名称和位置，单击"保存"按钮。

4）单击"预置"下拉列表框，选择"PAL DV 高品质"选项，准备输出高品质的 PAL 制 mpg2 视频，如图 3-154 所示，单击"导出"按钮，开始输出，如图 3-155 所示。

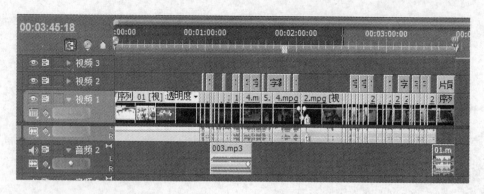

图 3-153　添加音乐

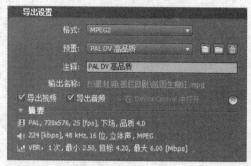

图 3-154　输出设置

图 3-155　渲染影片

项目小结

体会与评价：完成这个任务后得到什么结论？有什么体会？完成任务评价表，如表 3-2 所示。

表 3-2　任务评价表

班　　级		姓　　名	
项　　目	内　　容	评价标准	得　　分
1	婚恋片头	3	
2	影视频道	3	
3	电视栏目剧片段的编辑	4	
	总评		

课后拓展练习 3

由教师提供电视栏目剧剧本及视频素材，学生根据剧本完成一部电视栏目剧的编辑制作。

习题 3

1. 填空题

1）在特效控制台窗口中选择_____项，影像会出现控制框。

2）Premiere Pro CS5 的效果可分为_____和_____效果。

3）"自动颜色"效果可以自动调节影像的_____。

4）在扭曲效果文件夹中共包括_____种扭曲效果。

5）合成一般分为_____和_____。

6）差异蒙版键控是使用_____实现抠像的。

7）利用_____键可以将图像和背景完美地结合在一起。

2. 选择题

1）调整滤镜效果使用的是_____窗口。

    A．特效控制台窗口　　　　　　　　B．节目窗口

    C．效果窗口　　　　　　　　　　　　D．项目窗口

2）下面_____效果不属于风格化效果。

    A．Alpha 辉光　　　　B．画笔描绘　　　　　C．彩色浮雕　　　　D．偏移

3）使用图像蒙版键控时，蒙版中的_____产生遮挡的作用。

    A．黑色　　　　　　　　B．白色　　　　　　　　C．灰色　　　　　　　D．蓝色

4）当对动态影像进行抠像时，虚边产生半透明效果是_____。

    A．不正常的　　　　　　　　　　　B．正常的，会增加动感

    C．会产生与背景分离的效果　　　　D．产生硬边

5）黄种人在使用抠像时使用_____背景录制比较容易抠像。

    A．红色　　　　　　　　B．绿色　　　　　　　　C．蓝色　　　　　　　D．单色

3. 问答题

1）如何在片段中加入视频特效？

2）简述裁剪效果的使用。

3）抠像后容易产生两种不和谐的色彩，需要如何设置？

4）轨道蒙版键和差异蒙版键的特点是什么？

项目 4 电视纪录片的编辑

 项目导读

电视纪录片是在因电视的诞生而衍生出的、一个全新的、表现领域里极大地影响观众并受到观众支持的电视节目的一种类型。

- 纪录片是不包含一切戏剧化的虚构、将事实用写实的手法表现出来的电影的一种形式。
- 纪录片是用事实来述说真实，并且不使用任何导演手法的一种节目形式。
- 纪录片原则上应尽量避免再现和设计，在无法按拍摄方案拍摄时，可以改变拍摄方案或修改解说词。
- 对于纪录片来说，最重要的是传达真实。但是，事实经常会发生变化，并不总是能够体现出真实来。可以由制作者来判断是否需要在经过前期调查、在事实的基础上使用导演手段将真实加以传播。
- 对于纪录片来说，关键要看它是否通过节目本身揭示了真实，个别场景可以进行设计和再现，不需要流水账式的说明及编辑。
- 纪录片是以事实为基础进行戏剧化地再现的节目。在由于时间或气象条件等原因致使拍摄无法进行的情况下，可以进行再现导演。

 技能目标

能使用运动制作动画，完成纪录片片头的制作及编辑。

 知识目标

了解运动效果的概念。
掌握添加、设置运动效果的方法。
学会正确添加运动效果。
学会设置运动效果。
学会关键帧动画的制作。

 依托项目

在电视纪录片中，有各种各样效果的纪录片出现在电视屏幕上，使观众耳目一新，产生激情。我们把电视纪录片制作当做一个任务。

 项目解析

作为一个电视纪录片，应该首先出现的是光彩夺目的背景及片名，为了使片头有动感、不呆板，需要将其做成动画，然后添加一些动态效果，最后是纪录片的编辑。我们可以将电

视纪录片分成几个子任务来处理，第一个任务是运动效果，第二个任务是综合实训。

任务　运动动画的制作

 问题的情景及实现

Premiere Pro CS5 可以在影片和静止图像中产生运动效果，这十分类似于使用动画摄像机，可以通过为对象建立运动来改变对象在影片中的空间位置和状态等。

视频轨道上的对象都具有运动的属性，可以对目标进行移动、调整大小和旋转等操作。如果添加关键帧调整参数的话，还能产生动画。

4.1　关键帧动画

在动画发展的早期阶段，动画是依靠手绘逐帧渐变的画面内容，在快速连续的播放过程中产生连续的动作效果。而在 CG（将利用计算机技术进行视觉设计和生产的领域通称为 CG）动画时代，只需要在物体阶段运动的端点设置关键帧，则会在端点之间自动生成连续的动画，即关键帧动画。

1．关键帧动画概述

使用关键帧可以创建动画并控制动画、效果、音频属性，以及其他一些随时间变化而变化的属性。关键帧标记指示设置属性的位置，例如，空间位置、不透明度、时间重置或音频的音量。关键帧之间的属性数值会被自动计算出来。当使用关键帧创建随时间变化而产生的变化时，至少需要两个关键帧，一个处于变化的起始位置的状态，而另一个处于变化结束位置的新状态。使用多个关键帧，可以为属性创建复杂的变化效果。

当使用关键帧为属性创建动画时，可以在特效控制台窗口或时间线窗口中观察并编辑关键帧。有时使用时间线窗口设置关键帧，可以更为方便直观地对其进行调节。在设置关键帧时，遵循以下方针可以大大增强工作的方便性与工作效率。

- 在时间线窗口中编辑关键帧，适用于只具有一维数值参数的属性，例如不透明度或音频的音量，而特效控制台窗口则更适合二维或多维数值参数的属性，比如色阶、旋转或比例等。
- 在时间线窗口中，关键帧数值的变化会以图表的形式展现，因此可以直观分析数值随时间变化的大体趋势。在默认状态下，关键帧之间的数值以线性的方式进行变化，但可以通过改变关键帧的插值，以贝塞尔曲线的方式控制参数的变化，从而改变数值变化的速率。
- 特效控制台窗口可以一次性显示多个属性的关键帧，但只能显示所选素材片段的；而时间线窗口可以一次性显示多轨道或多素材的关键帧，但每个轨道或素材仅显示一种属性。
- 像时间线窗口一样，特效控制台窗口也可以图像化显示关键帧。一旦某个效果属性的关键帧功能被激活，便可以显示其数值及其速率图。速率图以变化的属性数值曲线显示关键帧的变化过程，显示可供调节用的柄，以调节其变化速率和平滑度。
- 音频轨道效果的关键帧可以在时间线窗口或音频混合器窗口中进行调节，而音频素材片段效果的关键帧则像视频片段效果一样，只可以在时间线窗口或特效控制台窗口中进行调节。

2. 操作关键帧的基本方法

使用关键帧可以为效果属性创建动画，可以在特效控制台窗口或时间线窗口添加并控制关键帧。

在特效控制台窗口中，单击按下效果属性名称左边的"切换动画"按钮，激活关键帧功能，在时间指针当前位置自动添加一个关键帧。单击"添加/删除关键帧"按钮，可以添加或删除当前时间指针所在位置的关键帧。单击此按钮前后的三角形箭头按钮，可以将时间指针移动到前一个或后一个关键帧的位置。改变属性的数值可以在空白地方自动添加包含此数值的关键帧，如果此处有关键帧，则更改关键帧数值。单击属性名称左边的三角形按钮，可以展开此属性的曲线图表，包括数值图表和速率图表。再次单击"秒表"按钮，可以关闭属性的关键帧功能，设置的所有关键帧将被删除。

在时间线窗口中，单击视频轨道控制区域的"显示关键帧"按钮，从弹出的菜单中选择"显示关键帧"，在轨道的素材片段上显示由数值线连接的关键帧。在素材片段上沿的下拉列表中，可以选择显示哪个属性的关键帧，同一轨道的素材片段可以显示不同属性的关键帧。

音频轨道可以选择显示素材片段的关键帧或轨道的关键帧。同在特效控制台窗口一样，时间线窗口的轨道控制窗口区域也有一个"添加/删除关键帧"按钮和两个前后的三角形箭头按钮，使用方法和在特效控制台窗口一样。

时间线窗口不但显示关键帧，还以数值线的形式显示数值的变化，关键帧位置的高低表示数值的大小。使用钢笔工具或选择工具拖曳关键帧，可以对其数值进行调节。按住〈Ctrl〉键，使用钢笔工具单击数值线上的空白位置，可以添加关键帧，而单击关键帧，可以改变其插值方法，在线性关键帧和 Bezier 关键帧中进行转换。当关键帧转化为 Bezier 插值时，可以使用钢笔工具调节其控制柄的方向和长度，从而改变关键帧之间的数值曲线。

使用钢笔工具或选择工具单击关键帧，可以将其选中，按住〈Shift〉键，可以连续选择多个关键帧。使用钢笔工具拖曳出一个区域，可以将区域内的关键帧全部选中。使用菜单命令"编辑"→"剪切/复制/粘贴/清除"，可以对选中的关键帧进行剪切、复制、粘贴及清除的操作，其对应的快捷键分别为〈Ctrl+X〉、〈Ctrl+C〉、〈Ctrl+V〉和〈Backspace〉。粘贴多个关键帧时，从时间指针位置开始顺序粘贴。

4.2 创建运动动画实践

通过为素材片段的几个基本属性设置关键帧，可以制作位移、缩放或旋转等动画效果。为位置属性设置关键帧，可以生成位移动画，在节目监视器会以运动路径的方式显示其运动轨迹。运动路径由顺序排列的点组成，每个点标记了在每一帧时素材片段的位置，而其中的X 形点代表关键帧。

在特效控制台窗口中，展开运动项进行设置，如图 4-1 所示。

1. 定位点的设置

Premiere Pro CS5 中以定位点作为基础进行相关属性的设置。默认状态下定位点在对象的中心点，可以对定位点进行动画设置。

定位点是对象的旋转或缩放等设置的坐标中心。随着定位点的位置不同，对象的运动状态也会有方式的变化。例如，一个旋转的矩形，当定位点在矩形的中心时，为其应用旋转，就沿着定位点自转，如图4-2所示。

图4-1　"运动"项设置

图4-2　定位点在片段中心的自转

　　当定位点在矩形外时，就绕着定位点公转，如图4-3所示。

　　在特效控制台窗口中，改变定位点的位置，可以在窗口中直接改变定位点的 X 和 Y 参数即可。

2．位置的设置

　　Premiere Pro CS5 可以通过关键帧为对象的位置设置动画。为对象的位置设置动画后，在节目监视器窗口中会以运动路径的形式表示对象移动状态，如图4-4所示。为层在合成图像的开始位置和运动后位置，沿着运动路径进行移动。制作运动的方法如下。

图4-3　片段绕着定位点公转

图4-4　运动前、后位置

　　1）启动 Premiere Pro CS5，设置视频轨道数量为 7，新建一个名为"运动"的项目文件。

　　2）执行菜单命令"文件"→"导入"，打开"导入"对话框，选择本书配套教学素材"项目 1\任务 2\素材"文件夹中的"练习素材.avi"和"项目 3\视频合成\素材"文件夹内的"云层滚动.m2v"，单击"确定"按钮。

　　3）将"云层滚动"添加到"视频 1"轨道上。双击"练习素材"将其添加到源监视器窗口，在源监视器窗口分别剪辑 6 段素材（50：13～55：06、00：00～4：19、10：20～

15：13、20：06～24：24、29：12～34：05 和 59：09～1：04：02），使用"仅拖动视频"
按钮，分别添加到"视频2"～"视频7"轨道，如图4-5所示。

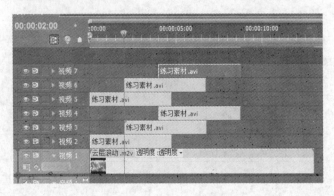

图4-5　时间线窗口片段的排列

4）将"视频 3"～"视频 6"轨道的"切换轨道输出"按钮 关闭，单击时间线窗口
"视频 2"轨道中的素材使其处于选择状态，激活特效控制台窗口，展开"运动"属性，将
"缩放比例"参数设置为 30。选择"运动"属性，可以看到节目监视器窗口中目标的边缘出
现范围框，如图4-6所示。

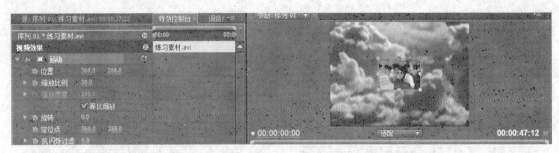

图4-6　选择"运动"属性出现控制框

5）在特效控制台窗口中，将时间码设置为 0 的位置上，单击"位置"左边的"切换动
画"按钮，添加关键帧。在节目监视器窗口将素材拖到窗口右下角的外面，如图4-7所示。

6）单击特效控制台窗口左下角的时间码，将时间码设置为 4：18 位置上，在节目监视
器窗口中片段框上单击并向左拖动，如图4-8所示。

图4-7　素材在监视器窗口的位置1

图4-8　素材在监视器窗口的位置2

7）单击特效控制台窗口左下角的时间码，将时间码设置为 1：00 位置上，在节目监视器窗口中片段框上单击并向左拖动，如图 4-9 所示。

注： 运动路径以一系列的点来表示，运动路径上的点越疏，表示层运动越快；运动路径上的点越密，则表示运动越慢。

8）单击"视频 2"轨道上的"折叠-展开轨道"按钮，在工具箱中选择"钢笔工具"，按〈Ctrl〉键，鼠标在"钢笔工具"图标附近出现加号，在淡出位置（3：19 和 4：19）上单击，加入两个关键帧。

9）放开〈Ctrl〉键，拖起片段终点的关键帧到最低点位置上，如图 4-10 所示。

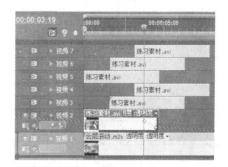

图 4-9　素材在监视器窗口的位置 3　　　　　图 4-10　添加淡出效果

10）用鼠标右键单击"视频 2"轨道的片段，从弹出的快捷菜单中选择"复制"菜单项。

11）用鼠标右键分别单击"视频 3"、"视频 4"轨道上的片段，从弹出的快捷菜单中选择"粘贴属性"菜单项。

12）将"视频 5"轨道的"切换轨道输出"按钮打开，单击时间线窗口"视频 5"轨道中的素材使其处于选择状态，激活特效控制台窗口，展开"运动"属性，将"缩放比例"参数设置为 30。选择"运动"属性，可以看到节目监视器窗口中目标的边缘出现范围框。

13）在特效控制台窗口中，将时间码设置为 0 的位置上，单击"位置"左边的"切换动画"按钮，添加关键帧。在节目监视器窗口将素材拖到窗口右下角的外面，如图 4-11 所示。

图 4-11　"运动"属性

14）单击特效控制台窗口左下角的时间码，将时间码设置为 4∶18 位置上，在节目监视器窗口中片段框上单击并向上拖动，如图 4-12 所示。

15）单击"视频 5"轨道上的"折叠-展开轨道"按钮▓，在工具箱中选择"钢笔工具"▓，按〈Ctrl〉键，鼠标在"钢笔工具"图标附近出现加号，在淡出位置（3∶19 和 4∶19）上单击，加入两个关键帧。

16）放开〈Ctrl〉键，拖起片段终点的关键帧到最低点位置上。用鼠标右键单击"视频 5"轨道的片段，从弹出的快捷菜单中选择"复制"菜单项。

17）用鼠标右键分别单击"视频 6"、"视频 7"轨道上的片段，从弹出的快捷菜单中选择"粘贴属性"菜单项。将"视频 3"、"视频 4"、"视频 6"和"视频 7"轨道的"切换轨道输出"按钮▓打开，单击"播放/停止"按钮，观察其效果。

18）调整"视频 3"、"视频 4"和"视频 6"、"视频 7"轨道上的片段的位置，使其间距适合，如图 4-13 所示。

图 4-12　节目监视器窗口

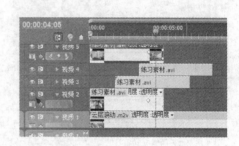

图 4-13　调整起始间距

19）单击"播放/停止"按钮，效果如图 4-14 所示。

图 4-14　位置动画效果

3. 大小的设置

Premiere Pro CS5 可以以定位点为基准，为对象进行缩放，改变对象比例尺寸，可以通过改变"缩放比例"参数值改变目标大小。在运动属性中取消"等比缩放"复选框，可以分别设置目标的缩放高度和宽度。

在节目监视器窗口中拖动对象边框的句柄改变目标的大小，如图 4-15 所示。

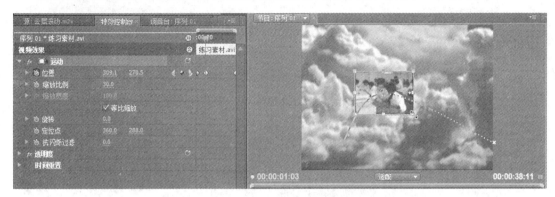

图 4-15　拖动句柄缩放影像

1）启动 Premiere Pro CS5，新建一个名为"大小"的项目文件。

2）执行菜单命令"文件"→"导入"，打开"导入"对话框，选择"练习素材"和"云层滚动"，单击"确定"按钮。

3）将"云层滚动"添加到"视频 1"轨道上，将其缩短至 5s。双击"练习素材"将其添加到源监视器窗口，在源监视器窗口剪辑 1 段 5s 的素材，使用"仅拖动视频"按钮，添加到"视频 2"轨道，如图 4-16 所示。

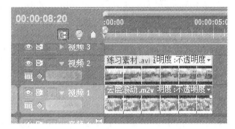

图 4-16　素材的排列

4）单击时间线窗口"视频 2"轨道中的素材使其处于选择状态，激活特效控制台窗口，展开"运动"属性，将"缩放比例"参数设置为 0。

5）在特效控制台窗口中，将时间码设置为 0 的位置上，单击"缩放比例"右边的"添加/删除关键帧"按钮，添加关键帧。

6）单击特效控制台窗口左下角的时间码，将时间码设置为 1：00 位置上，将"缩放比例"设置为 200，如图 4-17 所示。

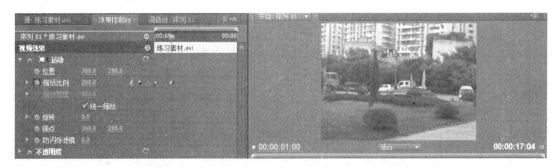

图 4-17　缩放动画

7）单击特效控制台窗口左下角的时间码，将时间码设置为 4：00 位置上，将"缩放比例"设置为 100。

8）单击"播放/停止"按钮，观看其效果。

4．旋转的设置

Premiere Pro CS5 以对象的定位点为基准，为对象进行旋转设置。反向旋转表示为负角度。修改旋转参数，可以旋转目标，也可将鼠标指针移动到节目监视器窗口片段范围控制点的左右。当指针变为 ⊕ 形状时，就可以直接对其进行旋转，如图 4-18 所示。

图 4-18　旋转影像

1）启动 Premiere Pro CS5，新建一个名为"旋转"的项目文件。

2）执行菜单命令"文件"→"导入"，打开"导入"对话框，选择"练习素材"和"云层滚动"，单击"确定"按钮。

3）将"云层滚动"添加到"视频 1"轨道上，将其缩短至 5s。双击"练习素材"将其添加到源监视器窗口，在源监视器窗口剪辑 1 段 5s 的素材，使用"仅拖动视频"按钮，添加到"视频 2"轨道。

4）单击时间线窗口"视频 2"轨道中的素材使其处于选择状态，激活特效控制台窗口，展开"运动"属性，将"缩放比例"参数设置为 0。

5）在特效控制台窗口中，将时间码设置为 0 的位置上，单击"缩放比例"和"旋转"左边的"切换动画"按钮，添加关键帧。

6）单击特效控制台窗口左下角的时间码，将时间码设置为 2：00 位置上，将"缩放比例"设置为 200，"旋转"设置为 360°。

7）单击特效控制台窗口左下角的时间码，将时间码设置为 4：00 位置上，将"缩放比例"设置为 100，"旋转"设置为 0°。

8）单击特效控制台窗口左下角的时间码，将时间码设置为 3：00 位置上，将"旋转"设置为 360°，如图 4-19 所示。

9）单击"播放/停止"按钮，观看其效果。

5．时间重置

"时间重置"效果，可以方便地实现素材快动作、慢动作、倒放、静帧等效果。和"速度/持续时间"效果对整段素材的速度调整不同，"时间重置"可以通过关键帧的设定实现一段素材中不同速度的变化，这些变化都不是突变，而是平滑过渡的。

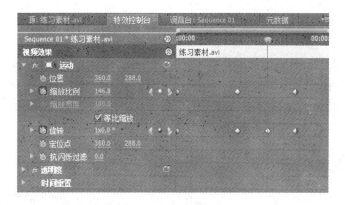

图 4-19　旋转动画的设置

1）在时间线窗口中，单击"视频 2"轨道以上素材上方效果菜单，从弹出的快捷菜单中选择"时间重置"→"速度"菜单项，如图 4-20 所示，在素材上方会看到一条黄线，这是素材的速度曲线。

2）用鼠标向上或者向下拖动这根黄线，可以提高或者降低素材的回放速度，同时有一个百分比的显示。大于 100%为快放，小于 100%为慢放。在速度改变的同时，素材的持续时间也会发生改变，快放使素材变短，慢放使素材拉长，如图 4-21 所示。

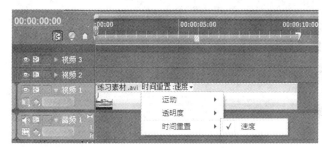

图 4-20　速度参数

图 4-21　拖动黄线

下面我们看看如何对一段素材实现前半段慢放后半段快放的效果。

1）按住〈Ctrl〉键，在黄线上单击，设置一个关键帧，素材上会出现一个速度关键帧图标，如图 4-22 所示。

2）拖动关键帧前面部分的黄线，使速度小于 100%，为慢放效果；拖动关键帧后面部分的黄线，使速度大于 100%，为快放效果，如图 4-23 所示。

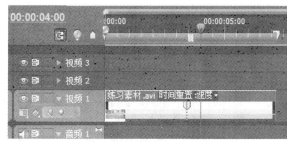

图 4-22　出现关键帧

图 4-23　快慢效果

3）为了让这个快慢动作看起来更好，还需要设置素材速度从慢到快的平滑过渡。速度关键帧图标分为两半，可以用鼠标拖曳将它们分开。它们之间（颜色稍深部分）的距离，代表了速度变化的过渡时间的长短。单击中间灰色部分，会出现一个控制手柄，拖动手柄可以设置速度变化的曲线，实现平滑过渡，如图4-24所示。

4）也可以在特效控制台窗口中"时间重置"选项的"速度"参数设置关键帧和调节选项，效果和下面讲的是一样的，如图4-25所示。

图4-24　平滑过渡

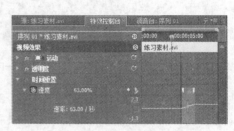
图4-25　速度参数

5）对于速度关键帧，如果按住〈Ctrl+Alt〉组合键的同时向左或向右拖动关键帧的左边或右边，得到的是静帧的效果（关键帧两部分中间的变化），如图4-26所示。

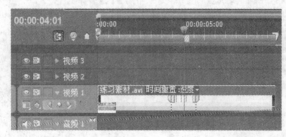
图4-26　静帧效果

综合实训

实训目的

通过本实训项目使学生能进一步掌握运动效果制作，能在实际项目中运用特技效果、运动效果制作电视片头及电视纪录片。

实训1　栏目包装——电影频道

实训情景设置

通过配合使用特效转换和运动效果，制作一个名为"电影频道"的电视栏目包装片头。以动态视频为背景，应用视频转换来展开前景图片，创作重点在于通过丰富的动画效果，展示与主题紧密联系的栏目片头内容。

整个影片的制作为4个步骤：在Photoshop中制作出所需的图形和文字图片，以PSD格式保存；以正确的方式导入影片素材，在时间线窗口中编排素材的出场顺序；为时间线窗口中的素材添加运动效果和视频转换，依次编辑出丰富的动画展示效果；添加背景音乐，对影片文件进行输出。

🔑 操作步骤

1．制作图形和文字素材

为了得到清晰美观的影片画面质量，本实例中所用到的部分图形使用 Photoshop CS5 来编辑制作，并以 PSD 格式保存文件，然后导入项目文件中进行编辑处理。

1）启动 Photoshop Pro CS5，打开一个名为"电影胶片.psd"的文档，如图 4-27 所示。

图 4-27　打开 psd 文档

2）在"图层"面板中单击"新建图层"按钮，新建 9 个图层，如图 4-28 所示。

3）选择"文件"→"打开"命令，打开本书配套教学素材中"项目 4\电影频道\素材"文件夹中的"08.jpg"文件，使用"矩形选框"工具框选中全部图像，如图 4-29 所示。

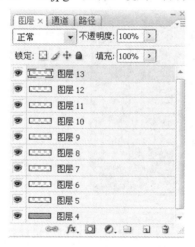

图 4-28　新建图层

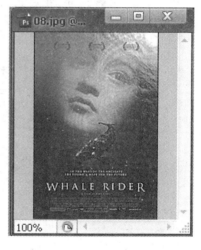

图 4-29　打开图形并选中

4）将选中的图形复制并粘贴到"电影胶片.psd"中，在图形上单击鼠标右键，在弹出的快捷菜单中选择"自由变换"命令。

5）持续按下〈Ctrl++〉组合键放大画面，便于图形变换操作。拖动图形周围的控制锚点，调整图形的大小，使图形与胶片中的矩形框大小一致。

6）按照相同的方法，打开图形素材"01.jpg"～"07.jpg"，将其分别粘贴到"电影胶片.psd"文件的各个图层中，调整好其尺寸和位置。操作完成后，将"电影胶片.psd"文件另存为"风云电影.psd"文件，如图 4-30 所示。

图 4-30 保存文档

2. 导入素材

导入素材操作步骤如下。

1）启动 Premiere Pro CS5，打开欢迎界面。单击"新建项目"按钮，打开"新建项目"对话框。

2）在"常规"选项卡中单击"位置"后面的"浏览"按钮，在打开的对话框中选择文件保存的位置；在"名称"后面的文本框中输入文件的保存名称，如图 4-31 所示，单击"确定"按钮。

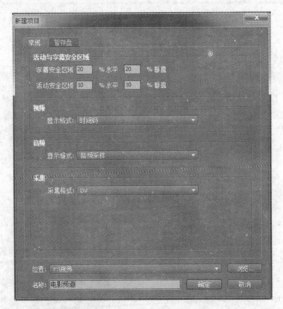

图 4-31 "新建项目"对话框

3）在打开的"新建序列"对话框中选择"序列预置"选项卡。在"有效预置"列表框中选择"DV-PAL"项中的"标准 48kHz"项，如图 4-32 所示，单击"确定"按钮。

4）执行菜单命令"文件"→"导入"，打开"导入"对话框，选择本书配套光盘中"项目 4\电影频道\素材"文件夹中的"动态背景.MIV"、"背景.psd"和"风云电影.psd"素材。

5）在导入"风云电影.psd"素材时会弹出"导入分层文件：风云电影"对话框，在对话框中保持默认选项"合并所有图层"，单击"确定"按钮，导入该素材文件，如图 4-33 所示。

6）导入"背景.psd"素材时，在"导入分层文件：背景"对话框中，单击"导入为"下拉列表按钮，在弹出的菜单中选择"序列"选项，在下面的素材列表框选中"1"、"2"和"3"前面的复选框，如图 4-34 所示。

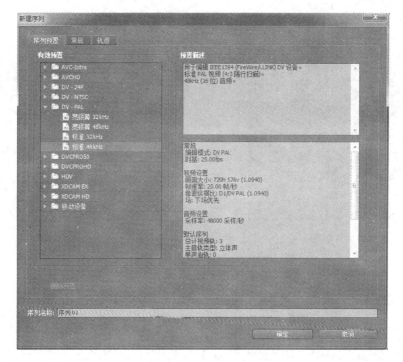

图 4-32 "新建序列"对话框

图 4-33 按默认方式导入文件

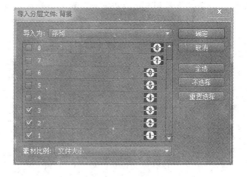

图 4-34 按序列方式导入图层

7）单击对话框中的"确定"按钮，将选择的素材文件按序列方式导入到项目窗口中，如图 4-35 所示。

3．对素材进行编辑

1）在项目窗口中选择"背景"文件夹中的"1/背景"文件，执行菜单命令"素材"→"速度/持续时间"，在打开的"素材速度/持续时间"对话框中将持续时间改为 2∶00，如图 4-36 所示。

2）用相同的方法，将"2/背景"和"3/背景"素材的持续时间也改为 2∶00。

4．制作字幕素材

1）执行菜单命令"字幕"→"新建字幕"→"默认静态字幕"，在打开"新建字幕"对话框中，设置"宽×高"为 720×576 像素，"时基"为 25，"像素纵横比"为 D1/DV PAL，

"名称"为"品电影频道"，单击"确定"按钮。

图4-35 导入素材

图4-36 修改持续时间

2）打开字幕编辑窗口，在窗口中输入文本"品电影频道"，设置字体为"汉仪凌心体"，"字号"为70，为其填充颜色和描边效果，如图4-37所示。

3）单击"基于当前字幕新建字幕"按钮，在打开的"新建字幕"对话框中的名称文本框内输入"赏精彩人生"，单击"确定"按钮。

4）在字幕编辑窗口中删除"品电影频道"，输入文本"赏精彩人生"，设置字体为"华文行楷"，"字号"为70，字幕样式为"方正金质大黑"，如图4-38所示。

图4-37 "品电影频道"字幕

图4-38 "赏精彩人生"字幕

5. 组合素材片段

1）执行菜单命令"序列"→"添加轨道"，打开"添加轨道"对话框，设置添加视频轨道的数量为3，单声道音频轨数量为1，如图4-39所示，单击"确定"按钮，在时间线中添加3条视频轨道。

2）在项目窗口中选择素材"3/背景.psd"～"1/背景.psd"，将其依序拖动到时间线窗口的"视频1"轨道上，将"3/背景.psd"入点放在0位置，如图4-40所示。

3）在项目窗口中选择"动态背景"素材，将其拖动到时间线窗口视频1轨道的"1/背景.psd"素材后面。

4）在项目窗口中选择"风云电影.psd"素材，将其拖动到时间线窗口视频2轨道，将入点、出点位置分别设置为 6：00、8：10，如图 4-41 所示。

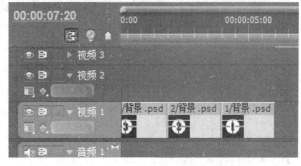

图 4-39　添加视频轨道　　　　　　　　　图 4-40　在时间线窗口中添加素材

5）按照相同的方法将"风云电影.psd"素材添加到视频 3 和视频 4 轨道，分别设置其入点位置为 7：12 和 8：23，如图 4-42 所示。

图 4-41　添加素材到时间线 1

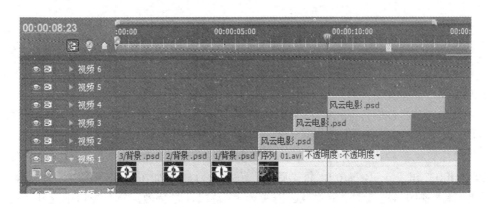

图 4-42　添加素材到时间线 2

6）按照相同的方法，将"品电影频道"和"赏精彩人生"字幕添加到视频 5 和视频 6 轨道上，分别设置其入点位置为 9：18 和 10：19，如图 4-43 所示。

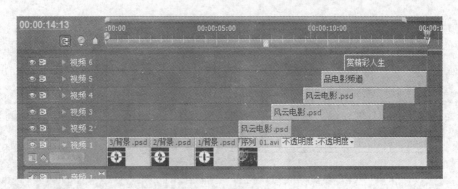

图 4-43 添加字幕到时间线

7）按下〈Ctrl+S〉组合键，对目前编辑完成的工作进行保存。

6．为素材制作运动效果

1）分别选择素材"3/背景.psd"、"2/背景.psd"和"1/背景.psd"，在特效控制台窗口中展开"运动"选项，将"缩放比例"分别设置为 50、80 和 110。

2）在效果窗口中选择"视频切换"→"擦除"→"时钟式划变"，添加到时间线窗口的"3/背景.psd"素材的结束点上，如图 4-44 所示。

3）按照相同的方法为素材"2/背景.psd"和"1/背景.psd"添加"时钟式划变"特效，如图 4-45 所示。

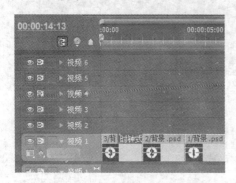

图 4-44 添加视频转换效果

图 4-45 添加特效

4）选中"视频 2"轨道上的"风云电影.psd"素材，将当前播放指针移到 6：00 位置。

5）在特效控制台窗口展开"运动"选项，单击"位置"左面的"切换动画"按钮，添加一个关键帧并将其值设置为（-562.0，427.0），如图 4-46 所示。

6）将当前播放指针移到 8：09 位置，"位置"值设置为（1305.0，427.0），如图 4-47 所示。

7）选择"视频 3"轨道上的"风云电影.psd"片段，在特效控制台窗口中展开"运动"选项，为"位置"参数添加 2 个关键帧，时间分别为 7：12 和 10：04，对应参数分别为（-423.0，-400）和（1152，976）；将"旋转"值设置为 39，如图 4-48 和图 4-49 所示。

8）选择"视频 4"轨道上的"风云电影.psd"片段，在特效控制台窗口中展开"运动"选项，为"位置"参数添加 2 个关键帧，时间分别为 8：23 和 11：11，对应参数分别为（1157.0，-391.0）和（-474.0，925.0）；将"旋转"的值设置为-35。

9）为"透明度"参数添加 2 个关键帧，时间分别为 10：12 和 11：11，对应参数分别为

100%和 10%，如图 4-50 所示。

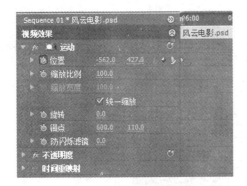

图 4-46　添加关键帧 1

图 4-47　添加关键帧 2

图 4-48　添加关键帧 3

图 4-49　添加关键帧 4

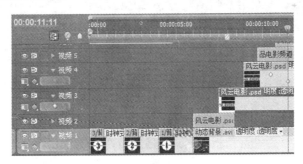

图 4-50　设置透明度

10）选择"视频 5"轨道上的"品电影频道"片段，为"缩放比例"参数添加 6 个的关键帧，时间分别为 9：18、10：10、10：13、10：18、10：20 和 11：15，对应参数分别为300、70、90、110、100 和 70，如图 4-51 所示。

11）为"品电影频道"片段的"透明度"参数添加 2 个关键帧，时间分别是 13：00 和14：13，对应参数分别为 100%和 0，如图 4-52 所示。

12）将当前播放指针移到 11：11 位置，将"透明度"的值设置为 10%，如图 4-50 所示。

13）选择"视频 5"轨道上的"品电影频道"素材，"缩放比例"参数添加 6 个关键帧，时间分别为 9：18、10：10、10：13、10：18、10：20 和 11：15，对应参数分别为 300、70、90、110、100 和 70，如图 4-51 所示。为"品电影频道素材"的"透明度"参数添加 2 个关键帧，将"透明度"的值设置为 100%。时间分别为 13：00 和 14：13，对应参数为 100%和 0，如图 4-52 所示。

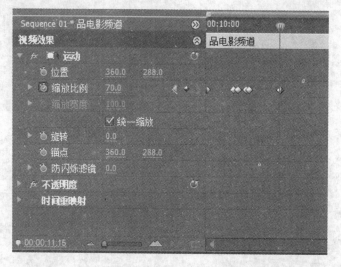

图 4-51　调整缩放比例

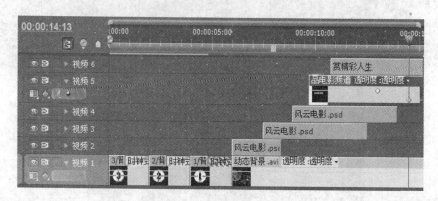

图 4-52　设置透明度

14）按照相同的方法为"赏精彩人生"字幕添加"缩放比例"和"透明度"效果。

15）按下〈Ctrl+S〉组合键，对目前编辑完成的工作进行保存。

7．添加音频效果

1）选择"文件"→"导入"命令，将本书配套教学素材"项目 4/电影频道/素材"文件夹中的"音效 01.wav"、"音效 02.wav"和"片头音乐 009.wav"音乐文件导入到项目窗口中，音乐为单声道文件，如图 4-53 所示。

2）将项目窗口中的"音效 01"音频素材拖动到时间线窗口的"音频 4"轨道上，分别将其入点放置在 0：20 和 2：20 处。

3）将项目窗口中的"音效 02"音频素材拖动到时间线窗口的"音频 4"轨道上，将其入点放置在 4：20 处，为影片添加音频效果，如图 4-54 所示。

图 4-53　项目窗口中的音乐文件

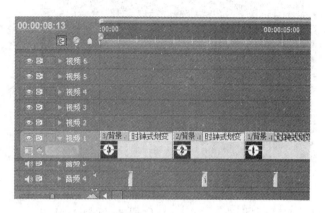

图 4-54　将音频素材添加到时间线窗口

4）将项目窗口中的"片头音乐 009.wav"音频素材拖放到时间线窗口的"音频 4"轨道上，其入点位置为 5：02，状态如图 4-55 所示。

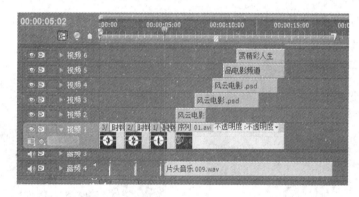

图 4-55　添加音频素材

5）将时间线移到 14：13 位置，使用"剃刀工具"分割音频素材，如图 4-56 所示。

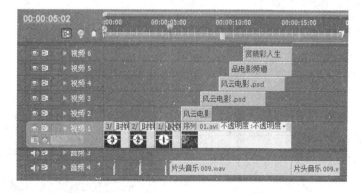

图 4-56　分割音频素材

6）选中分割下来的音频素材，按下〈Delete〉键将其删除，如图 4-57 所示。

7）在音频轨道的 13：13 和 14：13 位置添加两个关键帧，如图 4-58 所示。

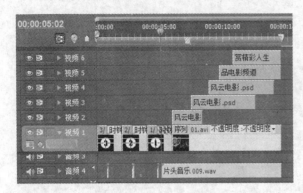
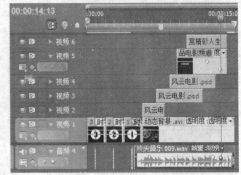

图 4-57　删除多余音频素材　　　　　　　　　　图 4-58　添加关键帧

8）用鼠标选中 14：13 位置的关键帧，往下方拖动，实现音频的淡出效果，如图 4-59 所示。

9）按下〈Ctrl+S〉组合键，对目前编辑完成的工作进行保存。

8．预览并输出影片

1）在节目监视器窗口中单击"播放/停止"按钮，对编辑完成的影片内容进行预览，效果如图 4-60 所示。

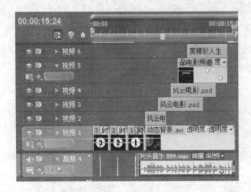

图 4-59　添加淡出效果　　　　　　　　　　图 4-60　最后效果

2）执行菜单命令"文件"→"导出"→"媒体"，打开"导出设置"对话框，单击"输出名称"后面的链接，打开"另存为"对话框，在对话框中设置保存的名称和位置，单击"保存"按钮。

3）在"导出设置"对话框的"格式"下拉列表中选择"MPEG2"选项，"预置"下拉列表中选择"PAL DV 高品质"选项，如图 4-61 所示。

4）单击"导出"按钮，打开"编码序列01"对话框，开始进行影片输出处理。

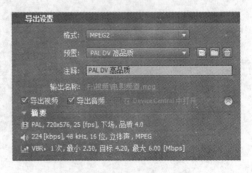

图 4-61　"导出设置"对话框

实训2　视频广告情侣对戒

实训情景设置

通过浪漫温馨的色彩搭配柔和感人的音乐，展现代表着爱情和温馨的情侣对戒视频广告。以动态视频为背景，通过牵手图和文字内容来烘托渐显的戒指。片头以两只牵着的手渐渐显示效果来展开广告主题内容，接下来用"海枯石烂"和"同心永结"文字内容渲染爱情的美好；同时，让戒指旋转着由小到大，由无到有渐渐显示出来，结束时画面定格在广告主题、内容上。

整个影片项目的制作，主要包括：导入广告所需的素材，在时间线窗口中排列素材出场顺序；创建字幕内容；为时间线窗口中的素材添加运动效果和视频特效；添加背景音乐，对影片文件进行输出。

操作步骤

1. 导入素材

导入素材操作步骤如下。

1）启动 Premiere Pro CS5，单击"新建项目"按钮，打开"新建项目"对话框。

2）在"常规"选项卡中单击"位置"后面的"浏览"按钮，在打开的对话框中选择文件保存的位置，在"名称"后面的文本框中输入文件的保存名称，单击"确定"按钮。

在打开的"新建序列"对话框中选择"序列预置"选项卡。在"有效预置"列表框中选择"DV-PAL"项中的"标准 48kHz"项，单击"确定"按钮。

3）执行菜单命令"文件"→"导入"，或者双击项目窗口的空白区域，打开"导入"对话框，选择本书配套光盘"项目 4\视频广告\素材"文件夹中的"背景 1.m2v"文件。

4）单击对话框中的"打开"按钮，将"背景 1.m2v"素材导入到项目窗口中。

5）双击项目窗口的空白区域，打开"导入"对话框，选择本书配套光盘中"项目 4\视频广告\素材"文件夹中的"2.psd"素材，单击对话框中的"打开"按钮。

6）在弹出"导入分层文件"对话框中，直接单击"确定"按钮，以默认方式将"2.psd"素材以图片形式导入到项目窗口中，如图 4-62 所示。

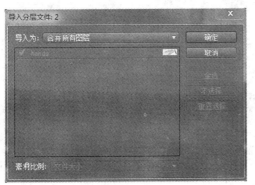
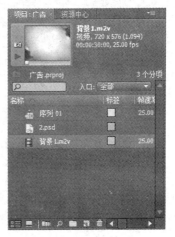

图 4-62　导入素材

7）执行菜单命令"文件"→"导入"，在打开的"导入"对话框中，选择本书配套教学素材"项目 4\视频广告\素材\戒指"文件夹中的"3DCGl-001-01P-A02000.PSD"，将其以序列图像的方式导入，将名称改为"戒指"，如图 4-63 所示。

图 4-63　导入序列图像

2. 创建字幕

创建字幕操作步骤如下。

1）执行菜单命令"字幕"→"新建字幕"→"默认静态字幕"，打开字幕编辑窗口，使用"垂直文字工具"输入文字"海枯石烂"；将字体设置为"FZXingkai"，字体大小设置为60，字幕样式选择"方正彩云"，如图 4-64 所示。

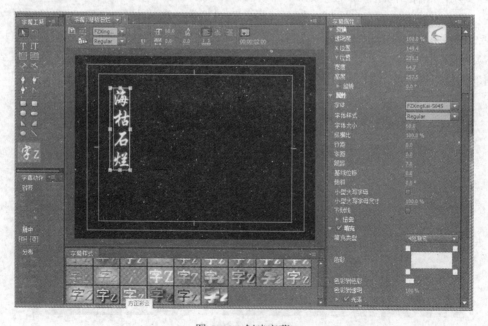

图 4-64　创建字幕

2）单击"基于当前字幕新建字幕"按钮，在打开的"新建字幕"对话框中的名称文本框内输入"同心永结"，单击"确定"按钮。

3）在字幕编辑窗口中删除"海枯石烂"，输入文本"同心永结"，设置字体为"FZXingkai"，"字号"为60，字幕样式为"方正粗宋"，如图4-65所示。

4）单击"基于当前字幕新建字幕"按钮，在打开的"新建字幕"对话框中的名称文本框内输入"同心伴侣"，单击"确定"按钮。

5）在字幕编辑窗口中删除"同心永结"，输入文本"同心伴侣喜双飞"，设置字体为"FZXingkai"，"同心"和"双飞"的字号为60，字幕样式为"方正粗宋"，"伴侣喜"的字号为72，字幕样式为"方正金质大黑"，如图4-66所示。

图4-65 字幕"同心永结" 　　　　　　图4-66 字幕 "同心伴侣喜双飞"

3．组合素材片段

组合素材片段操作步骤如下。

1）用鼠标右键单击轨道区域，从弹出的快捷菜单中选择"添加轨道"菜单项，打开"添加视音轨"对话框，设置添加视频轨道的数量为1，如图4-67所示，单击"确定"按钮，在时间线中添加1条视频轨道。

2）在项目窗口中选择"2.psd"、"背景 1.m2v"、"戒指"，分别拖到时间线窗口中"视频2"、"视频1"和"视频3"轨道，如图4-68所示。

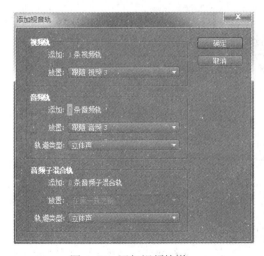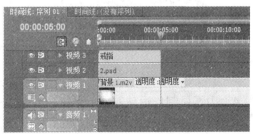

图4-67　添加视频轨道 　　　　　　图4-68　时间线窗口1

3）调整"2.psd"的持续时间，使其出点位置位于10∶18，如图4-69所示。

4）拖动"戒指"素材，将其入点位置拖到5∶01，如图4-70所示。

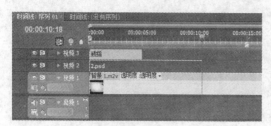 

图 4-69　调整素材　　　　　　　　　　　　图 4-70　时间线窗口 2

5）用鼠标右键单击项目窗口中字幕"海枯石烂"，从弹出的快捷菜单中选择"速度/持续时间"菜单项，在打开的"素材速度/持续时间"对话框中将持续时间修改为 5s，单击"确定"按钮，如图4-71所示。

6）按照相同的方法将字幕"同心伴侣喜双飞"的持续时间设置为4∶12，如图4-72所示。

 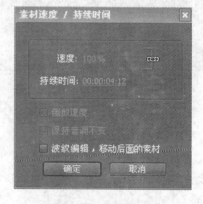

图 4-71　调整素材 1　　　　　　　　　　　图 4-72　调整素材 2

7）将字幕"海枯石烂"、"同心永结"和"同心伴侣喜双飞"分别插入时间线中，按如图4-73所示的位置排列。

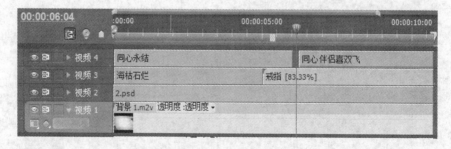

图 4-73　添加素材

4．为素材制作运动效果

为素材制作运动效果操作步骤如下。

1）在时间线窗口中，展开"视频 3"轨道，选择"钢笔工具"，按〈Ctrl〉键的同时分别单击字幕"海枯石烂"素材00：01、2：01、3：22和5：00位置，加入关键帧。

2）放开〈Ctrl〉键，拖动00：01和5：00处的关键帧到位置最小位置，如图4-74所示，添加淡入、淡出效果。

3）在时间线窗口中，展开"视频4"轨道，选择"钢笔工具"，按〈Ctrl〉键的同时分别单击字幕"同心永结"素材1：11、3：14、5：00和6：00位置，加入关键帧。

4）放开〈Ctrl〉键，拖动1：11和6：00处的关键帧到位置最小位置，如图4-75所示，添加淡入、淡出效果。

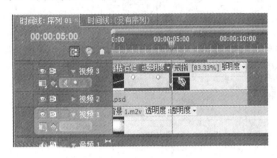

图4-74 添加淡入、淡出效果1

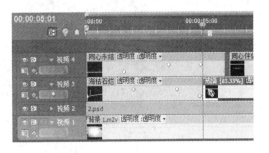

图4-75 添加淡入、淡出效果2

5）在时间线窗口中选择"戒指"素材，在特效控制台窗口中展开"运动"选项，为"缩放比例"添加2个关键帧，时间分别为5：01和7：07，对应参数分别为0和50，如图4-76所示。

6）将当前时间指针移到5：01位置，添加一个关键帧，将透明度设置为0，再将时间线移到6：04位置，添加一个关键帧，将透明度设置为100%，如图4-77所示。

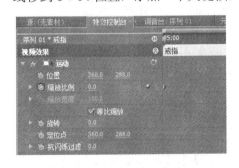

图4-76 设置缩放比例

图4-77 添加淡入效果

7）在效果窗口中选择"视频切换"→"擦除"→"擦除"，添加到"视频4"轨道上"同心伴侣喜双飞"字幕的开始位置。

8）在效果窗口中展开"视频特效"→"Trapcode"→"Shine"，添加到"视频4"轨道的"同心伴侣喜双飞"字幕上。

9）在特效控制台窗口中展开"Shine"特效，为"Source Point"参数添加两个关键帧，其时间分别为7：14和9：23，对应参数分别为（119，280）和（605，280）。

10）为"Ray Length"添加四个关键帧，其时间分别为7：10、7：14、9：24和10：18，对应参数分别为0、4、4和0。

11）将"Colorize"→"Base on"设置为Alpha，"Colorize"设置为None，"Transfer

Mode"设置为 Overlay，如图 4-78 所示。

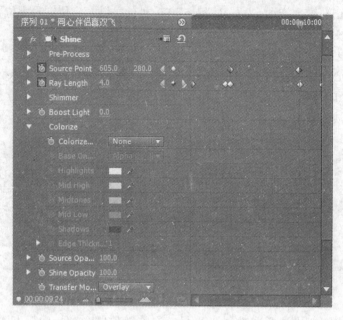

图 4-78　Shine 特效

5．添加音频效果

添加音频效果操作步骤如下。

1）执行菜单命令"文件"→"导入"，将本书配套教学素材"项目 4\视频广告\素材"文件夹中的"片头音乐 058.wav"音频素材导入到项目窗口中，如图 4-79 所示。

2）将项目窗口中的"片头音乐 058.wav"音频素材拖到时间线窗口的"音频 1"轨道上，将其入点放置在 0s 处，如图 4-80 所示。

图 4-79　导入音频素材

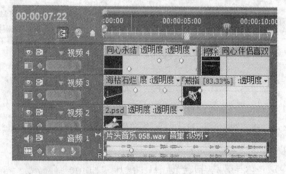

图 4-80　将音频素材添加到时间线窗口

3）在工具窗口中选择"剃刀工具"，定位到 10∶19 位置，按下鼠标左键，将音乐素材分成两段，如图 4-81 所示。

4）使用"选择工具"选中"音频 1"轨道剪切下来的音频素材，按下〈Delete〉键将其删除，如图 4-82 所示。

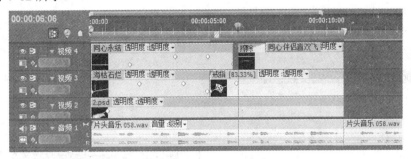

图 4-81　剪切音频素材

5）展开"音频 1"轨道，将时间线分别移动到 0、1∶20、7∶22 和 10∶18 位置，单击"音频 1"轨道上的"添加一移除关键帧"按钮，为"音频 1"轨道添加 4 个关键帧，如图 4-83 所示。

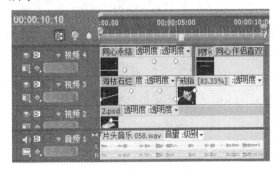

图 4-82　删除多余素材

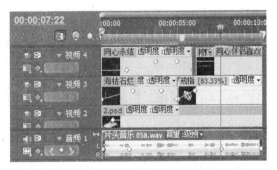

图 4-83　添加关键帧

6）用鼠标将 0 和 10∶18 位置的关键帧向下拖动到最下端，制作音频的淡入、淡出效果，如图 4-84 所示。

7）按下〈Ctrl+S〉组合键，对目前编辑完成的工作进行保存。

8）在监视器窗口中单击"播放停止"按钮，对影片进行预览，效果如图 4-85 所示。

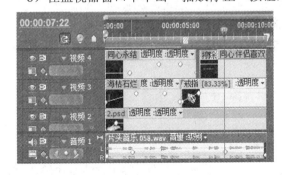

图 4-84　制作淡入淡出效果

图 4-85　最后效果

6. 预览并输出影片

预览并输出影片操作步骤如下。

1）执行"文件"→"导出"→"媒体"命令，打开"导出设置"对话框，单击"输出名称"

后面的链接，打开"另存为"对话框，在对话框中设置保存的名称和位置，单击"保存"按钮，如图 4-86 所示。

2）在"导出设置"对话框的"格式"下拉列表中选择"Microsoft AVI"选项，"预置"为"PAL DV"，如图 4-87 所示。

图 4-86 "另存为"对话框

图 4-87 导出格式

3）单击"导出"按钮，打开"编码"对话框，开始进行影片输出处理。

实训 3 旅游纪录片中山古镇

实训情景设置

通过设置"运动"参数，调整素材，运用转场效果，为叠加素材制作运动效果，制作运动标题，为文字添加基本 3D 特效制作立体旋转效果，精确剪辑音频，输出影片，完成一个纪录片的制作。

阅读资料：美丽的中山古镇位于江津市南部山区，群山环抱，风景怡人。现将在中山古镇旅游、采风时拍摄的美丽风景的视频编辑、组合在一起，通过添加转场、制作叠加效果、添加标题字幕及音频等，可以制作出旅游、采风纪录影片永远珍藏。

本实训操作过程分别为导入素材、片头制作、配解说词、加入音乐、加入字幕、视频剪辑、片尾制作和输出 DVD 文件。

操作步骤

1. 导入素材

具体操作步骤如下。

1）启动 Premiere Pro CS5，打开"新建项目"对话框，在"名称"文本框中输入文件名，设置文件的保存位置，如图 4-88 所示，单击"确定"按钮。

2）打开"新建序列"对话框，在"序列预置"选项卡下选择"有效预置"模式为"DV-PAL"的"标准 48kHz"选项，在"序列名称"文本框中输入序列名，如图 4-89 所示。

3）单击"确定"按钮，进入 Premiere Pro CS5 的工作界面。

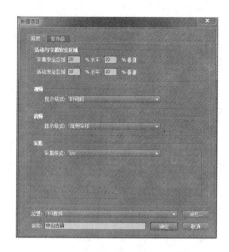

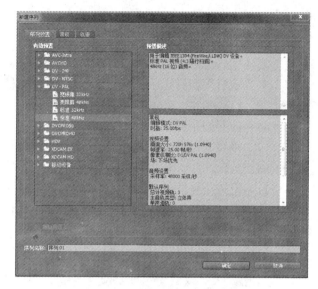

图 4-88 "新建项目"对话框 　　　　　　　　　图 4-89 "新建序列"对话框

4）按〈Ctrl+I〉组合键，打开"导入"对话框，选择本书配套教学素材"项目 4\旅游纪录片\素材"文件夹中的素材"中山古镇.mpg"、"背景.m2v"、"星光.m2v"和"花瓣雨.m2v"，如图 4-90 所示。

5）单击"打开"按钮，将所选的素材导入到项目窗口中。

6）在项目窗口双击"中山古镇"素材，将其在源监视器窗口中打开，如图 4-91 所示。

图 4-90 "导入"对话框 　　　　　　　　　　图 4-91 素材源窗口

2. 片头制作

片头制作操作步骤如下。

1）执行菜单命令"序列"→"添加轨道"，打开"添加视音轨"对话框，在"视频轨"中输入 3，添加 3 条视频轨道，如图 4-92 所示，单击"确定"按钮。

2）在源监视器窗口选择入点 11∶30∶08 及出点 11∶34∶20，将其拖到时间线的"视频 6"

轨道上，与起始位置对齐。

3）将当前时间指针定位到 0：13 位置，在源监视器窗口选择入点 5：45：00 及出点 5：49：01，将其拖到"视频 5"轨道上，与当前时间指针对齐。

4）将当前时间指针定位到 1：00 位置，在源监视器窗口选择入点 7：31：22 及出点 7：35：10，将其拖到"视频 4"轨道上，与当前时间指针对齐。

5）将当前时间指针定位到 1：13 位置，在源监视器窗口选择入点 6：32：12 及出点 6：35：12，将其拖到"视频 3"轨道上，与当前时间指针对齐。

6）将当前时间指针定位到 2：00 位置，在源监视器窗口选择入点 7：42：08 及出点 7：44：21，将其拖到"视频 2"轨道上，与当前时间指针对齐。

7）将当前时间指针定位到 2：13 位置，在源监视器窗口选择入点 8：56：21 及出点 8：58：21，将其拖到"视频 1"轨道上，与当前时间指针对齐，如图 4-93 所示。

图 4-92　添加视音轨

图 4-93　片段在"时间线"窗口的排列

8）选择"视频 6"轨道的片段，在特效控制台窗口中展开"运动"参数，为"等比缩放"添加两个关键帧，时间分别为 0 和 4：00，对应的参数分别为（22.8%，22.8%）和（44.4%，43.1%），"位置"参数设置为（262，198），如图 4-94 所示。

9）在效果窗口中选择"视频特效"→"风格化"→"边缘粗糙"，添加到"视频 6"轨道的片段上，在特效控制台窗口中展开"边缘粗糙"，将"边缘类型"设置为颜色粗糙化，"边缘颜色"为白色，其余参数如图 4-95 所示。

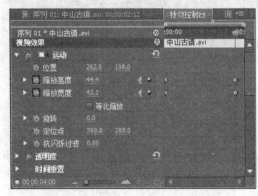

图 4-94　"运动"参数设置 1

图 4-95　"边缘粗糙"特效设置 1

10）在效果窗口中选择"视频特效"→"模糊与锐化"→"高斯模糊"，添加到"视频6"轨道的片段上。

11）在特效控制台窗口中展开"高斯模糊"参数，为"模糊度"参数添加两个关键帧，时间分别为 0 和 3：00，对应参数分别为 10 和 0，如图4-96所示。

12）选择"视频 5"轨道的片段，在特效控制台窗口中展开"运动"参数，为"缩放"添加两个关键帧，时间分别为 0：13 和 4：00，对应的参数分别为（24.4%，20.8%）、（39.8%，35.4%），"位置"参数设置为（486，415），如图4-97所示。

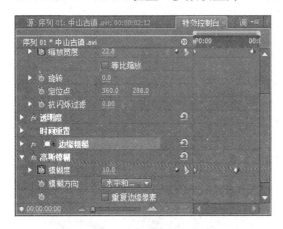
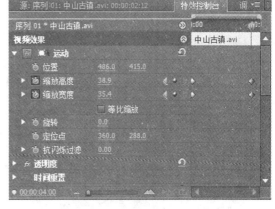

图4-96　"高斯模糊"特效设置1　　　　　　图4-97　"运动"参数设置2

13）在效果窗口中选择"视频特效"→"风格化"→"边缘粗糙"，添加到"视频 5"轨道的片段上，在特效控制台窗口中展开"边缘粗糙"，将"边缘类型"设置为颜色粗糙化，"边缘颜色"为红色，其余参数如图4-98所示。

14）在效果窗口中选择"视频特效"→"模糊与锐化"→"高斯模糊"，添加到"视频5"轨道的片段上。

15）为"模糊度"参数添加两个关键帧，时间分别为 0：13 和 4：00，对应参数分别为35 和 5，如图4-99所示。

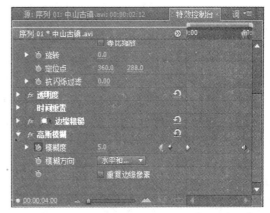

图4-98　"边缘粗糙"特效设置2　　　　　　图4-99　"高斯模糊"特效设置2

16）选择"视频 4"轨道的片段，在特效控制台窗口中展开"运动"参数为"缩放"添加两个关键帧，时间分别为 1：00 和 4：00，对应参数分别为（24.4%，19.4%）、（30.6%，23.6%），"位置"参数设置为（180，442）。

17）在效果窗口中选择"视频特效"→"风格化"→"边缘粗糙"，添加到"视频 4"轨道的片段上，在特效控制台窗口中展开"边缘粗糙"，将"边缘类型"设置为颜色粗糙化，"边缘颜色"为黄色，其余参数如图 4-100 所示。

18）在效果窗口中选择"视频特效"→"模糊与锐化"→"高斯模糊"，添加到"视频 4"轨道的片段上。

19）为"模糊度"参数添加两个关键帧，时间位置为 1：00 和 4：00，对应的"模糊度"参数为 40 和 8。

20）选择"视频 3"轨道的片段，在特效控制台窗口中展开"运动"参数为"缩放"添加两个关键帧，时间分别为 1：13 和 4：00，对应参数分别为（12.8%，9.7%）、（23.9%，18.8%），"位置"参数设置为（606，236）。

21）在效果窗口中选择"视频特效"→"风格化"→"边缘粗糙"，添加到"视频 3"轨道的片段上，在特效控制台窗口中展开"边缘粗糙"，将"边缘类型"设置为颜色粗糙化，"边缘颜色"为 D909D2，其余参数如图 4-101 所示。

图 4-100 "边缘粗糙"特效设置 3　　　　　图 4-101 "边缘粗糙"特效设置 4

22）在效果窗口中选择"视频特效"→"模糊与锐化"→"高斯模糊"，添加到"视频 3"轨道的片段上。

23）为"模糊度"参数添加两个关键帧，时间位置为 1：13 和 4：00，对应的"模糊度"参数为 40 和 8。

24）选择"视频 2"轨道的片段，在特效控制台窗口中展开"运动"参数为"缩放"添加两个关键帧，时间分别为 2：00 和 4：00，对应参数分别为（18.9%，16.7%）、（33.3%，26.4%），"位置"参数设置为（470，130）。

25）在效果窗口中选择"视频特效"→"风格化"→"边缘粗糙"，添加到"视频 2"轨道的片段上，在特效控制台窗口中展开"边缘粗糙"，将"边缘类型"设置为颜色粗糙化，"边缘颜色"为 199900，其余参数如图 4-102 所示。

26）在效果窗口中选择"视频特效"→"模糊与锐化"→"高斯模糊"，添加到"视频 2"轨道的片段上。

27）为"模糊度"参数添加两个关键帧，时间分别为 2：00 和 4：00，对应参数分别为 45 和 10。

28）选择"视频 1"轨道的片段，在特效控制台窗口中展开"运动"参数为"缩放"添加两个关键帧，时间分别为 2：13 和 4：00，对应参数分别为（15.6%，11.1%）、（22.8%，18.8%），"位置"参数分别为（114，96）。

29）在效果窗口中选择"视频特效"→"风格化"→"边缘粗糙"，添加到"视频 1"轨道的片段上，在特效控制台窗口中展开"边缘粗糙"，将"边缘类型"设置为颜色粗糙化，"边缘颜色"为蓝色，其余参数为默认。

图 4-102 "边缘粗糙"特效设置 5

30）在效果窗口中选择"视频特效"→"模糊与锐化"→"高斯模糊"，添加到"视频 1"轨道的片段上。

31）为"模糊度"参数添加两个关键帧，时间分别为 2：13 和 4：00，对应参数分别为 50 和 15。

32）执行菜单命令"文件"→"新建"→"序列"，打开"新建序列"对话框，在"序列名称"中输入序列名称，选择视音频轨道，如图 4-103 所示，单击"确定"按钮。

图 4-103 "新建序列"对话框

33）将项目窗口中的"背景"添加到"序列 02"的"视频 1"轨道中，使起始位置与 0 对齐。

34）用鼠标右键单击"背景"片段，从弹出的快捷菜单中选择"素材速度/持续时间"菜单项，打开"素材速度/持续时间"对话框，将"持续时间"调整为 9：20，单击"确定"按钮。

35）在效果窗口中选择"视频特效"→"色彩校正"→"色彩平衡"，添加到当前的片段上。

36）在特效控制台窗口中展开"色彩平衡"参数，将"阴影红色平衡"设置为 67.3，"阴影绿色平衡"设置为-69.9，"阴影蓝色平衡"设置为-100，"中间调绿平衡"设置为 14.4，"中间调蓝平衡"设置为-33.3，如图 4-104 所示。

37）在效果窗口中选择"视频特效"→"色彩校正"→"亮度与对比度"，添加到当前的片段上。

38）在特效控制台窗口中展开"亮度与对比度"参数，将"亮度"设置为-13，"对比度"设置为 7，如图 4-105 所示。

39）在效果窗口中选择"视频特效"→"模糊与锐化"→"高斯模糊"，添加到当前的片段上。

40）在特效控制台窗口中展开"高斯模糊"参数，将"模糊度"设置为 16，如图 4-106 所示。

图 4-104 "色彩平衡"特效　　图 4-105 "亮度与对比度"特效　　图 4-106 "高斯模糊"特效

41）将项目窗口中的"星光"添加到"视频 2"轨道中，使起始位置与 0 对齐，在 8：05 位置设置淡出。

42）将项目窗口中的"花瓣雨"添加到"视频 2"轨道中，使起始位置与"星光"的末端对齐，持续时间为 5：15，在 9：02 至 9：20 设置淡入、13：18 至 14：12 设置淡出。

43）在效果窗口中选择"视频特效"→"键"→"亮度键"，添加到"星光"和"花瓣雨"片段上。

44）将当前时间指针定位到 0：14 的位置，将项目窗口中的"序列 01"添加到"视频 3"轨道中，使起始位置与当前时间指针对齐，如图 4-107 所示。

45）启动 Photoshop，执行菜单命令"文件"→"新建"，打开"新建"对话框，设置"宽度×高度"为"720×576"，"分辨率"为"72"，"颜色模式"为"RGB 颜色"，"背景内容"为"透明",如图 4-108 所示。单击"确定"按钮。

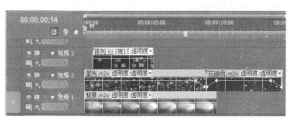

图 4-107 "时间线"窗口　　　　　　　　图 4-108 "新建"对话框

46）执行菜单命令"编辑"→"填充",打开"填充"对话框,在"使用"下拉菜单中选择"前景色(黑色)",单击"确定"按钮。

47）在工具栏中选择"椭圆框选工具",在图像窗口画一个椭圆,椭圆的位置与要键出的人物或物体的位置相同。

48）用鼠标右键单击虚框边缘,从弹出的快捷菜单中选择"羽化"菜单项,打开"羽化选区"对话框,在"羽化半径"文本输入框中输入 20,使要键出图像的边缘柔和,单击"确定"按钮。

49）执行菜单命令"编辑"→"填充",打开"填充"对话框,在"使用"下拉菜单中选择"背景色(白色)",单击"确定"按钮。最后的蒙版图像如图 4-109 所示,保存为"遮罩 1.jpg"文件,退出 Photoshop。

50）按〈Ctrl+I〉组合键,打开"导入"对话框,在该对话框中选择需要导入的素材"遮罩",单击"确定"按钮。

51）在源监视器窗口选择入点 5：51：08 及出点 5：54：02,将其拖到时间线的"视频 4"轨道的 5：04 位置上,用鼠标右键单击此片段,从弹出的快捷菜单中选择"速度/持续时间"菜单项,打开"素材速度/持续时间"对话框,将"持续时间"设置为 4：18,单击"确定"按钮。

52）将项目窗口的"遮罩 1"添加到"视频 5"轨道中起始位置在 5：04,"持续时间"设置为 4：18,如图 4-110 所示。

图 4-109 蒙版图像

图 4-110 添加片段

53）在效果窗口中选择"视频特效"→"键"→"轨道遮罩键"，添加到"视频 4"轨道的片段上。

54）在特效控制窗口中展开"轨道遮罩键"参数，将"遮罩"设置为视频 5，"合成方式"为 Luma 遮罩，如图 4-111 所示。

55）为"位置"参数添加两个关键帧，时间分别为 6：06 和 8：16，对应参数分别为（360，288）和（85，288），使键出的图像水平向左移动。

56）为"透明度"参数添加 4 个关键帧，时间分别为 5：19、6：06、8：16 和 9：04，对应参数分别为 100%、0、0 和 100%，如图 4-112 所示，这样片段在中间位置就会产生透明的效果。

图 4-111　轨道蒙版键　　　　　　　　　图 4-112　设置"透明度"参数

57）执行菜单命令"字幕"→"新建字幕"→"默认静态字幕"，打开"新建字幕"对话框，在"名称"文本框内输入"标题 1"后，单击"确定"按钮。

58）在屏幕中下部位置单击，输入"旅游记录"4 个文字。

59）当前默认为英文字体，单击上方水平工具栏中的 Courier ... ▼ 的小三角形，在弹出的快捷菜单中选择"经典粗黑简"。

60）在"字幕样式"中，选择"方正金质大黑"样式，如图 4-113 所示。

61）关闭字幕设置窗口，在时间线窗口中的当前时间指针定位到 5：18 的位置。

62）将"标题 1"字幕添加到"视频 3"轨道中，使其开始位置与当前时间指针对齐，"持续时间"设置为 3：12。

63）为"标题 1"的"透明度"参数添加 4 个关键帧，时间分别为 5：18、6：06、8：14 和 9：04，对应参数分别为 0、100%、100%和 0，这样"标题 1"在中间位置就会显示在背景上，如图 4-114 所示。

图 4-113　选择样式　　　　　　图 4-114　为"标题 1"的"透明度"参数添加 4 个关键帧

64）在效果窗口中选择"视频特效"→"透视"→"基本 3D"，添加到"视频 2"轨道的"标题 1"上。

65）在特效控制台窗口中展开"基本 3D"选项，为"倾斜"、"与图像的距离"参数添加 3 个关键帧，时间分别为 6：08、7：15 和 8：04，对应参数分别为（-35，-70）、（-30，-40）和（0，0）。展开"运动"选项，为"位置"参数添加两个关键帧，时间分别为 6：08 和 8：04，对应参数分别为（360，766）和（360，288），如图 4-115 所示。

66）在素材源监视器窗口选择素材入点 15：08 及出点 21：22，将其拖到时间线的"视频 1"轨道的 9：23 位置上。

67）在效果窗口中选择"视频切换效果"→"叠化"→"附加叠化"，添加到当前片段与前一片段的中间位置。

68）在效果窗口中选择"视频特效"→"模糊与锐化"→"高斯模糊"，添加到"视频 1"轨道的第 2 片段上。

69）在特效控制台窗口中展开"高斯模糊"选项，为"模糊度"参数添加两个关键帧，时间分别为 11：03 和 15：00，对应参数分别为 0 和 50，使背景由清晰到模糊。

70）为"视频 1"轨道第 2 片段的"透明度"参数添加两个关键帧，时间分别为 14：11 和 14：23，对应参数分别为 100 和 0，使背景实现淡出效果，如图 4-116 所示。

图 4-115 "基本 3D"特效效果

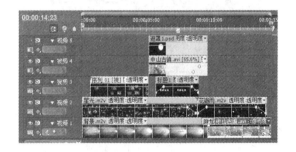

图 4-116 添加转场

71）执行菜单命令"字幕"→"新建字幕"→"默认静态字幕"，打开"新建字幕"对话框，在"名称"文本框内输入"标题"后，单击"确定"按钮。

72）在屏幕中部位置单击，输入"中山古镇"4 个字。

73）当前默认为英文字体，单击上方水平工具栏中的 Courier ... ▼ 的小三角形，在弹出的快捷菜单中选择"HYTaiJiJ"。

74）在"字幕样式"中，选择"方正金质大黑"样式，如图 4-117 所示。

75）关闭字幕设置窗口，将时间线窗口中的当前时间指针定位到 9：22 的位置。

76）将"标题"字幕添加到"视频 3"轨道中，使其开始位置与当前时间指针对齐，持续时间 4：19。

77）在效果窗口中选择"视频切换效果"→"擦除"→"擦除"，添加到当前的字幕的起始位置，如图 4-118 所示。

78）在效果窗口中选择"视频特效"→"扭曲"→"球面化"，添加到"视频 2"轨道的"标题"上。

图4-117　选择样式

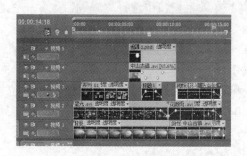

图4-118　添加"标题"

79）在特效控制台窗口中展开"球面化"选项，为"半径"参数添加两个关键帧，时间分别为9∶22、11∶12和11∶13，对应参数分别为0、0和100。

80）为"球体中心"参数添加两个关键帧，时间分别为11∶12和13∶20，对应参数分别为（109，257）和（632，257），如图4-119所示，使文字在这段时间里产生变化。

81）在效果窗口中选择"视频切换"→"3D运动"→"旋转"，添加到当前的字幕的结束位置，如图4-120所示。

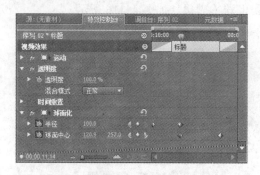

图4-119　设置"球面化"参数

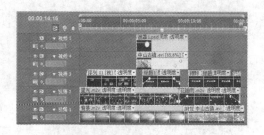

图4-120　添加"旋转"特技

82）执行菜单命令"文件"→"保存"，保存项目文件，旅游纪录片的片头部分制作完成。

3．配解说词

电视纪录片解说词要注意解说与节目内容的贴切性，与其他电视表现手段的相融性，画面、音乐、效果声、字幕和解说词应组合为有机的整体。要处理好解说词与画面的关系，不必重复画面已展示的东西，说明画面没有或不可能说明的问题。考虑到电视观众需要时间来消化、吸收、回味画面提供的信息，解说词要有较多的停顿和间歇。为确保解说与画面相配，可把解说单独录下来，然后再与画面组合。

1）执行菜单命令"文件"→"新建"→"序列"，打开"新建序列"对话框，在"序列名称"中输入序列名称，选择视音频轨道，单击"确定"按钮。

2）将当前时间指针定位到0的位置，将项目窗口中的"序列02"添加到"视频1"轨道中，使起始位置与当前时间指针对齐，如图4-121所示。

3）双击项目窗口，打开"导入"对话框，选择

图4-121　添加序列

"录音"音频文件，单击"打开"按钮。

4）在项目窗口选择"录音"，将其拖到素材源监视器窗口。

5）在源监视器窗口中按照声画对位编辑原则，依次设置音频素材的入出点，添加到时间线的"音频1"轨道中，具体设置如表4-1所示。音频素材的排列如图4-122所示。

表4-1　设置音频片段

音频片段序号	入　　点	出　　点	起　始　位　置
片段 1	0	18：06	19：02
片段 2	31：16	42：15	51：03
片段 3	44：08	51：14	与前一片段对齐
片段 4	53：07	1：00：10	1：10：24
片段 5	1：02：00	1：10：08	与前一片段对齐
片段 6	1：10：12	1：16：03	与前一片段对齐
片段 7	1：26：23	1：36：13	1：52：05
片段 8	1：47：13	1：52：20	与前一片段对齐
片段 9	1：53：13	1：58：15	与前一片段对齐
片段 10	1：59：08	2：02：14	与前一片段对齐
片段 11	2：03：01	2：07：09	与前一片段对齐
片段 12	2：08：07	2：11：16	与前一片段对齐
片段 13	2：12：07	2：17：24	与前一片段对齐
片段 14	2：34：05	2：38：23	与前一片段对齐
片段 15	2：40：18	2：48：10	2：35：08
片段 16	3：09：11	3：15：16	与前一片段对齐
片段 17	3：25：05	3：42：14	3：10：16
片段 18	3：43：12	3：47：05	与前一片段对齐
片段 19	3：50：08	4：07：02	3：41：03
片段 20	4：07：24	4：15：23	与前一片段对齐
片段 21	4：29：04	4：38：09	与前一片段对齐
片段 22	4：42：11	4：53：22	4：23：07
片段 23	4：58：12	5：21：10	与前一片段对齐
片段 24	5：24：16	5：28：13	与前一片段对齐

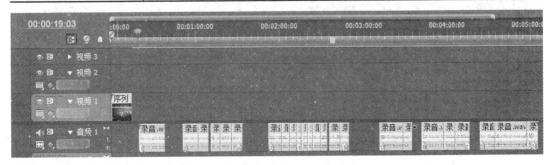

图 4-122　添加解说词

4．加入音乐

1）双击项目窗口，打开"导入"对话框，按住〈Ctrl〉键，选择"溜冰圆舞曲"和"蓝色多瑙河"，单击"打开"按钮。

2）在项目窗口将"溜冰圆舞曲"拖到素材源监视器窗口，在 3：21：21 设置入点，3：37：20 设置为出点。

3）将当前时间指针定位在 0 位置，选择"音频 1"轨道，单击素材源监视器窗口的"覆盖"按钮，加入片头音乐。

4）单击"音频 1"轨道左边的"折叠/展开轨道"  按钮，展开"音频 1"轨道，在工具箱中选择"钢笔工具"，按〈Ctrl〉键，鼠标在"钢笔工具"图标附近出现加号，在 0 和 2：00 的位置上单击，加入两个关键帧。

5）放开〈Ctrl〉键，拖起始点的关键帧到最低点位置上，实现音频的淡入效果。

6）在项目窗口将"蓝色多瑙河"拖到源监视器窗口，在 3：20 设置入点，把 4：52：12 设置为出点。

7）将当前时间指针定位在 15：00 位置，单击源监视器窗口的"覆盖"按钮，添加正片音乐。

8）工具箱中选择"钢笔工具"，按〈Ctrl〉键，鼠标在"钢笔工具"图标附近出现加号，在 15：00 和 17：08 的位置上单击，加入两个关键帧。

9）放开〈Ctrl〉键，拖起始点的关键帧到最低点位置上，这样素材就出现了淡入的效果。

10）用鼠标右键单击新添加的音乐，从弹出的快捷菜单中选择"素材速度/持续时间"菜单项，打开"素材速度/持续时间"对话框，将"持续时间"设置为 5：00：05，如图 4-123 所示，单击"确定"按钮。

图 4-123　"素材速度/持续时间"对话框

11）适当提高解说词的音量，降低背景音乐的音量，使背景音乐低于解说词的音量，如图 4-124 所示。

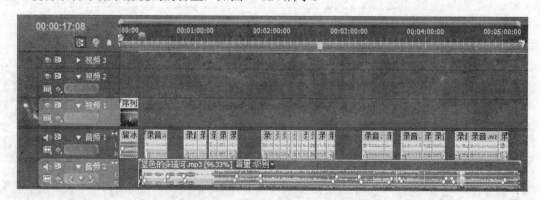

图 4-124　背景音乐的排列位置

5．加入字幕

1）执行菜单命令"字幕"→"新建字幕"→"默认静态字幕"，打开"新建字幕"对话框，在其"名称"中输入"解说词11"，单击"确定"按钮。

2）放开"字幕"对话框，当前默认为英文字体，单击上方水平工具栏中的 `Courier ...` 的小三角形，在弹出的快捷菜单中选择"经典粗黑简"。

3）"字幕属性"中，设置"字体大小"为 30。单击屏幕中左下部位置，将解说稿上的解说词一段一段地复制到其中，删除标点符号。本段解说词为"中山古镇，地处江津市南部山区，距重庆市区 125 公里，与国家级风景名胜区四面山一脉相连。古镇背山临水，场镇建筑靠水而建。"

4）在"字幕属性"中，设置"描边"为外侧边，其"类型"为边缘，"大小"为 30，"色彩"为黑色，如图 4-125 所示。

5）制作完一段字幕后，单击"基于当前字幕新建字幕"按钮，打开"新建字幕"对话框，在"名称"文本框内输入"解说词12"，单击"确定"按钮。

6）将第 2 段字幕复制并覆盖第 1 段字幕，如图 4-126 所示。重复第 5）～6）步，以此类推，直到第一部分解说词制作完成为止。

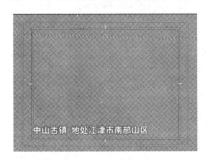

图 4-125　输入文字　　　　　　　图 4-126　覆盖第 1 段字幕

7）关闭字幕设置窗口，在项目窗口新建一个名为"解说词 1"的文件夹，将解说词11～14拖到其中，在时间线窗口中将当前时间指针定位到 19∶16 位置。

8）将"解说词 1"字幕添加到"视频 2"轨道中，使其开始位置与当前时间指针对齐，细调解说词字幕的长度及位置，与解说词声音达到同步为止，如图 4-127 所示。

9）双击"解说词 11"，打开字幕编辑器，单击"基于当前字幕新建字幕"按钮，打开"新建字幕"对话框，在"名称"文本框内输入"解说词21"，单击"确定"按钮。

10）将第 2 部分的第 1 段字幕复制并覆盖第 1 部分的第 1 段字幕，删除标点符号。重复第 9）～10）步，以此类推，直到第 2 部分的解说词制作完成为止。

本段解说词："古镇商铺建筑最具代表性，依山势形成的商街纵向长一千多米，层层递进，其风雨场的过街建筑几乎都是能遮风避雨不见天日的'封闭式'建筑，建筑多为两层'吊脚楼'，下层为铺面，楼上可住人；整座古镇全系青色瓦片盖顶，红漆木板竹篾夹墙，圆柱承重，古朴凝重中透出原汁原味的巴渝人家风韵。"

11）关闭字幕设置窗口，在项目窗口新建一个名为"解说词 2"的文件夹，将解说词21～29拖到其中，在时间线窗口中将当前时间指针定位到 51∶06 的位置。

12）将"解说词 2"字幕添加到"视频 2"轨道中，使其开始位置与当前时间指针对齐，细调解说词字幕的长度及位置，与解说词声音达到同步为止，如图 4-128 所示。

13）双击"解说词 21"，打开字幕编辑器，单击"基于当前字幕新建字幕"按钮，打开

"新建字幕"对话框，在"名称"文本框内输入"解说词 31"，单击"确定"按钮。

图 4-127　添加字幕 1

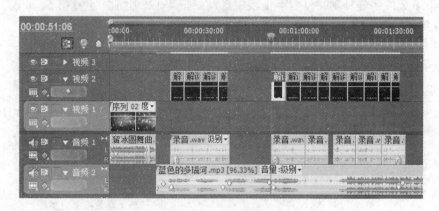

图 4-128　添加字幕 2

14）将第 3 部分的第 1 段字幕复制并覆盖第 2 部分的第 1 段字幕，标点符号删除。重复第 13）～14）步，以此类推，直到第三部分的解说词制作完成为止。

本段解说词："古镇的民间传统的经营业态如铁匠铺、中药铺、剃头铺等依然存在。此刻，春天的暖阳斜照着射进狭窄的老街，给灰暗黝黑的街面一隅镀上一抹金黄，古镇顿时有了勃勃生机。踏着块块黛青石板铺就的老街，在弯弯拐拐的石梯小巷穿行，穿场而过的风中不时弥漫着阵阵草药的清香，烘托出古镇风韵独有的安居乐业图。古镇依河而建，两旁以清朝建筑为主，保存得非常完好，加上地面的青石板路，给人一种古老和谐的感觉。"

15）关闭字幕设置窗口，在项目窗口新建一个名为"解说词 3"的文件夹，将解说词31～312 拖到其中，在时间线窗口中将当前时间指针定位到 1∶52∶04 的位置。

16）将"解说词 3"字幕添加到"视频 2"轨道中，使其开始位置与当前时间指针对齐，细调解说词字幕的长度及位置，与解说词声音达到同步为止，如图 4-129 所示。

17）双击"解说词 31"，打开字幕编辑器，单击"基于当前字幕新建字幕"按钮，打开"新建字幕"对话框，在"名称"文本框内输入"解说词 41"，单击"确定"按钮。

18）将第 4 部分的第 1 段字幕复制并覆盖第 3 部分的第 1 段字幕，标点符号删除。重复第 17）～18）步，以此类推，直到第 4 部分的解说词制作完成为止。

本段解说词："中山古镇是端庄质朴的民居古庄园、古寨、古堡、古寺庙、古桥、古墩等古建筑的集中地，以枣子坪庄园、龙坝庄园为代表的古庄园九处，以双峰寺为代表的古寺庙十余处。"

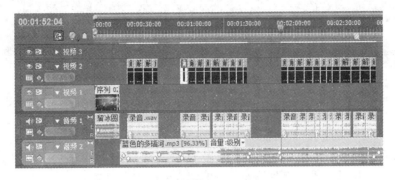

图 4-129　添加字幕 3

19）关闭字幕设置窗口，在项目窗口新建一个名为"解说词 4"的文件夹，将解说词 41～45 拖到其中，在时间线窗口中将当前时间指针定位到 3：10：21 的位置，

20）将"解说词 4"字幕添加到"视频 2"轨道中，使其开始位置与当前时间指针对齐，细调解说词字幕的长度及位置，与解说词声音达到同步为止，如图 4-130 所示。

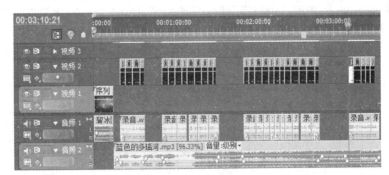

图 4-130　添加字幕 4

21）双击"解说词 41"，打开字幕编辑器，单击"基于当前字幕新建字幕"按钮，打开"新建字幕"对话框，在"名称"文本框内输入"解说词 51"，单击"确定"按钮。

22）将第 5 部分的第 1 段字幕复制并覆盖第 4 部分的第 1 段字幕，标点符号删除。重复第 21）～22）步，以此类推，直到第 5 部分的解说词制作完成为止。

本段解说词："枣子坪庄园，始建于清朝末年，距老街八百五十米，占地四千平方米，土木结构，配有花厅、天井、鱼缸、花台、戏楼等；妙用花厅将左右厢房内既连接又把整个庄园形成封闭的空间。花厅、窗棱全为深浅木质浮雕或镂空雕，图案多具故事情节或古装古戏。"

23）关闭字幕设置窗口，在项目窗口新建一个名为"解说词 5"的文件夹，将解说词 51～58 拖到其中，在时间线窗口中将当前时间指针定位到 3：41：04 的位置，

24）将"解说词 5"字幕添加到"视频 2"轨道中，使其开始位置与当前时间指针对齐，细调解说词字幕的长度及位置，与解说词声音达到同步为止，如图 4-131 所示。

25）双击"解说词 51"，打开字幕编辑器，单击"基于当前字幕新建字幕"按钮，打开"新建字幕"对话框，在"名称"文本框内输入"解说词 61"，单击"确定"按钮。

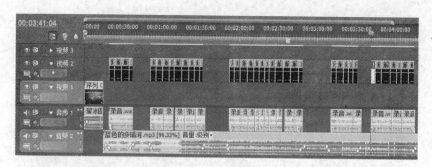

图 4-131　添加字幕 5

26）将第 6 部分的第 1 段字幕复制并覆盖第 5 部分的第 1 段字幕，标点符号删除。重复第 25）～26）步，以此类推，直到第 6 部分的解说词制作完成为止。

本段解说词："双峰寺，位于中山镇双峰寺村驻地，大约建于唐代，清康熙、道光年相继维修，为我市现少有的保护完好的复式四合院寺庙。正殿为土木结构，硬山式顶，并施以弓形翘角风火墙。据寺内碑刻记载曾拥有武僧 500 人，曾与江津朱杨寺构成江津两大古寺庙，在朱杨寺毁后而独自存在。"

27）关闭字幕设置窗口，在项目窗口新建一个名为"解说词 6"的文件夹，将解说词 61～68 拖到其中，在时间线窗口中将当前时间指针定位到 4：23：07 的位置。

28）将"解说词 6"字幕添加到"视频 2"轨道中，使其开始位置与当前时间指针对齐，细调解说词字幕的长度及位置，与解说词声音达到同步为止，如图 4-132 所示。

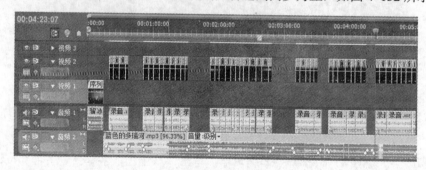

图 4-132　添加字幕 6

6. 视频剪辑

第 1 部分：中山古镇的地理位置，通过剪辑若干片段与解说词、字幕贴切完成。

1）在源监视器窗口中按照电视画面编辑技巧，依次设置素材的入出点，添加到时间线的"视频 1"轨道中，与前一片段对齐，具体设置如表 4-2 所示，在"视频 1"轨道的位置。

表 4-2　设置视频片段

视频片段序号	入　点	出　点
片段 1	54：11	59：03
片段 2	3：07	7：11
片段 3	15：01	21：1
片段 4	29：23	34：18

视频片段序号	入　　点	出　　点
片段 5	40：09	42：12
片段 6	50：09	52：11
片段 7	1：11：00	1：14：11
片段 8	1：07：03	1：10：23

2）选择片段 1，在特效控制台窗口中展开"透明度"参数，为"透明度"参数添加两个关键帧，时间分别为 15：00 和 17：16，对应参数分别为 0 和 100，加入淡入效果，如图 4-133 所示。

图 4-133　添加多个片段

3）执行菜单命令"文件"→"保存"，保存项目文件，正片的第 1 部分制作完成。

第 2 部分：中山古镇的古建筑布局，通过剪辑若干片段与解说词、字幕贴切完成。

4）在源监视器窗口中按照电视画面编辑技巧，依次设置素材的入出点，添加到时间线的"视频 1"轨道中，与片段 8 的末端对齐，具体设置如表 4-3 所示。

表 4-3　设置视频片段

视频片段序号	入　　点	出　　点
片段 9	1：24：17	1：30：23
片段 10	3：48：05	3：51：16
片段 11	3：53：08	3：56：07
片段 12	4：07：08	4：09：23
片段 13	4：12：24	4：16：09
片段 14	3：09：02	3：13：18
片段 15	37：06	44：12
片段 16	11：10	14：21
片段 17	2：44：07	2：48：13
片段 18	1：46：08	1：50：01
片段 19	4：01：24	4：06：07
片段 20	1：51：16	1：54：06
片段 21	1：18：04	1：23：07

视频片段序号	入　　点	出　　点
片段 22	5：39：24	5：45：06
片段 23	5：54：11	5：57：16

5）在效果窗口中选择"视频切换"→"卷页"→"卷页"，添加到片段 8 与片段 9 之间，起到场景转换作用，如图 4-134 所示。

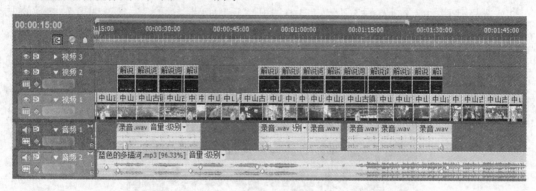

图 4-134　添加特技 1

6）执行菜单命令"文件"→"保存"，保存项目文件，正片的第 2 部分制作完成。

第 3 部分：中山古镇的民间传统的经营业态，通过剪辑若干片段与解说词、字幕贴切完成。

7）在源监视器窗口中按照电视画面编辑技巧，依次设置素材的入出点，添加到时间线的"视频 1"轨道中，与片段 23 的末端对齐，具体设置如表 4-4 所示。

表 4-4　设置视频片段

视频片段序号	入　　点	出　　点
片段 24	2：16：18	2：22：10
片段 25	3：19：04	3：22：19
片段 26	3：25：08	3：31：11
片段 27	2：07：22	2：13：15
片段 28	1：38：12	1：42：11
片段 29	2：37：12	2：47：03
片段 30	1：42：02	1：45：08
片段 31	3：32：17	3：37：23
片段 32	1：24：14	1：27：23
片段 33	4：10：00	4：15：07
片段 34	1：32：04	1：38：08
片段 35	4：17：14	4：25：22
片段 36	4：51：12	4：55：17
片段 37	5：01：14	5：04：11
片段 38	4：28：03	4：33：06

8）在效果窗口中选择"视频切换"→"卷页"→"中心划像"，添加到片段 23 与片段 24 之间，起到场景转换作用。

9）在效果窗口中选择"视频切换"→"滑动"→"多旋转"，添加到当前场景的片段 37 与片段 38 之间，起到掩盖片段跳变转换作用，如图 4-135 所示。

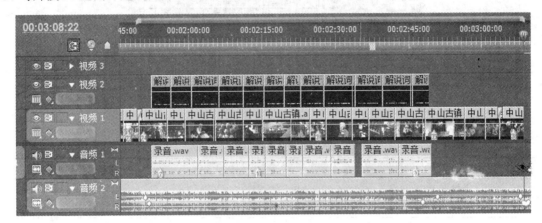

图 4-135　添加特技 2

10）执行菜单命令"文件"→"保存"，保存项目文件，正片的第 3 部分制作完成。

第 4 部分：中山古镇周围古庄园、古寺庙大致情况，通过剪辑若干片段与解说词、字幕贴切完成。

11）在源监视器窗口中按照电视画面编辑技巧，依次设置素材的入出点，添加到时间线的"视频 1"轨道中，与片段 38 的末端对齐，具体设置如表 4-5 所示。

表 4-5　设置视频片段

视频片段序号	入　　点	出　　点
片段 39	9：44：24	9：50：22
片段 40	11：46：10	11：49：13
片段 41	5：58：04	6：02：08
片段 42	10：23：04	10：28：00
片段 43	6：58：11	7：00：23
片段 44	7：02：00	7：05：15
片段 45	59：19	1：03：10

12）在效果窗口中选择"视频切换"→"滑动"→"拆分"，添加到当前场景的片段 38 与片段 39 之间，起到场景转换作用，如图 4-136 所示。

13）执行菜单命令"文件"→"保存"，保存项目文件，正片的第 4 部分制作完成。

第 5 部分：中山古镇周围古庄园——枣子坪庄园大致情况，通过剪辑若干片段、制作解说词字幕等完成。

14）在源监视器窗口中按照电视画面编辑技巧，依次设置素材的入出点，添加到时间线的"视频 1"轨道中，与片段 45 的末端对齐，具体设置如表 4-6 所示。

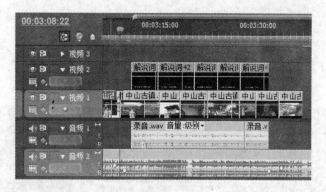

图 4-136　添加特技 3

表 4-6　设置视频片段

视频片段序号	入　点	出　点
片段 46	10：19：23	10：26：19
片段 47	10：30：17	10：34：02
片段 48	11：15：14	11：18：07
片段 49	10：48：16	10：51：23
片段 50	11：03：14	11：05：18
片段 51	10：57：13	10：59：24
片段 52	11：12：08	11：15：01
片段 53	11：31：00	11：35：13
片段 54	11：26：21	11：30：06
片段 55	10：50：17	10：56：00
片段 56	10：42：01	10：44：12
片段 57	8：11：22	8：14：17

15）在效果窗口中选择"视频切换效果"→"滑动"→"带状滑动"，添加到片段 45 与片段 46 之间，起到场景转换作用，如图 4-137 所示。

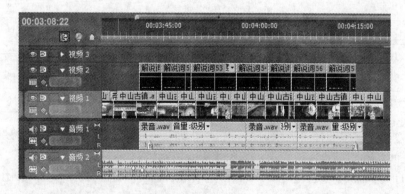

图 4-137　添加特技 4

16）执行菜单命令"文件"→"保存"，保存项目文件，正片的第 5 部分制作完成。

第 6 部分：中山古镇周围古寺庙——双峰寺大致情况，通过剪辑若干片段与解说词、字幕贴切完成。

17）在源监视器窗口中按照视频编辑原则，依次设置素材的入出点，添加到时间线的"视频1"轨道中，与片段57的末端对齐，具体设置如表4-7所示。

表4-7　设置视频片段

视频片段序号	入　点	出　点
片段58	8：01：02	8：04：06
片段59	6：57：22	7：01：09
片段60	7：18：06	7：21：21
片段61	7：27：20	7：33：15
片段62	7：10：17	7：17：15
片段63	7：45：08	7：47：21
片段64	7：36：17	7：44：17
片段65	7：48：05	7：57：02
片段66	0	3：05
片段67	8：03	18：00

18）在效果窗口中选择"视频切换"→"划像"→"星形划像"，添加到当前场景的片段58与场景三的片段59之间，起到场景转换作用，如图4-138所示。

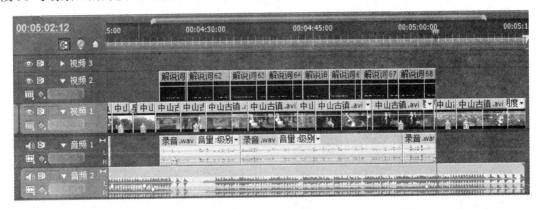

图4-138　添加特技5

19）执行菜单命令"文件"→"保存"，保存项目文件，正片的第6部分制作完成。

7. 片尾制作

根据滚动的方向不同，滚动字幕分为纵向滚动（Rolling）字幕和横向滚动（Crawling）字幕。本例介绍横向滚动字幕的制作。

1）执行菜单命令"字幕"→"新建字幕"→"默认游动字幕"，在"新建字幕"对话框中输入字幕名称"片尾"，单击"确定"按钮，打开字幕窗口。

2）选择"垂直文字工具" ![]按钮，设置"字体"为 FZXingkai，"字体大小"为45，输入演职人员名单，从左到右逐列输入，输入一列后，用鼠标单击合适的位置再输入，如图4-139所示。

3）输入完垂直文字后，用鼠标单击字幕设计窗口的右边，拖动滑动条，再单击，再拖动滑动条，将垂直文字向左移到，移到屏幕外为止，选择"文字工具" ，字体设置为 FZShuiZhu，字体大小为 70，单击字幕设计窗口，输入单位名称及日期，如图 4-140 所示。

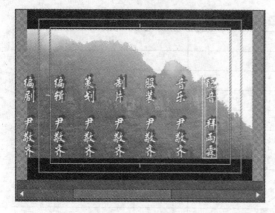

图 4-139　输入文字

图 4-140　输入单位名称及日期

使用对齐与分布的命令或手动将字幕中的各个元素放置到合适的位置。此时，应显示安全区域，以检测滚动字幕的位置是否合理。

4）执行菜单命令"字幕"→"滚动/游动选项"或单击字幕窗口上方的"滚动/游动选项"按钮，打开"滚动/游动选项"对话框。在对话框中勾选"开始于屏幕外"，使字幕从屏幕外滚动进入，设置完毕后，单击"确定"按钮即可，如图 4-141 所示。

5）关闭字幕设置窗口，在时间线窗口中将当前时间指针定位到 5：04：08 的位置。

6）将"片尾"字幕添加到"视频 2"轨道中，使其开始位置与当前时间指针对齐，持续时间 12：00，如图 4-142 所示。

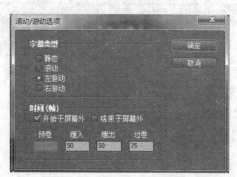

图 4-141　滚动字幕设置

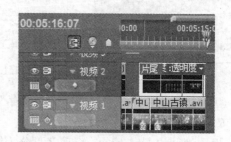

图 4-142　添加字幕

8. 输出 DVD 文件

输出 DVD 文件操作步骤如下。

1）执行菜单命令"文件"→"导出"→"媒体"，打开"导出设置"对话框。

2）在右侧的"导出设置"中单击"格式"下拉列表框，选择"MPEG2-DVD"选项。

3）单击"输出名称"后面的链接，打开"另存为"对话框，在对话框中设置保存的名称和位置，单击"保存"按钮。

4）单击"预置"下拉列表框，选择"PAL DV 高品质"选项，准备输出高品质的 PAL 制 DVD 视频，如图 4-143 所示，单击"导出"按钮，开始输出，如图 4-144 所示。

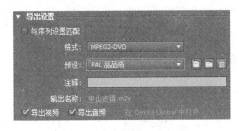

图 4-143　输出设置　　　　　　　　　　图 4-144　输出影片

5）输出后，会生成如图 4-145 所示的 4 个文件，其视频文件与同步音频文件分开。

图 4-145　输出文件

项目小结

体会与评价：完成这个任务后得到什么结论？有什么体会？完成任务评价表，如表 4-8 所示。

表 4-8　任务评价表

班　级		姓　名	
项　目	内　容	评价标准	得　分
1	栏目包装——电影频道	3	
2	视频广告——情侣对戒	3	
3	旅游纪录——中山古镇	4	
	总评		

课后拓展练习 4

学生自己拍摄素材，制作一部包括片头、正片、片尾、配音及字幕的《校园风光》纪录片，将其输出成 MPEG2 格式刻录在光盘上。

习题 4

1. 填空题

1）调整＿＿＿＿是最常见设置动画的方法。

2）在调整缩放比例时＿＿＿＿处于选择状态，宽和高同时被调整。

2. 选择题

1）运动路径上的点越疏，表示层运动＿＿＿＿。

    A. 越快   B. 越慢   C. 由快到慢   D. 由慢到快

2）旋转 650° 表示为＿＿＿＿。

    A. 1×290°   B. 0°   C. 620° +30°   D. 650°

3）"透明度"参数越高，透明度＿＿＿＿。

    A. 越透明   B. 越不透明   C. 与参数无关   D. 低

4）添加关键帧的目的是＿＿＿＿。

    A. 更方便地设置滤镜效果   B. 创建动画效果

    C. 调整影像   D. 锁定素材

3. 问答题

1）简述创建运动动画的方法。

2）如何为素材添加关键帧？

参 考 文 献

[1] 尹敬齐. Adobe Premiere Pro CS3 影视制作[M]. 北京：机械工业出版社，2009.

[2] 龚茜如. Premiere Pro CS4 影视编辑标准教程[M]. 北京：中国电力出版社，2009.

[3] 刘强. Adobe Premiere Pro 2.0[M]. 北京：人民邮电出版社，2007.

[4] 于鹏. Premiere Pro 2.0 范例导航[M]. 北京：清华大学出版社，2007.

[5] 柏松. 中文 Premiere Pro 2.0 视频编辑剪辑制作精粹[M]. 北京：北京希望电子出版社，2008.

[6] 彭宗勤. Premiere Pro CS3 电脑美术基础与实用案例[M]. 北京：清华大学出版社，2008.

优秀畅销书 精品推荐

Photoshop CS5 图像处理案例教程

书号： ISBN 978-7-111-35477-2

作者： 阚宝朋 等 **定价：** 38.00 元（含 1DVD）

推荐简言： 本书以培养职业能力为核心，以工作实践为主线，以项目为导向，采用案例式教学，基于现代职业教育课程的结构构建模块化教学内容，面向平面设计师岗位细化课程内容。在教学内容上采用模块化的编写思路，以商业案例应用项目贯穿各个知识模块。本书提供光盘，内含精美的多媒体教学系统，包括整套教学解决方案、教学视频、习题库、素材。

Flash CS5 动画制作案例教程

书号： ISBN 978-7-111-36824-3

作者： 刘万辉 等 **定价：** 35.00 元（含 1DVD）

推荐简言： 本书以培养职业能力为核心，以工作实践为主线，以项目为导向，采用案例式教学，基于现代职业教育课程的结构构建模块化教学内容，面向平面设计师岗位细化课程内容。在教学内容上采用模块化的编写思路，以商业案例应用项目贯穿各个知识模块。本书提供光盘，内含精美的多媒体教学系统，包括整套教学解决方案、教学视频、习题库、素材。

数字影视后期合成项目教程

书号： ISBN 978-7-111-34474-2

作者： 尹敬齐 **定价：** 42.00 元（含 1CD）

推荐简言： 本书获重庆市高等教育教学改革研究项目资助，是高职影视广告、计算机多媒体技术等专业项目化教学改革教材。本书以项目为导向，以任务驱动模式组织教学，注重提高学生动手能力及创新能力。书中案例由作者精心挑选和制作，并在光盘中附有案例素材及效果。

3ds max 三维动画制作实例教程

书号： ISBN 978-7-111-33484-2

作者： 许朝侠 **定价：** 28.00 元

推荐简言： 本书是一本以实例为引导介绍 3ds max 二维动画制作应用的教程，采用实例教学，实例由作者精心挑选，并提供具有针对性的拓展训练上机实训项目。本书免费提供电子教案。

网站效果图设计

书号： ISBN 978-7-111- 37449-7

作者： 刘心美 **定价：** 45.00 元

推荐简言： 本书全面介绍了网站效果图设计与制作流程，以网页的版式设计、色彩搭配、网页元素设计、内容组织为核心，讲解了网站页面效果图设计的全过程。本书采用部分全彩印刷，视觉效果好，并免费提供电子教案。

多媒体技术及应用

书号： ISBN 978-7-111-31420-2

作者： 李强 **定价：** 26.00 元

推荐简言： 本书按照多媒体制作的主要环节和流程设计各章节内容，从介绍多媒体技术的概念和相关原理开始，详细讲解了多媒体技术中常用的不同元素，硬件种类、音视频处理方法，并通过讲解 Director 实现多种元素、媒体的集成和多媒体产品的制作。各章最后安排有习题与实训内容。本书免费提供电子教案。